普通高等教育"十三五"规划教材

材料理化分析

许天旱　王党会　张雅妮　编著

中国石化出版社

内 容 提 要

《材料理化分析》系统介绍了材料性能检测与控制所涉及的各种物理方法和化学方法，并对其检测分析原理进行阐述。全书共分六章，包括材料的组成与分析、材料的显微组织与分析、材料的力学性能分析与检测、材料的物理性能与检测、材料的腐蚀性能分析、无损检测技术。《材料理化分析》注重将基础与理论、性能和检测手段有机结合在一起，易于将所学知识融会贯通，并注重引入新的检测手段。

《材料理化分析》可作为材料类专业本科生的教材或主要教学参考书，也可作为性能检测领域、材料科学与工程领域相关科技工作者的参考资料。

图书在版编目(CIP)数据

材料理化分析 / 许天旱，王党会，张雅妮编著 . —北京：中国石化出版社，2016. 9
普通高等教育“十三五”规划教材
ISBN 978-7-5114-4268-0

Ⅰ. ①材… Ⅱ. ①许… ②王… ③张… Ⅲ. ①工程材料-物理化学分析-高等学校-教材 Ⅳ. ①TB302

中国版本图书馆 CIP 数据核字(2016)第 215457 号

中国石化出版社出版发行

地址：北京市东城区安定门外大街 58 号
邮编：100011 电话：(010)84271850
读者服务部电话：(010)84289974
http://www.sinopec-press.com
E-mail：press@sinopec.com
北京柏力行彩印有限公司印刷
全国各地新华书店经销

*

787×1092 毫米 16 开本 13.25 印张 330 千字
2016 年 9 月第 1 版 2016 年 9 月第 1 次印刷
定价：38.00 元

前　言

“材料性能”属于材料科学与工程类一级学科掌握的目标对象，“材料理化分析”是掌握和控制“材料性能”的重要工具，通过学习《材料理化分析》，使得材料工程理论与实践结合更紧密、深入。从而有利于学生掌握测试材料性能的方法；有利于学生提高社会实践能力，使得学生具有初步的材料理化分析、材料失效分析及材料性能评估技能。

材料科学与工程主要研究有关材料组织、结构、制备工艺与材料固有性能和使用(服役)性能之间的关系。材料的固有性能包括材料本身所具有的力学性能(硬度、强度、韧性、疲劳性能等)、物理性能(热、光、电、磁等性能)、化学性能(抗氧化和抗腐蚀等)。

材料的使用性能是把材料固有性能和产品设计、工程应用能力联系起来，综合考量材料寿命、能量利用率、安全可靠程度和成本等因素。它以固有性能为基础，而固有性能必须借助必要的检测手段来表征。

过去材料类专业开设的有关材料性能的课程往往只限于某一方面，或者纯粹讲解理论或检测方法，使得学生在学习过程中不易将相关知识很好地结合起来，无法融会贯通。因此，编写一本适应新形势需要的综合性教材是当务之急。

《材料理化分析》具有鲜明的特点，除了兼顾其他材料外，主要以石油工程材料为基础，呈现了材料的各种不同性能的检测方法，从而有利于学生将所学的知识融会贯通。因为同一材料的不同性能并非孤立存在，而是密切相关，是相同材料在不同激励下呈现出的不同反应，如高强度的材料通常具有较高的熔点，但抗腐蚀性能通常较差。

《材料理化分析》由西安石油大学许天旱担任主编，宋海洋担任主审。编写分工如下：绪论、第 1 章、第 2 章、第 6 章由许天旱编写；第 3 章由王党会和张雅妮共同编写；第 4 章由王党会编写；第 5 章由张雅妮编写；许天旱对全书进行了统稿。

《材料理化分析》在编写过程中参考了大量国内外有关教材、科技著作和学术论文，在此特向有关作者表示深切的感谢。同时得到了西安石油大学教材建设项目基金的资助，在此一并提出感谢。

由于作者学识所限，疏漏和不妥之处在所难免，敬请同行和读者指正。

编　者

目　录

绪论 ……………………………………………………………………………… (1)
第 1 章　材料的组成与分析 ………………………………………………… (5)
1.1　纯金属的结构 …………………………………………………………… (5)
1.1.1　晶体 ………………………………………………………………… (5)
1.1.2　常见的晶格类型 …………………………………………………… (5)
1.1.3　纯金属的实际晶体结构 …………………………………………… (6)
1.2　合金的结构 ……………………………………………………………… (7)
1.2.1　合金的晶体结构 …………………………………………………… (7)
1.2.2　合金的相结构 ……………………………………………………… (7)
1.2.3　金属间化合物的性质和应用 ……………………………………… (15)
1.3　合金元素的作用 ………………………………………………………… (15)
1.3.1　合金元素的存在形式 ……………………………………………… (16)
1.3.2　合金元素对钢组成相的影响 ……………………………………… (17)
1.3.3　合金元素对材料工艺性能的影响 ………………………………… (18)
1.3.4　合金元素对材料力学性能的影响 ………………………………… (20)
1.3.5　合金元素对材料物理性能的影响 ………………………………… (24)
1.3.6　合金元素对材料化学性能的影响 ………………………………… (24)
1.3.7　合金元素对管线钢性能的影响 …………………………………… (25)
1.4　材料成分的光谱分析 …………………………………………………… (27)
1.4.1　原子吸收光谱法 …………………………………………………… (27)
1.4.2　气体分析法 ………………………………………………………… (27)
1.5　材料成分的化学分析 …………………………………………………… (29)
1.5.1　钢铁中硫含量的测定 ……………………………………………… (29)
1.5.2　钢铁中磷含量的测定 ……………………………………………… (31)
第 2 章　材料的显微组织与分析 …………………………………………… (32)
2.1　材料组织形态及分布 …………………………………………………… (32)
2.1.1　组织形态的获取方法 ……………………………………………… (32)
2.1.2　钢中典型的组织形态 ……………………………………………… (35)
2.2　材料组织与性能的关系 ………………………………………………… (39)
2.2.1　材料力学性能与组织的关系 ……………………………………… (40)
2.2.2　材料组织对性能的影响 …………………………………………… (40)

2.2.3 材料力学性能的估算 …… (44)
2.3 材料组织及结构的鉴别 …… (44)
2.3.1 宏观组织和结构的鉴定 …… (45)
2.3.2 微观组织和结构的鉴定 …… (46)
2.4 钢中夹杂物的分析 …… (52)
2.4.1 非金属夹杂物的分类 …… (52)
2.4.2 非金属夹杂物的鉴定 …… (55)
2.4.3 非金属夹杂物对钢力学性能的影响 …… (58)
第3章 材料的力学性能分析与检测 …… (60)
3.1 材料拉伸性能的分析与检测 …… (60)
3.1.1 拉伸试验的意义和用途 …… (60)
3.1.2 金属材料的拉伸变形 …… (60)
3.1.3 常用拉伸设备类型及试样制备 …… (61)
3.1.4 金属材料常规力学性能指标的测定 …… (62)
3.2 材料硬度的分析与检测 …… (65)
3.2.1 布氏硬度的测量 …… (65)
3.2.2 洛氏硬度 …… (66)
3.2.3 维氏硬度 …… (68)
3.2.4 其他硬度 …… (69)
3.3 材料磨损性能的分析与检测 …… (70)
3.3.1 金属零件的磨损 …… (70)
3.3.2 磨损试验机 …… (72)
3.3.3 磨损参量的测量 …… (73)
3.4 材料冲击韧性的分析与检测 …… (75)
3.4.1 材料的冲击韧性 …… (75)
3.4.2 材料的韧脆转变 …… (76)
3.5 材料断裂韧性的分析与检测 …… (77)
3.5.1 材料断裂韧性的用途与重要性 …… (77)
3.5.2 断裂韧性理论 …… (78)
3.5.3 断裂韧度 K_{Ic}的测定 …… (78)
3.5.4 裂纹张开位移(COD)的原理和方法 …… (80)
3.5.5 断裂韧性 J_{Ic}的原理和方法 …… (83)
3.6 金属的疲劳测试与分析 …… (84)
3.6.1 金属的疲劳 …… (84)
3.6.2 疲劳指标 …… (86)
3.6.3 疲劳性能的测试 …… (89)
3.7 材料高温力学性能的分析与检测 …… (90)

3.7.1 金属的高温力学行为 …… (90)
3.7.2 材料的高温力学性能指标 …… (92)
3.7.3 材料高温力学性能指标的测定 …… (92)
第4章 材料的物理性能与检测 …… (96)
4.1 热学性能与检测 …… (96)
4.1.1 材料比热容的检测 …… (97)
4.1.2 材料热膨胀性能的检测 …… (101)
4.1.3 材料热传导性能的检测 …… (104)
4.1.4 材料热稳定性能的检测 …… (107)
4.2 材料的光学性能及其检测 …… (109)
4.2.1 材料反射率与折射率的检测 …… (110)
4.2.2 材料对光的吸收的检测 …… (113)
4.3 材料的电学性能及其分析与检测 …… (117)
4.3.1 材料电导率和电阻率测试的目的和意义 …… (117)
4.3.2 材料的介电特性及其检测 …… (122)
4.4 材料的磁性能分析与检测 …… (124)
4.4.1 磁场测量 …… (125)
4.4.2 磁化强度与磁化率的测量 …… (128)
4.4.3 磁化曲线或磁滞回线的测量 …… (129)
4.4.4 居里温度的测量 …… (133)
4.4.5 磁致伸缩系数的测量 …… (134)
4.4.6 其他磁参数的测试 …… (137)
第5章 材料的腐蚀性能与分析 …… (141)
5.1 腐蚀的性质 …… (141)
5.1.1 热力学性质 …… (141)
5.1.2 腐蚀动力学性质 …… (143)
5.2 腐蚀指标 …… (144)
5.2.1 均匀腐蚀指标 …… (144)
5.2.2 不均匀腐蚀指标 …… (145)
5.3 腐蚀速率测试 …… (147)
5.3.1 重量法测定金属的腐蚀速率 …… (147)
5.3.2 线性极化法测试材料的腐蚀速率 …… (148)
5.3.3 暂态测试方法 …… (151)
5.3.4 交流阻抗技术 …… (152)
5.4 孔蚀测试 …… (152)
5.4.1 化学浸泡法 …… (153)
5.4.2 电化学测量法 …… (153)

5.5 环境促进破裂测试 …… (155)
5.5.1 环境促进破裂的形式 …… (155)
5.5.2 环境促进破裂的测试 …… (156)
第6章 无损检测技术 …… (161)
6.1 无损检测概述 …… (161)
6.2 超声波检测 …… (162)
6.2.1 超声检测的基础知识 …… (162)
6.2.2 超声波在介质中的传播特性 …… (167)
6.2.3 超声检测的原理 …… (168)
6.2.4 超声检测的设备及器材 …… (172)
6.2.5 超声检测的用途 …… (174)
6.3 射线检测 …… (174)
6.3.1 射线检测的基础知识 …… (175)
6.3.2 射线检测的工作原理 …… (177)
6.3.3 射线检测设备及器材 …… (178)
6.3.4 射线检测法的特点 …… (180)
6.4 磁粉检测 …… (180)
6.4.1 磁粉检测的基础知识 …… (181)
6.4.2 磁粉检测的工作原理 …… (182)
6.4.3 磁粉检测设备和器材 …… (184)
6.4.4 磁粉检测的应用 …… (185)
6.5 渗透检测 …… (187)
6.5.1 渗透检测的基础知识 …… (188)
6.5.2 渗透检测的设备及器材 …… (190)
6.5.3 渗透检测工作原理 …… (191)
6.5.4 渗透检测的应用 …… (193)
6.6 涡流检测 …… (195)
6.6.1 涡流检测的基础知识 …… (195)
6.6.2 涡流检测的设备及器材 …… (196)
6.6.3 涡流检测的工作原理 …… (197)
6.6.4 涡流检测的应用 …… (199)
参考文献 …… (201)

绪　　论

理化分析又称仪器分析，是基于物理或物理化学原理和物质的物理或物理化学性质而建立起来的分析方法，用以确定物质成分、性能、微观、宏观结构和用途等。理化分析应用广泛，从日常的生活产品到外太空的探索，都涉及理化分析。在材料科学领域，从原材料的提炼到成品的检验、新产品的研发，都离不开理化分析。

• 理化分析的意义

在日常生产中，理化分析是生产的“眼睛”。通过对原材料和产品质量的理化分析，可以及时检查生产工艺的正常与否，及时发现生产问题，减少废品，降低成本，提高产品质量；通过理化检测，了解工业物料消耗情况，生产设备运行状况，确保充分发挥设备潜力。通过理化分析，监督三废的排放情况，达到文明、安全、清洁生产和环境保护的目的。

在科学研究上，理化分析为新产品的开发、研究提供依据。在材料研发过程中，要了解材料组成、结构和性能以及这三者间的相互关系及其变化规律，就必须进行理化检测和分析。在材料的组成研究中，对金属材料和无机非金属材料的主量和痕量元素测定的常用方法有：原子光谱法、分子光谱法和常规化学法；对有机高分子材料，常用的测定方法有：红外光谱、拉曼光谱、核磁共振、荧光光谱、质谱等。对于相结构研究，则以 X 射线衍射和选区电子衍射较为常用；而 X 射线光电子能谱、X 射线荧光光谱等技术，则常用于研究材料的晶态、异构及其元素的价态；光学显微镜可进行材料的金相组织结构观察及低倍微观形貌分析，电子显微镜可进行材料内部的微孔洞、裂纹和夹杂物的形态分析以及断口形貌观察等。

在构件失效分析领域，理化分析为最终结论提供支撑。以某厂生产的 50552 型轴承为例：该产品已连续生产十多年，质量稳定并得到用户认可。但在 2006 年 2 月连续二次发生轴承保持架在使用了三个月左右即发生破裂的现象，并且破裂的形式、位置都一样。针对此种现象，做了如下分析：首先，取破裂的保持架和完好的保持架试样作化学成分分析、金相分析，检测结果表明保持架材料合格，组织属正常组织。接着对有裂纹的轴承套圈取样作化学成分分析、金相分析，硬度分析、宏观裂纹检测、冷酸洗检测和热酸洗检测。分析结果排除了材质、锻造、热处理和磨削加工等方面的因素，最后根据检测所发现的轴承外圈滚道表面裂纹的走向和裂纹周围均出现不同程度的贫脱碳现象，证明裂纹是在热处理前产生于冷辗扩加工中，与冷辗扩工艺和辗压比有关。后经调整冷辗扩加工工艺参数，解决了轴承圈的开裂问题。

此外，理化分析在其他领域也有着重要意义。在环境保护方面，理化检测起到了“哨兵”的作用；在商检外贸进出口方面，理化检测起到了“把关”的作用。在海洋生物技术、外太空探索、防治疾病、核武器研究等方面理化检测提供着重要的数据。

俗话云，“工欲善其事，必先利其器”，科技的创新、工企效益的提高都离不开理化分析。现代的理化分析已不是简单的作为工具和手段，而是通过对理化检测到的数据的解析，最大限度地提供科学信息。当前理化分析的水平高低，反映了一个单位、一个国家的实力。

• 理化分析的分类

理化分析包括物理分析和化学分析。物理分析是通过对材料的分析和检验，确定其物理变化过程的方法。物理分析主要包括材料金相分析、力学性能分析、电子光学分析、X 射线衍射分析、材料物理性能分析等。化学分析主要指根据各种元素及其化合物的独特化学性质，利用与之有关的化学反应，对物质进行定性或定量分析。

1. 物理分析

1）金相分析

金相分析是金属材料试验研究的重要手段之一，采用定量金相学原理，由二维金相试样磨面或薄膜的金相显微组织的测量和计算来确定合金组织的三维空间形貌，从而建立合金成分、组织和性能间的定量关系。金相分析一般包括：焊接金相检验、铸铁金相检验、热处理质量检验、各种金属制品及原材料显微组织检验及评定，如铸铁、铸钢、有色金属原材料低倍缺陷检验，如显微组织晶粒度评级、非金属夹杂物含量测定、脱碳层/渗碳硬化层深度测定等。

2）力学性能分析

材料的力学性能是指材料在不同环境(温度、介质、湿度)下，承受各种外加载荷(拉伸、压缩、弯曲、扭转、冲击、交变应力等)时所表现出的力学特征。表 1 为常见力学性能的分析项目。

表 1　常见力学分析项目

分析大类	分析意义	分析指标
硬度	体现固体材料局部抵抗硬物压入其表面的能力	洛氏硬度、维氏硬度、显微维氏硬度、布氏硬度、肖氏硬度、纳米压痕硬度等
拉伸、扭转、弯曲与压缩性能	强度体现了材料在外力作用下抵抗变形、断裂的能力； 塑性体现了金属材料在载荷作用下产生塑性变形而不致破坏的能力	抗拉强度、屈服强度、断后伸长率、断面收缩率、弹性模量、泊松比、拉伸应变硬化指数、应变硬化、弯曲强度、弯曲模量、压缩强度、压缩屈服点、压缩弹性模量、抗扭强度等
冲击韧性	材料抵抗冲击载荷的能力，冲击韧度指标的实际意义在于揭示材料的变脆倾向	冲击强度、冲击韧度、低温脆性
断裂韧度	测定带裂纹构件抵抗裂纹失稳扩展能力	断裂韧度、裂纹张开位移、动态断裂韧度
疲劳性能	主要目的在于精确地估算材料结构零部件的疲劳寿命，保证在服役期内零部件不会发生疲劳失效	P-S-N 曲线、疲劳裂纹扩展值
高温力学性能	高温下零部件因抵抗外力作用而产生各种变形和应力的能力	蠕变极限、持久强度、剩余应力
磨损性能	测定材料抵抗磨损的能力，用于比较材料的耐磨性优劣	磨损量、摩擦系数、摩擦温度

3）电子光学分析

一般是以高能电子束为照明系统，用一定形状的静电场或磁场进行聚焦，照射被观察样品，再将照明束与样品的作用结果经由放大系统处理，构成适合观察分析的图像。常用的仪器如电子显微镜、电子能谱等都涉及到了电子光学体系。以透射电镜为例，是把经加速和聚焦的电子束投射到非常薄的样品上，电子与样品中的原子碰撞而改变方向，从而产生立体角散射。散射角的大小与样品的密度、厚度相关，因此可以形成明暗不同的影像。透射电子显微镜的分辨率为 0.1～0.2nm，放大倍数为几万～百万倍，用于观察超微结构，即小于 0.2μm，光学显微镜下无法看清的结构。

4）X 射线衍射相分析

利用 X 射线在晶体物质中的衍射效应进行物质结构分析的技术。通过测定衍射角位置(峰位)可以进行化合物的定性分析，测定谱线的积分强度(峰强度)可以进行定量分析，而测定谱线强度随角度的变化关系可进行晶粒的大小和形状的检测。

5）材料物理性能分析

材料物理性能主要包括材料的热、光、电、磁等性能。材料的热学性能包括热容、热膨胀和热传导等性能，通过对材料热学性能的分析，可以快速准确地测定物质的晶型转变、熔融、升华、吸附、脱水、分解等变化。材料的光学特性是指光和物质相互作用所产生的特性，研究指标主要有折射率、色散和透过率。材料的电学性能主要包括导电性和介电性。材料磁学性能的研究主要是针对磁性材料而言，包括材料的磁场强度、居里温度、磁致伸缩系数等。

作为功能材料的基础，材料物理性能分析的重要性毋容置疑。如超导材料与材料的电性能相关，隔热材料与材料的热学性能相关，光导纤维与材料的光学性能有关，音像技术与材料的磁学性能有关等。当今人类进入了信息时代，功能材料越来越重要，发展极其迅速。如信息技术、电子计算机技术、机器人、太空领域、海洋领域等，要求材料具有很高的功能性。通过对材料物理性能的分析，明确影响各种性能的因素，有助于新材料的开发，有利于新技术的发展。

6）无损检测分析方法

无损检测是在不损坏受检件的物理和化学性能的前提下，对受检件内部及其表面的不连续和物理量进行检查和(或)测试的方法，是一种不损害或不影响其未来使用性能或用途的检测手段。其中以检测缺陷应用最广，故常称为“无损探伤”。“不损伤被检物体的完整性”首先表现在它不需要从物体上截取试样，因而也就不会破坏被检物体的完整性；其次，它不引起被检测物体任何物理及化学变化，因而利用无损检测技术可对试件进行全部的而不是抽样的检测，乃至对生产过程中的产品进行“在线检测”，所以无损检测已成为一种监督产品质量的可靠方法。

2. 化学分析

以物质的化学反应为基础的分析，称为化学分析。通过化学分析，可以鉴定物质由哪些元素(或离子)组成及各组分间量的关系(通常以百分比表示)。材料的化学分析方法可分为经典化学分析和仪器分析两类。前者基本上采用化学方法来达到分析的目的，后者主要采用化学和物理方法(特别是最后的测定阶段常应用物理方法)来获取结果，这类分析方法中有的要应用较为复杂的特定仪器。

1）经典化学分析

经典化学分析历史悠久，是分析化学的基础。经典化学分析是根据样品的量、反应产物的量或所消耗试剂的量及反应的化学计量关系，通过计算获得待测组分的量。主要包括重量分析法、滴定分析法和气体容量法三种。

重量分析法：使被测组分转化为化学组成一定的化合物或单质与试样中的其他组分分离，然后用称重方法测定该组分的含量。

滴定分析法：将已知准确浓度的试剂溶液(标准溶液)滴加到被测物质的溶液中，直到所加的试剂与被测物质按化学计量定量反应完为止，根据所用试剂溶液的体积和浓度计算被测物质的含量。

气体容量法：通过测量待测气体(或者将待测物质转化成气体形式)被吸收的容积来计算待测物质的量。这种方法应用天平滴定管和量气管等作为最终的测量手段。

2）仪器分析

光学分析法：根据物质与电磁波(包括从 γ 射线至无线电波的整个波谱范围)的相互作用，或者利用物质的光学性质来进行分析的方法。最常用的有吸光光度法(红外、可见和紫外吸收光谱)、原子吸收光谱法、原子荧光光谱法、发射光谱法、荧光分析法、浊度法、火焰光度法、X 射线衍射法、X 射线荧光分析法、放射化分析法等。

电化学分析法：根据被测物质的浓度与电位、电流、电导、电容或电量间的关系来进行分析的方法。主要包括电位法、电流法、极谱法、库仑(电量)法、电导法、离子选择性电极法等。

色谱分析法：通过色谱柱，利用静止不动的高沸点液体或固体吸附剂(固定相)对各组分的吸附能力或溶解能力的不同及化学反应时平衡常数的差别，使被测气体或液体的各组分因吸附向前移动的速度不同而彼此分离，再进入检测器鉴定的方法。

质谱分析法：试样在离子源中电离后成为快速运动的正离子，然后在由扇形电场和磁场组成的质量分析器中进行分离，在检测器中鉴定的方法。

此外，还有一些为达到特殊目的而使用的仪器分析方法，如色谱-原子吸收光谱法、色谱-质谱联用法等。

第 1 章　材料的组成与分析

1.1　纯金属的结构

1.1.1　晶体

材料分为晶体和非晶体，通常纯金属具有晶体结构，金属的原子按照一定规则重复排列，如图 1-1(a)所示。

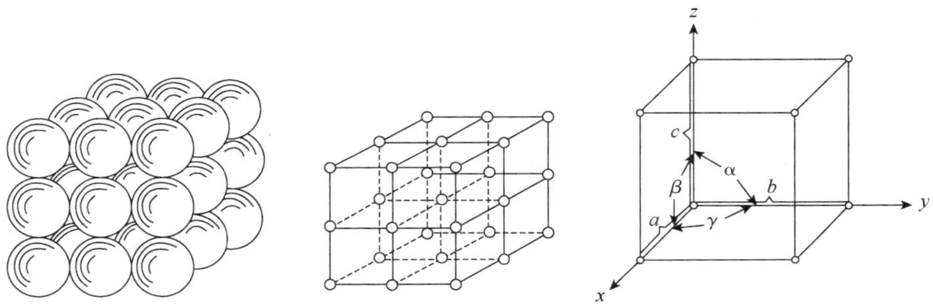

（a）晶体中的原子排列　　（b）晶格　　（c）晶胞

图 1-1　简单立方晶格与晶胞示意图

为便于分析晶体中原子排列规律，可将原子近似地看成一个点，并用假想的线条(直线)将各原子中心连接起来，便形成一个空间格子，见图 1-1(b)。这种抽象的、用于描述原子在晶体中规则排列方式的空间几何图形，称为晶格。晶格中直线的交点称为结点。晶格是由一些最基本的几何单元周期重复排列而成的，这种最基本的几何单元称为晶胞，见图 1-1(c)。分析晶胞即可从中找出晶体特征及原子排列规律。晶胞大小和形状可用晶胞的三条棱边长 a、b、c(单位为 Å，$1Å=10^{-10}m$)和棱边夹角 α、β、γ 来描述，其中 a、b、c 称为晶格常数。

各种晶体由于其晶格类型和晶格常数不同，故呈现出不同的物理、化学及力学性能。

1.1.2　常见的晶格类型

1. 体心立方晶格

体心立方晶格的晶胞为一立方体，八个顶角各排列着一个原子，立方体中心有一个原子，见图 1-2。其晶格常数 $a=b=c$。属于这种晶格类型的金属有 α-Fe、铬(Cr)、钨(W)、钼(Mo)、钒(V)等。体心立方晶格的致密度为 0.68。

2. 面心立方晶格

面心立方晶格的晶胞也是一个立方体，立方体的八个顶角和六个面的中心各排列着一个原子，见图 1-3。属于这种晶格类型的金属有 γ-Fe、铝(Al)、铜(Cu)、镍(Ni)、金(Au)、银(Ag)等。面心立方晶格的致密度为 0.74。

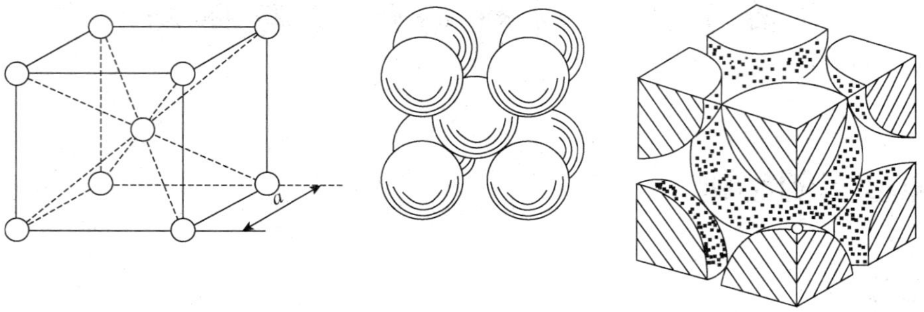

图 1-2　体心立方晶胞示意图

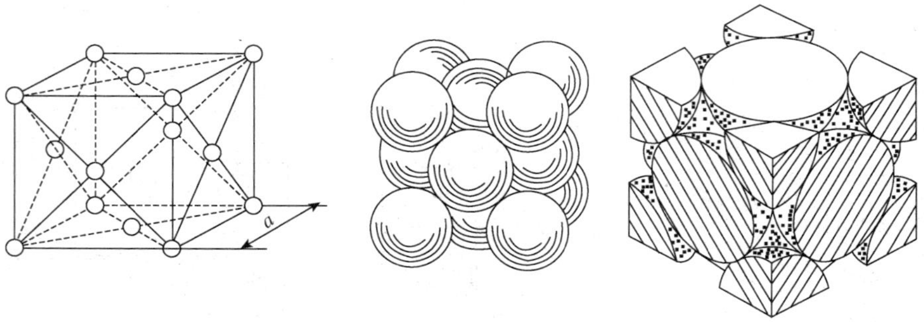

图 1-3　面心立方晶胞示意图

3. 密排六方晶格

密排六方晶格的晶胞是一个六方柱体，柱体的十二个顶角和上、下面中心各排列着一个原子，在上、下面之间还有三个原子，如图 1-4 所示。属于这种晶格类型的金属有镁(Mg)、锌(Zn)、铍(Be)、β-Ti 等。密排六方晶格的致密度为 0.74。

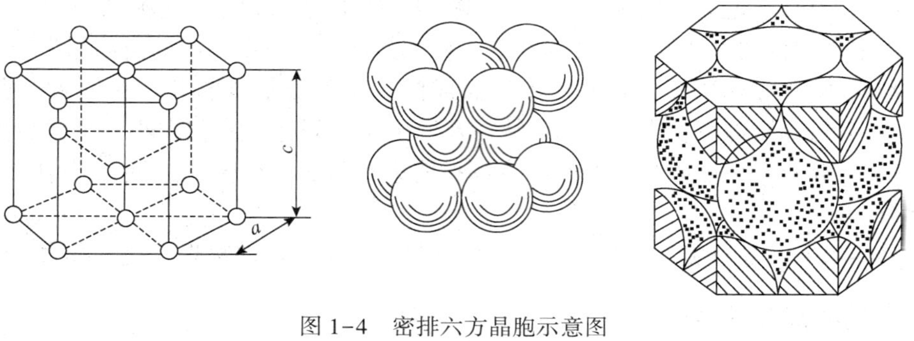

图 1-4　密排六方晶胞示意图

晶格类型不同，原子排列的致密度(晶胞中原子所占体积与晶胞体积的比值)也不同。晶格类型发生变化，将引起金属体积和性能的变化。

1.1.3　纯金属的实际晶体结构

晶体内部晶格位向(即原子排列方向)完全一致的晶体称为单晶体，单晶体具有各向异性的特征。实际使用的金属材料，即使体积很小，其内部仍包含许多小晶体。

由于这些晶格位向基本相同的小晶体外形不规则，且呈颗粒状，故称“晶粒”。每个晶粒内的晶格位向一致，但各个晶粒之间彼此位向都不相同(相差 30°～40°)，如图 1-5 所示。由许多晶粒组成的晶体称为多晶体，一般金属材料都是多晶体。多晶体材料中相邻晶粒的界面称为“晶界”。由于多晶体是由许多位向不同的晶粒组成，故可认为金属(多晶体)是各向同性的。

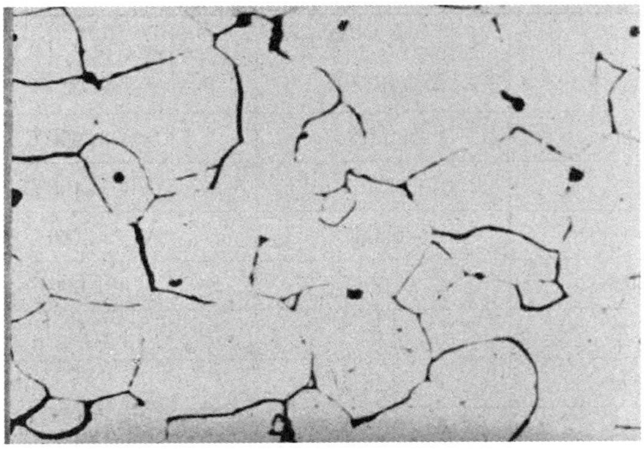

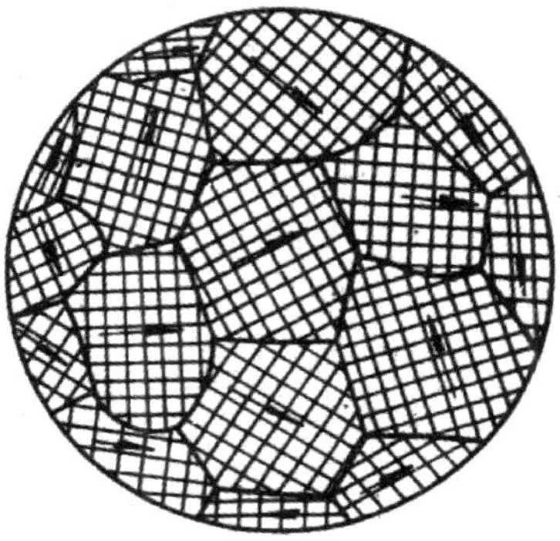

图 1-5　金属的多晶体结构

钢铁材料的晶粒尺寸一般为 10^{-1}～10^{-3}mm，只有在显微镜下才能观察到。这种在显微镜下观察到的各种晶粒的形态、大小和分布等情况，称为显微组织或金相组织。有色金属的晶粒尺寸一般都比钢铁材料的晶粒尺寸大，有的用肉眼可以看到。

1.2　合金的结构

1.2.1　合金的晶体结构

虽然纯金属在工业中有着重要的用途，但由于其强度较低等原因，在工业上广泛使用的金属材料绝大多数是合金。

合金是指由两种或两种以上的金属或金属与非金属经熔炼、烧结或利用其他方法组合而成并具有金属特性的物质。组成合金最基本的、独立的物质称为组元(简称元)。通常组元就是指组成合金的元素。例如普通黄铜的组元是铜和锌，铁碳合金的组元是铁和碳。按组元数目，合金分为二元合金、三元合金和多元合金等。可以由给定组元按不同比例配制出一系列不同成分的合金，这一系列合金就构成了一个合金系。例如各种牌号的碳钢就是由不同铁、碳含量的合金所构成的铁碳合金系。

在纯金属或合金中，具有相同的化学成分、晶体结构和相同物理性能的组分称为“相”。例如纯铜在熔点温度以上或以下，分别为液相或固相，而在熔点温度时则为液、固两相共存。合金在固态下，可以形成均匀的单相组织，也可以形成由两相或两相以上组成的多相组织，这种组织称为两相或复相组织。“组织”是泛指用金相观察方法看到的由形态不同、尺寸不同和分布方式不同的一种或多种相构成的总体。

1.2.2　合金的相结构

按照合金组元间相互作用的不同，合金在固态下的相结构分为固溶体和金属化合物两类。

1. 固溶体

固溶体是指合金在固态下，组元间相互溶解而形成的均匀相。与固溶体晶格类型相同的组元称为溶剂，其他组元称为溶质。表 1-1 列出了合金元素在铁中的溶解度。

表 1-1 合金元素在铁中的溶解度

元素	结构类型	在 γ-Fe 中最大溶解度/%	在 α-Fe 中最大溶解度/%	室温下在 α-Fe 中的溶解度/%
C	六方金刚石型	2.11	0.0218	0.008(600℃)
N	简单立方	2.8	0.1	0.001(100℃)
B	正交	0.018~0.026	~0.008	<0.001
H	六方	0.0008	0.003	~0.0001
P	正交	0.3	2.55	~1.2
Al	面心立方	0.625	~36	35
Ti	β-Ti 体心立方(>882℃) α-Ti 密排六方(<882℃)	0.63	7~9	~2.5(600℃)
Zr	β-Zr 体心立方(>862℃) α-Zr 密排六方(<862℃)	0.7	~0.3	0.3(385℃)
V	体心立方	1.4	100	100
Nb	体心立方	2.0	α-Fe1.8(989℃) δ-Fe4.5(1360℃)	0.1~0.2
Mo	体心立方	~3	37.5	1.4
W	体心立方	~3.2	35.5	4.5(700℃)
Cr	体心立方	12.8	100	100
Mn	δ-Mn 体心立方(>1133℃) γ-Mn 面心立方(1095~1133℃) α，β-Mn 复杂立方(<1095℃)	100	~3	~3
Co	β-Co 面心立方(>450℃) α-Co 密排六方(<450℃)	100	76	76
Ni	面心立方	100	~10	~10
Cu	面心立方	~8	2.13	0.2
Si	金刚石型	2.15	18.5	15

根据溶质原子在溶剂晶格中所占位置不同，固溶体分为置换固溶体和间隙固溶体。

1）置换固溶体

置换固溶体是指溶质原子占据了部分溶剂晶格结点位置而形成的固溶体，如图 1-6(a) 所示。

按溶解度的不同，置换固溶体又分为无限固溶体和有限固溶体两种。例如铜镍合金，铜原子和镍原子可按任意比例相互溶解，形成无限固溶体；而铜锌合金只有在 $\omega_{Zn} \leq 39\%$ 时，锌能全部溶入铜中形成单相的 α 固溶体。当 $\omega_{Zn} > 39\%$ 时，组织中除 α 固溶体，还出现铜与锌形成的金属化合物。溶解度的大小主要取决于组元的晶格类型、原子半径及温度等。

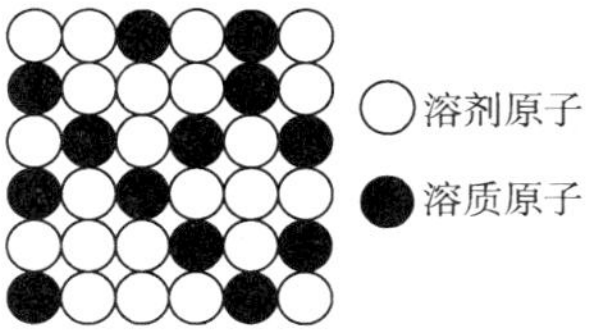

（a）置换固溶体

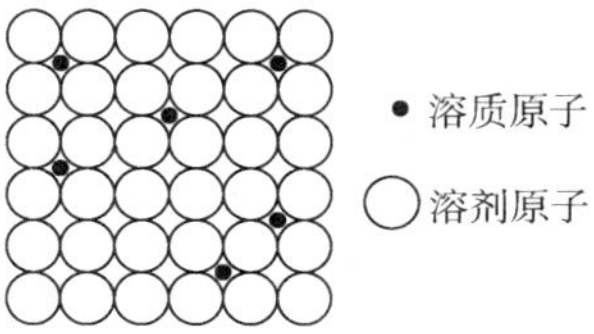

（b）间隙固溶体

图 1-6　固溶体结构示意图

只有当组元之间的原子能够无限的互相代替才能形成无限固溶体。因此形成无限固溶体条件如下：

（1）形成固溶体的各组元应具有相同类型的晶体结构。表 1-2 列出了能形成无限固溶体的金属；

（2）两组元应具有相近的原子结构，相差不超过一个价电子，并且在元素周期表中的位置相距很近；

（3）两组元的原子半径(或晶格常数)之差不超过 15%；而铁基合金中，只有当他们的原子半径之差不超过 8%时，才形成无限固溶体，否则只能形成有限固溶体。有限固溶体的溶解度还与温度有关，随温度的升高，溶解度增加。

表 1-2　形成无限固溶体的金属

第一个组元	点阵类型	点阵常数	原子序数（Z）	原子价	熔点/℃	第二个组元	点阵类型	点阵常数	原子序数（Z）	原子价	溶点/℃	Δd/%	ΔV/%
Au	面心立方	4.07	79	1	1063	Cu	面心立方	3.61	29	1	1083	12.5	30
Au	面心立方	4.07	79	1	1063	Ni	面心立方	3.52	28	0	1450	13.2	34
Bi	菱面体	6.56	83	5	271	Sb	菱面体	6.2	51	5	631	7.5	14
Cu	面心立方	3.61	29	1	1083	Ni	面心立方	3.52	28	0	1450	2.6	5
Co	面心立方	3.54	27	0	1480	Ni	面心立方	3.52	28	0	1450	1.0	0
Cu	面心立方	3.61	29	1	1083	Pd	面心立方	3.88	46	0	1550	7.0	21
Fe-γ	面心立方	3.56	26	0	1539	Co	面心立方	3.54	27	0	1480	0.7	1.5
Fe-γ	面心立方	3.56	26	0	1539	Ni	面心立方	3.52	28	0	1450	1.5	5
Fe-γ	面心立方	3.56	26	0	1539	Pd	面心立方	3.88	46	0	1550	8.1	21
Fe-γ	面心立方	3.56	26	0	1539	Pt	面心立方	3.92	78	0	1750	9.0	22
Fe-α	体心立方	2.86	26	0	1539	Cr	体心立方	2.87	24	—	1600	6.5	6
Fe-α	体心立方	2.86	26	0	1539	V	体心立方	3.03	23	—	1700	0.7	20

根据溶质原子在置换固溶体中的位置，固溶体分为无序固溶体和有序固溶体。无序固溶体是指溶质原子完全随意分布在溶剂晶格的结点上，如铜镍固溶体晶胞，如图 1-7 所示。事实上，置换固溶体大多数情况下都是无序排列。但在某些合金中，由于缓冷或在某一温度下长时间停留，溶质原子在空间点阵的某些结点上占据一定位置，这样的固溶体叫做有序固溶体。例如铜金合金在缓冷后，点阵的一组晶面上分布着铜原子，而另一组晶面上分布着金原子(见图 1-8)，在每个晶胞中有 2 个铜原子和 2 个金原子且按层有序分布。

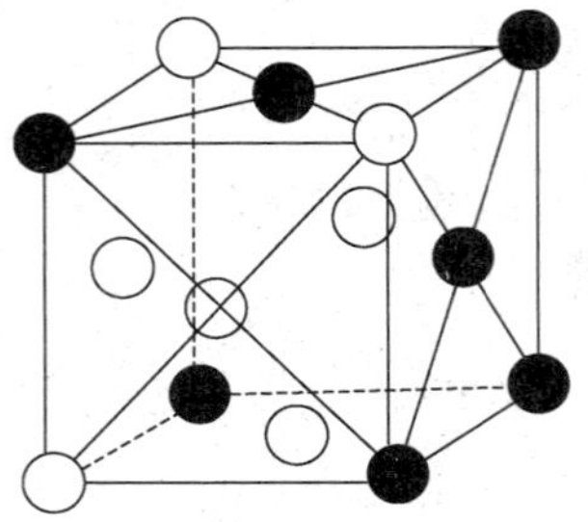

图 1-7　铜镍置换固溶体晶胞示意图

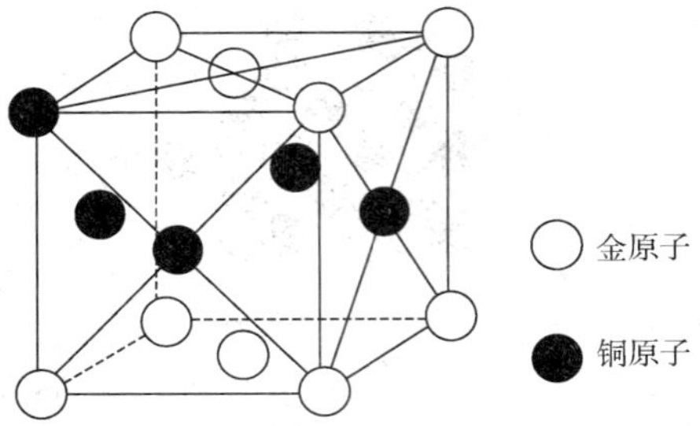

图 1-8　铜金合金有限固溶体晶胞示意图

只有当两种金属的原子成一定的比例，如 1∶1(CuAu)或 3∶1(Cu_3Au)时，才有可能形成这种有序排列。有序固溶体实际上是无序固溶体与金属间化合物的过渡相，当固溶体从无序转变为有序排列时，合金的硬度、脆性将显著增加。

随着溶质原子进入固溶体，不仅溶剂的晶格会发生畸变，而且其晶格常数也会发生变化。一般来讲，如果溶质原子直径比溶剂原子直径大，则会引起晶格常数的增加，反之则会使得晶格常数减小。图 1-9 是工业上常用的铝、铜、铁为基的固溶体晶格常数变化的规律。固溶体的硬度和强度随固溶体中溶质元素浓度的增加而加大。这是因为随着固溶体中第二种元素的溶入及其浓度的增加，晶格畸变加大，使变形时位错移动困难，因而提高了合金的强度。

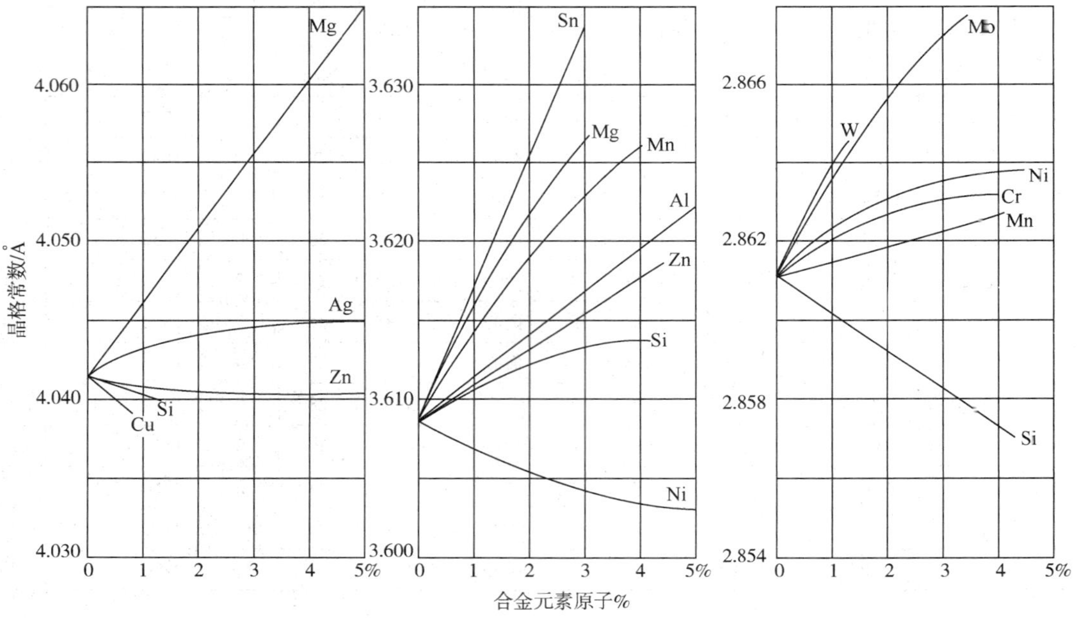

(a) 铝　　(b) 铜　　(c) 铁

图 1-9　各元素溶入铝、铜、铁中形成置换固溶体时的晶格常数变化曲线(注：1Å=0.1nm)

溶质元素使固溶体硬度和强度升高的现象称为固溶强化，固溶强化是提高材料机械性能的重要途径之一。例如我国普通低合金钢就是利用 Mn、Si 等元素强化铁素体而使钢的机械强度显著提高。

2）间隙固溶体

间隙固溶体是指溶质原子溶入溶剂晶格的间隙而形成的固溶体，如图 1-6(b)所示。由于溶剂晶格的间隙有限，因此间隙固溶体都是有限固溶体。间隙固溶体形成的条件是溶质原子半径与溶剂原子半径的比值 $r_{溶质}/r_{溶剂} \leq 0.59$。因此，形成间隙固溶体的溶质元素通常是原子半径小的非金属元素，如碳、氮、氢、硼、氧等。

由于溶剂晶格中空隙的位置是有限的，因此碳、氮、氢、硼、氧等元素在过渡族金属中只能有限地溶解。

由于填入晶格空隙的溶质原子远比空隙大，因此间隙固溶体的晶格常数永远大于溶剂的晶格常数。图 1-10 是奥氏体(碳在 γ-Fe 中的间隙固溶体)的晶格参数与碳含量的关系。随着碳含量的增加，奥氏体的晶格常数也随之增加。溶质原子溶入溶剂晶格中使晶格产生畸变，增加了变形抗力，因而导致材料强度、硬度提高。

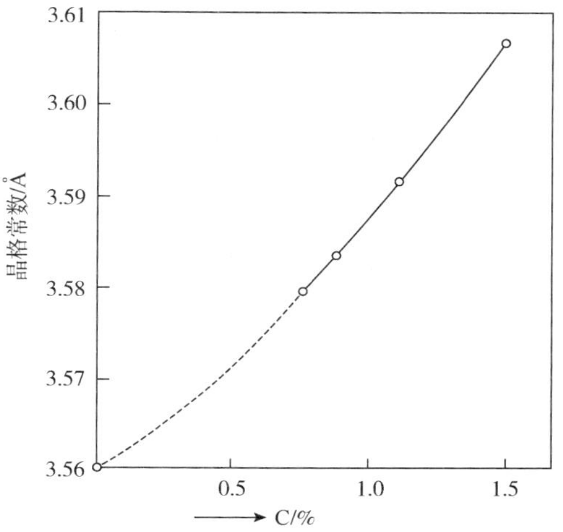

图 1-10　奥氏体的晶格常数与碳含量的关系

3）固溶体的性质

和纯金属相比，由于溶质原子的溶入导致固溶体的点阵常数改变，固溶体产生固溶强化，使得力学性能、物理和化学性能产生了不同程度的变化。

2. 金属化合物

在合金中，当溶质含量超过固溶体的溶解度时，除了形成固溶体外，还将形成晶体结构不同于任一组元的新相，称为金属化合物。金属化合物可有多种类型，但它们在二元相图上所处的位置总处在两个固溶体区域之间的中间部位，所以通常又把这些合金相称为中间相。它是合金组元间发生相互作用而形成的具有金属特性的一种新相，一般可用分子式表示。金属间化合物的不同金属原子之间，或金属原子和非金属原子之间通常有固定的比例。从表 1-3 可见化合物的晶体构造一般与组元的构造不同，而且具有自己特殊的晶体构造。

表 1-3　合金中常见的化合物

第一个组元	点阵类型	第二个组元	点阵类型	化合物	点阵类型
Mg	六方	Si	金钢石型	Mg_2Si	立方
Cu	面心立方	Al	面心立方	$CuAl_2$	正方
Mg	六方	Sn	正方	Mg_2Sn	立方
Mg	六方	Pb	面心立方	Mg_2Pb	立方
Fe	体心或面心立方	Si	金钢石型	FeSi	立方
Fe	体心或面心立方	Si	金钢石型	$FeSi_2$	正方
Fe	体心或面心立方	C	六方	Fe_3C	斜方
Fe	体心或面心立方	Zn	六方	$FeZn_7$	未知
Fe	体心或面心立方	P	菱面体	Fe_3P	未知

根据形成条件及结构特点，常见的金属化合物有三种类型。

1）正常价化合物

正常价化合物是由元素周期表中相距较远，电化学性质相差较大的元素组成的，通常是金属元素与元素周期表中第四、第五、第六族的元素组成的。如 Mg_2Si、Mg_2Sn、Mg_2Pb、Cu_2Se 等。这类化合物的分子式严格遵守原子价规律，并且成分是固定不变的。正常价化合物一般具有较高的硬度，脆性较大。

2）电子化合物

电子化合物是指不遵守原子价规律，但是有一定的电子浓度（化合物中总价电子数与总原子数之比）的化合物。电子化合物的晶体结构与电子浓度有一定的对应关系。例如，当电子浓度为3/2时，形成体心立方晶格的电子化合物，称为 β 相，如 CuZn、Cu_3Al 等；当电子浓度为21/13时，形成复杂立方晶格的电子化合物，称为 γ 相，如 Cu_5Zn_8、$Cu_{31}Sn_8$ 等；当电子浓度为7/4时，形成密排六方晶格的电子化合物，称为 ε 相，如 $CuZn_3$、Cu_3Sn 等。

例如：CuZn，Cu 的价电子数为 1，Zn 的价电子数为 2，化合物的总原子数为 2，因此，CuZn 的电子浓度 $C_{电}=3/2$，CuZn 是一个具有体心立方晶格的电子化合物（β 相）；

Cu_5Zn_8，电子浓度 $C_{电}=\frac{5+8\times2}{5+8}=\frac{21}{13}$，因此 Cu_5Zn_8 是一个具有复杂立方晶格的电子化合物（γ 相）；

$CuZn_3$，电子浓度 $C_{电}=\frac{1+3\times2}{1+3}=\frac{7}{4}$，因此 $CuZn_3$ 是一个具有密排六方晶格的电子化合物（ε 相）。

表 1-4 为常见的电子化合物及其结构类型。

表 1-4 常见的电子化合物及其结构类型

电子浓度 $=\frac{3}{2}$，即 $\frac{21}{14}$			电子浓度 $=\frac{21}{13}$	电子浓度 $=\frac{7}{4}$，即 $\frac{21}{12}$
体心立方结构	复杂立方 β-Mn 结构	密排六方结构	γ 黄铜结构	密排六方结构
CuZn	Cu_5Si	Cu_3Ga	Cu_5Zn_8	$CuZn_3$
CuBe	Ag_3Al	Cu_5Ge	Cu_5Cd_8	$CuCd_3$
Cu_3Al	Au_3Al	AgZn	Cu_5Hg_8	Cu_3Sn
Cu_3Ga①	$CoZn_3$	AgCd	Cu_9Al_4	Cu_3Si
Cu_3In		Ag_3Al	Cu_9Ga_4	$AgZn_3$
Cu_5Si①		Ag_3Ga	Cu_9In_4	$AgCd_3$
Cu_5Sn		Ag_3In	$Cu_{31}Si_8$	Ag_3Sn
AgMg①		Ag_5Sn	$Cu_{31}Sn_8$	Ag_5Al_3
AgZn①		Ag_7Sb	Ag_5Zn_8	$AuZn_3$
AgCd①		Au_3In	Ag_5Cd_8	$AuCd_3$
Ag_3Al①		Au_5Sn	Ag_5Hg_8	Au_3Sn
Ag_3In①			Ag_9In_4	Au_3Al_3
AuMg			Au_5In_8	
AuZn			Au_5Cd_8	

续表

电子浓度 $=\frac{3}{2}$，即$\frac{21}{14}$			电子浓度 $=\frac{21}{13}$	电子浓度 $=\frac{7}{4}$，即$\frac{21}{12}$
体心立方结构	复杂立方 β-Mn 结构	密排六方结构	γ 黄铜结构	密排六方结构
AuCd			Au_9In_4	
FeAl			Fe_5Zn_{21}	
CoAl			Co_5Zn_{21}	
NiAl			Ni_5Be_{21}	
PdIn			$Na_{31}Pb_8$	

注：①指不同温度会出现不同的结构。

3）间隙相和间隙化合物

间隙化合物主要受组元的原子尺寸因素控制，通常由过渡族金属与原子甚小的非金属元素 H、N、C、B 形成化合物，它们具有金属的性质、很高的熔点和极高的硬度。如 FeC、$Cr_{23}C_6$、Cr_7C_3、WC、Mo_2C、VC 等都是间隙化合物。根据非金属元素(以 X 表示)与金属元素(以 M 表示)原子半径的比值。可将其分为两类：当 $r_X/r_M<0.59$ 时，化合物具有比较简单的晶体结构，称为简单间隙化合物(或间隙相)；当 $r_X/r_M>0.59$ 时，其结构很复杂，称为复杂间隙化合物(或间隙化合物)。由于 H、N 的原子半径较小，所以过渡族金属的氢化物和氮化物都是间隙相。B 的原子半径最大，所以过渡族金属的硼化物都是间隙化合物。C 的原子半径比 H、N 大，但比 B 小，所以一部分碳化物是间隙相，另一部分是间隙化合物。

（1）间隙相　具有比较简单的晶体结构，间隙相具有面心立方、体心立方、简单六方、密排六方四种晶格类型，多数为面心立方和密排六方结构，少数具有体心立方和简单六方结构。金属原子位于晶格的正常位置上，非金属原子则位于该晶格的间隙位置，从而构成了一种新的晶体结构。

间隙相的化学成分可以用简单的分子式表示，如 M_4X(Fe_4N，Nb_4C)、M_2X(Ta_2C，W_2C，Mo_2C)、MX(WC，TiC，TN)、MX_2(ZrH_2)，M 表示金属原子、X 表示非金属原子。如表 1-5 所示，为间隙相的例子，同时呈现了金属原子的排列类型。

表 1-5　间隙相举例

分子式	间隙相举例	金属原子排列类型
M_4X	Fe_4N，Mn_4N	面心立方
M_2X	Ti_2H，Zr_2H，Fe_2N，Cr_2N，V_2N，W_2C，Mo_2C，V_2C	密排六方
MX	TaC，TiC，ZrC，VC，ZrN，VN，TiN，CrN，ZrH，TiH	面心立方
	TaH，NbH	体心立方
	WC，MoN	简单六方
MX_2	TiH_2，ThH_2，ZrH_2	面心立方

间隙相中的非金属元素的原子按一定规律分布在上述各种晶格的空隙中。例如，Ti 在室温下是密排六方晶体晶格结构，在间隙相 TiC 中的 Ti 却排成面心立方晶格，碳原子按图 1-11所示的规律分布于金属晶格的空隙中。

以上所示的间隙相化学式，表示在间隙相的金属晶格中所有空隙都被非金属原子所填满时的比值(如图 1-11所示 TiC 间隙相，碳原子完全填满所有的空隙，此时才符合 MX 化学式)，但在实际合金中，这些空隙没有被填满，因此大多数间隙相都是一个成分可变的相，它相当于以间隙相为基的缺位固溶体。例如 TiC，NbC，ZrC，VC 等都属于这类缺位固溶体，见图 1-12。

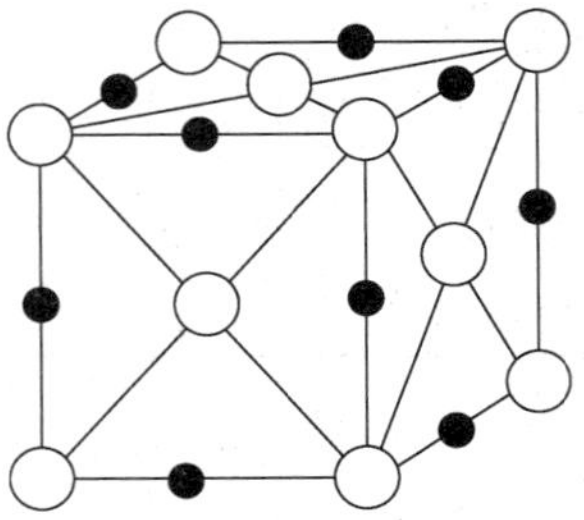

图 1-11　TiC 间隙相结构示意图

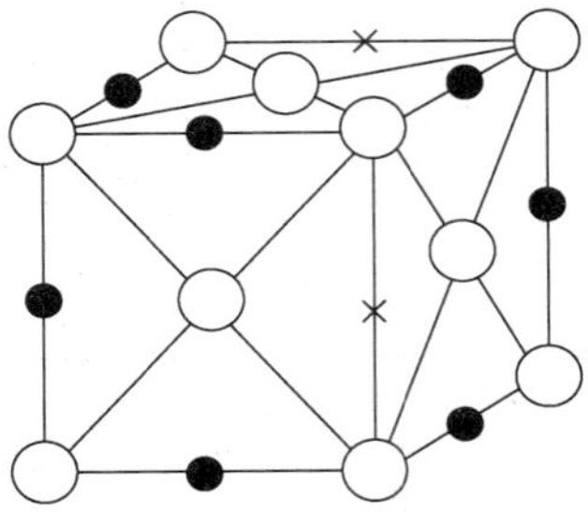

图 1-12　TiC 缺位固溶体示意图

应当指出，间隙相与间隙固溶体之间有着本质的区别，间隙相是一种化合物，它具有与其组元完全不同的晶体结构，而间隙固溶体则仍保持着溶剂组元的晶格类型。间隙相具有极高的熔点和硬度，但很脆。许多间隙相具有明显的金属特性，如金属的光泽、较高的导电性、正的电阻温度系数等。这些特性表明，间隙相的结合既具有共价键性质，又带有金属键性质。

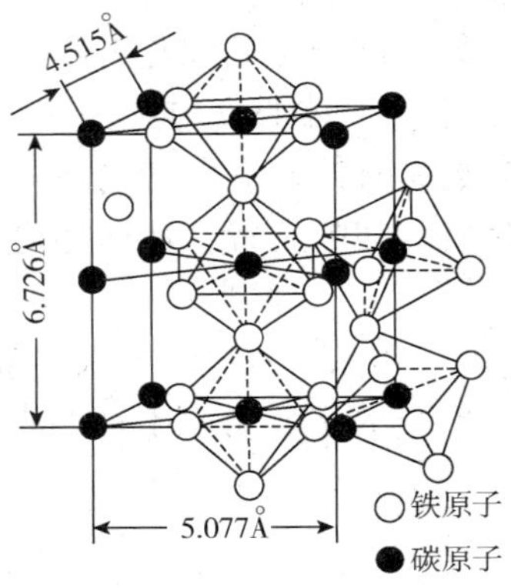

图 1-13　Fe_3C 的晶体结构示意图

(2) 间隙化合物　一般都具有复杂的晶体结构，Cr、Mn、Fe 的碳化物均属此类。间隙化合物的类型很多，合金钢中常遇到的间隙化合物有 M_3C 型(如 Fe_3C、Mn_3C)、M_7C_3型(如 Cr_7C_3)、$M_{23}C_6$型(如 $C_{r23}C_6$)、M_6C 型(如 Fe_3W_3C、Fe_4W_2C)等，在这些碳化物中，基体金属原子 M 可表示一种金属元素，也可以表示有几种金属元素固溶在内。式中 Fe_3C 是钢铁材料中一种基本组成相，称为渗碳体，其碳原子与铁原子半径之比为 0.61。Fe_3C 的晶体结构为复杂的斜方晶格(如图 1-13 所示)，熔点约为 1227℃，硬度高(约 1000HV)，塑性和韧性很差。

在 Fe_3C 中，Fe 原子可被 Mn、Cr、Mo、W 等原子所置换，形成以间隙化合物为基的固溶体，如$(Fe、Mn)_3C$、$(Fe、Cr)_3C$ 等，而当合金中含有某些原子半径较小的非金属元素时，也可处于 C 原子的位置上，如 $Fe_3(C、N)$等，这种以渗碳体为基的金属间化合物称为合金渗碳体。渗碳体的硬度为 950~1050HV。钢中常见的碳化物类型如表 1-6 所示。

表 1-6　钢中常见碳化物的类型及基本特性

碳化物类型	常见碳化物	硬度/HV	熔点/℃	在钢中溶解的温度范围/℃	含有此类碳化物的钢种
M_3C	Fe_3C	900~1050	1227	Ac_1 至 950~1000	碳钢
	$(Fe, Mn)_3C$	稍大于 900~1050		Ac_1 至 1050~1200	低合金钢

续表

碳化物类型	常见碳化物	硬度/HV	熔点/℃	在钢中溶解的温度范围/℃	含有此类碳化物的钢种
$M_{23}C_6$	$Cr_{23}C_6$	1000~1100	1550	950~1100	高合金工具钢及不锈钢、耐热钢
M_7C_3	Cr_7C_3	1600~1800	1665	大于950，直到熔点	少数高合金工具钢
M_2C	W_2C			回火时析出，大于650~700时转变为M_6C	高合金工具钢，如高速钢，Cr12MoV、3Cr2W8V等
	Mo_2C				
M_6C	Fe_3W_3C	1200~1300		1150~1300	同上
	Fe_3Mo_3C				
MC	VC		2830	大于1100~1150	含钒大于0.3%的含钒合金钢
	NbC	1800~3200	3500	几乎不溶解	几乎所有含铌、钛钢种
	TiC		3200		

金属化合物的晶格类型和性能不同于组成它的任一组元，一般熔点高、硬而脆，生产中很少使用单相金属化合物的合金。但当金属化合物呈细小颗粒均匀分布在固溶体基体上时，将使合金强度、硬度和耐磨性明显提高，这一现象称弥散强化。因此，金属化合物主要用来作为碳钢、低合金钢、合金钢、硬质合金及有色金属的重要组成相及强化相。

1.2.3 金属间化合物的性质和应用

金属间化合物由于原子键合和晶体结构的多样性，使得这种化合物具有许多特殊的物理、化学性能，已日益受到人们的重视，不少金属间化合物特别是超结构已作为新的功能材料和耐热材料正在被开发应用。

（1）具有超导性质的金属间化合物，如Nb_3Ge、Nb_3Al、Nh_3Sn、V_3Si、NbN等；

（2）具有特殊电学性质的金属间化合物，如InTe-PbSe、GaAs-ZnSe等在半导体材料应用；

（3）具有强磁性的金属间化合物，如稀土元素（Ce、La、Sm、Pr、Y等）和Co的化合物，具有特别优异的永磁性能；

（4）具有奇特吸/释氢本领的金属间化合物（常称为贮氢材料），如$LaNi_5$，FeTi，R_2Mg_{17}和$R_2Ni_2Mg_{15}$，（R代表稀土La、Ce、Pr、Nd或混合稀土），是很有前途的储能和换能材料；

（5）具有耐热特性的金属间化合物，如Ni_3Al，NiAl、TiAl、Ti_3Al、FeAl、Fe_3Al、$MoSi_2$、$NbBe_{12}$。$ZrBe_{12}$等不仅具有很好的高温强度，并且在高温下具有比较好的塑性；

（6）耐蚀的金属间化合物，如某些金属的碳化物、硼化物、氨化物和氧化物等在侵蚀介质中仍很耐蚀，若通过表面涂覆方法将耐蚀的金属间化合物涂覆在其他材料表面，可大大提高被涂覆件的耐蚀性能；

（7）具有形状记忆效应、超弹性和消震性的金属间化合物，如TiNi，CuZn，CuSi，MnCu，Cu_3Al等已在工业上得到应用。

1.3 合金元素的作用

钢中常见合金元素有Si、Ni、Cu、Al、Co、Ti、Nb、Zr、V、W、Cr、Mn等。合金元素

加入钢中，主要与铁形成固溶体，或者与碳形成碳化物，少量存在于夹杂物(氧化物、氮化物等)中，在高合金钢中还可能形成金属间化合物。其中与碳亲和力较强的元素称为碳化物形成元素，如 Ti、Nb、Zr、V、W、Cr、Mn 等。与碳亲和力较小的元素称为非碳化物形成元素，如 Si、Ni、Cu、Al、Co 等。

不同的碳化物形成元素，形成的碳化物性质不同，强碳化物形成元素钒、钛、铌、锆等与碳形成极稳定的特殊碳化物，如 VC、TiC 等，这类碳化物有高的熔点、硬度和耐磨性，当在钢中弥散分布时，将显著提高钢的强度、硬度和耐磨性，且韧性不降低。中强碳化物形成元素 Cr、W、Mo 等，当其含量较高时，与碳形成稳定性较高的合金碳化物，如 Cr_7C_3、$Cr_{23}C_6$、Fe_3W_3C。Fe_3Mo_3C 等，当其含量较低时，这些合金元素只能置换渗碳体中的 Fe 原子，形成稳定性较差的合金渗碳体，硬度比$(Fe, W)_3C$、$(Fe, Cr)_3C$ 渗碳体高。弱碳化物形成元素 Mn、Fe 等，只能形成合金渗碳体和渗碳体，如$(Fe, Mn)_3C$，Fe_3C 等。

1.3.1 合金元素的存在形式

1. 形成铁基固溶体

1) 形成铁基置换固溶体

(1) Ni、Co、Mn、Cr、V 等元素可与 Fe 形成无限固溶体，其中 Ni、Co 和 Mn 形成以 γ-Fe为基的无限固溶体，Cr 和 V 形成以 α-Fe 为基的无限固溶体。

(2) Mo 和 W 只能形成较宽溶解度的有限固溶体。如 α-Fe(Mo)和 α-Fe(W)等。

(3) Ti、Nb、Ta 只能形成具有较窄溶解度的有限固溶体，Zr、Hf、Pb 在 Fe 具有很小的溶解度。

2) 形成铁基间隙固溶体

(1) 对 α-Fe，间隙原子优先占据的位置是八面体间隙。

(2) 对 γ-Fe，间隙原子优先占据的位置是八面体或四面体间隙。

(3) 间隙原子的溶解度随间隙原子尺寸的减小而增加，即按 B、C、N、O、H 的顺序而增加。

2. 形成合金渗碳体

(1) 合金渗碳体(碳化物)、氮化物和碳、氮化物间隙化合物相，都是钢中的基本强化相。

(2) 过渡族金属与碳、氮的亲和力、碳化物和氮化物的强度(或稳定性)按下列规律递减：Hf、Zr、Ti、Ta、Nb、V、W、Mo、Cr、Mn、Fe。

其中：Ⅳ、Ⅴ族金属的碳化物与氮化物具有简单的点阵结构，如 TiC、VC、TiN、TaC 等；Ⅵ、Ⅶ、Ⅷ族金属的碳化物与氮化物具有复杂的点阵结构，如 Cr_7C_3、$Cr_{23}C_6$、W_2C、Mo_2C、$(W、Mo、Fe)_6C$ 等。在钢中，铁的碳化物与合金碳化物相比，是最不稳定的。渗碳体中 Fe 原子可以被若干合金元素的原子所取代。如$(Fe, Mn)_3C$、$(Fe, Cr)_{23}C$ 等。

3. 形成金属间化合物

钢中的过渡族金属元素之间能够形成一系列金属间化合物，即是指金属与金属、金属与准金属形成的化合物。如 $Ni_3(Al, Ti)$、$Ni_3(Al, Nb)$、NiAl、NiTiFeAl 等。准金属也叫半金属，通常指硼、硅、锗、硒、碲、钋、砷和锑。它们在元素周期表中处于金属向非金属过渡的位置，物理性质和化学性质介于金属和非金属之间。单质一般性脆，呈金属光泽。

4. 形成非金属相(非碳化合物)及非晶体相

(1) 钢中的非金属相有：FeO、MnO、TiO_2、SiO_2、Al_2O_3、Cr_2O_3、MgO·Al_2O_3、MnO·Al_2O_3、MnS、FeS、2MnO·SiO_2、CaO·SiO_2等。非金属夹杂物一般都是有害的。

(2) AlN 和一些稀土氧化物弥散质点可用来强化钢或其他有色金属合金。

(3) 在特殊条件下(如快速冷却凝固)，可使某些金属或合金形成非晶体相结构。钢中非晶体相的作用目前仍缺乏较详细的实验和理论依据。

1.3.2　合金元素对钢组成相的影响

1. 合金元素对 Fe-C 相图的影响

合金元素按对 Fe-C 相图的影响分为两类，扩大 γ 相区元素称为奥氏体稳定化元素，包括 Mn、Ni、Co、C、N、Cu 等，它们使 A_3点下降，A_4点上升，从而扩大 γ 相区的存在范围，如图 1-14 所示。缩小 γ 相区元素称为铁素体稳定化元素，主要有 Cr、Mo、W、V、Ti、Al、Si、B、Nb、Zr 等，它们使 A_3点上升，A_4点下降，从而缩小 γ 相区的存在范围，如图 1-15 所示。

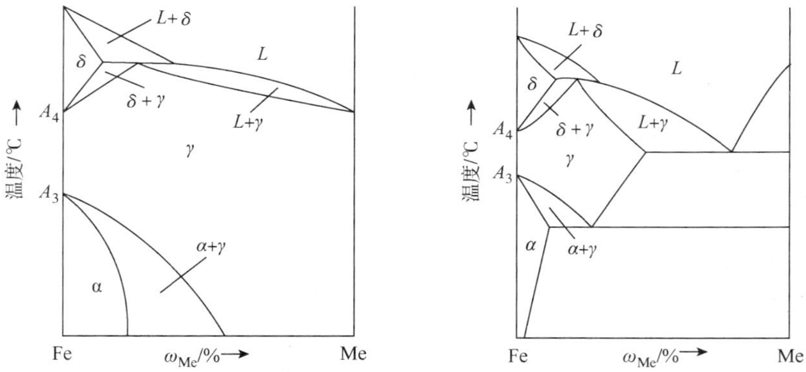

(a) 与γ-Fe无限互溶　　(b) 与γ-Fe有限互溶

图 1-14　扩大 γ 相区示意图

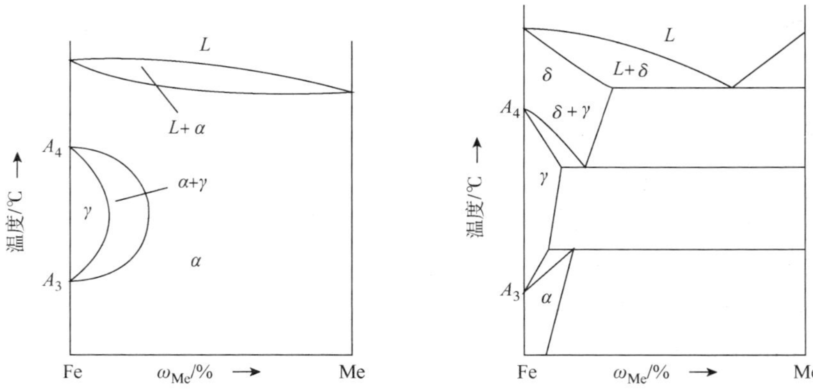

(a) 与α-Fe无限互溶　　(b) 使γ相区缩小但不封闭

图 1-15　缩小 γ 相区示意图

相区扩大或缩小的结果使得相图各特征点位置发生变动，钢的显微组织发生相应变化。

合金元素对铁碳相图影响主要分两方面：

1）对奥氏体和铁素体存在范围的影响

扩大 γ 相区元素均扩大铁碳相图中奥氏体存在区域，其中完全扩大 γ 相区，元素 Ni 或 Mn 含量较多时，可使钢在室温下得到单相奥氏体组织，例如 1Cr18Ni9 高镍奥氏体不锈钢和 ZGMn13 高锰耐磨钢等。缩小 γ 相相区元素均缩小铁碳相图中奥氏体存在区域，其中完全封闭 γ 相区元素（如 Cr、Ti、W、V、Si 等）超过一定含量后，可使钢在包括室温的广大温度范围内获得单相铁素体组织，例如 1Crl7Ti 高铬铁素体不锈钢等。

2）对铁碳相图临界点共析点 S 的影响

扩大 γ 相区元素使铁碳合金相图中共析转变温度下降，缩小 γ 相区元素使其上升。主要合金元素对共析温度的影响如图 1-16 所示，对共析点碳含量的影响如图 1-17 所示，几乎所有合金元素都使共析碳含量降低，共晶点也有类似的规律。

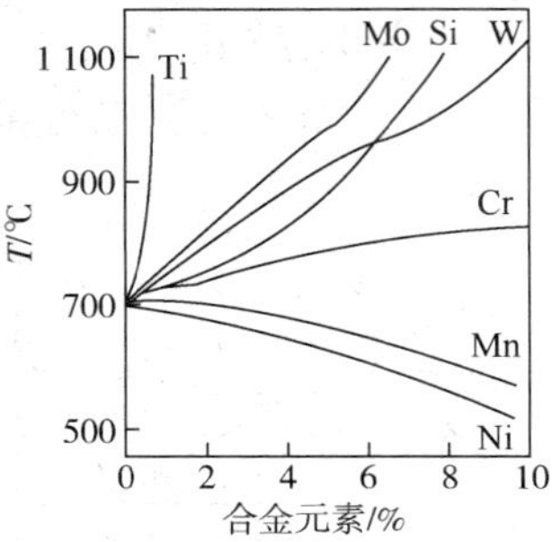

图 1-16　合金元素对共析温度的影响

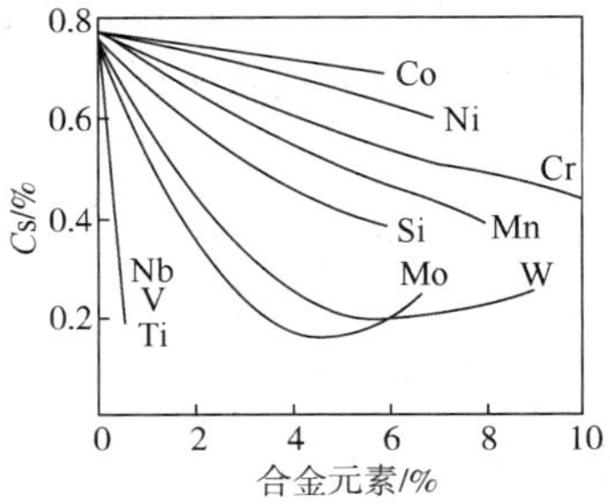

图 1-17　合金元素对共析体碳含量的影响

2. 合金钢中的基本相

合金元素加入钢中，可能以两种形式存在：一是溶于固溶体类相中，形成合金铁素体、合金奥氏体、合金马氏体，增加固溶体相稳定性，同时也对这些固溶体类相产生有效的固溶强化效果，非碳化物形成元素主要存在于固溶体类相中；二是形成合金碳化物或特殊碳化物。例如置换渗碳体中的铁原子形成合金渗碳体，在高碳高合金钢中，可能形成各种稳定性更高的合金碳化物以及特殊碳化物，碳化物形成元素易于形成不同类型的碳化物。稳定性越高的碳化物越难溶于奥氏体，越难聚集长大。随着这些碳化物数量的增多，钢的强度、硬度增大，耐磨性增加，塑性和韧性下降。

1.3.3　合金元素对材料工艺性能的影响

1. 合金元素对热处理性能影响

热处理工艺性能反映钢热处理的难易程度和产生热处理缺陷的倾向，主要包括淬透性、回火稳定性、回火脆性及氧化脱碳倾向性和淬火变形开裂倾向性等。其中主要考虑其淬透性，即钢接受淬火的能力。含 Mn、Cr、Ni 等合金元素的合金钢淬透性比较好，碳钢的淬透性较差。铝合金的热处理要求较严，它进行固溶处理时加热温度距离熔点很近，温度的波动必须保持在±5℃以内。铜合金只有几种可以用热处理强化。

1）对奥氏体转变的影响

合金钢的奥氏体形成过程基本与碳钢相同，但合金元素影响奥氏体的形成速度。一方面，加入合金元素改变碳在钢中扩散速度。例如碳化物形成元素 Cr、Mo、W、Ti、V 等，由于它们与碳有较强的亲和力，显著减慢了碳在奥氏体中扩散速度，故奥氏体形成速度大大减慢。另一方面，奥氏体形成后，要使稳定性高的碳化物完全分解并固溶于奥氏体中，需要进一步提高加热温度，这类合金元素也将使奥氏体化时间延长。另外合金钢奥氏体成分均匀化过程还需要合金元素的扩散，而即使在 1000℃高温，合金元素扩散速度也很小，仅是碳扩散速度的千分之几，因此，合金钢的奥氏体成分均匀化比碳钢更缓慢。

2）对奥氏体晶粒度的影响

凡未溶的碳化物等第二相质点均阻碍奥氏体晶粒长大。合金元素形成的碳化物在高温下越稳定，越不易溶入奥氏体中，能阻碍晶界长大，显著细化晶粒。

（1）Ti、V、Zr、Nb 等强烈阻止奥氏体晶粒长大，Al 在钢中易形成高熔点 AlN、Al_2O_3 细质点，也能强烈阻止晶粒长大。

（2）W、Mo、Cr 等阻碍奥氏体晶粒长大的作用中等。

（3）Ni、Si、Cu、Co 等阻碍奥氏体晶粒长大的作用轻微。

（4）Mn、P、B 则有助于奥氏体的晶粒长大，Mn 钢有较强烈的过热倾向，其加热温度不应过高，保温时间应较短。

3）合金元素对钢冷却时组织转变的影响

除 Co 以外，大多数合金元素不同程度延缓珠光体和贝氏体（指由奥氏体转换为珠光体和贝氏体）相变，这是由于它们溶入奥氏体后，增大其稳定性，使 C 曲线右移。其中碳化物形成元素影响最为显著。如果碳化物形成元素未能溶入奥氏体，以残存未溶碳化物微粒形式存在，则起相反作用。除 Co、Al 外，大多数合金元素不同程度地降低马氏体转变温度，增加残余奥氏体量。

4）合金元素对钢回火时组织转变的影响

碳化物形成元素可阻碍碳的扩散，从而显著提高马氏体的分解温度。合金元素一般都能提高残余奥氏体转变的温度范围。某些高合金钢（如高速钢）中的残余奥氏体十分稳定，只有加热到 500~600℃时才开始发生部分分解，使奥氏体稳定性下降，在随后快速冷却过程中转变为马氏体，使钢硬度有较大提高，这种现象称"二次淬火"。强碳化物形成元素（V、Mo、W 等）加入后，在 500~600℃回火时从马氏体中析出特殊碳化物，高度弥散分布在马氏体基体上，并与基体保持共格关系，阻碍位错运动，使硬度上升，发生"二次硬化"现象。这对工具钢具有十分重要的意义。

（1）对淬火钢回火稳定性的影响　淬火钢在回火过程中抵抗硬度下降的能力称为回火稳定性。由于合金元素阻碍了马氏体分解和碳化物聚集长大，使回火的硬度降低过程变缓，从而提高了钢的回火稳定性。

由于合金钢的回火稳定性比碳钢高，若要求得到同样的回火硬度时，则合金钢的回火温度要比同样碳含量的碳钢高，回火的时间也长，内应力消除得好，钢的塑性和韧性指标就高。所以，当回火温度相同时，合金钢的强度、硬度比碳钢高。

（2）二次硬化　一些碳化物形成元素如 Cr、W、Mo、V 等，在回火过程中有二次硬化作用。如高速钢在 560℃回火时，又析出了新的更细的特殊碳化物，发挥了第二相的弥散强化作用，使硬度又进一步提高。这种二次硬化现象在合金工具钢中是很有价值的。

2. 合金元素对焊接性能的影响

淬透性良好的合金钢在焊接时，容易在接头处出现淬硬组织，使该处脆性增大，容易出现焊接裂纹；焊接时合金元素容易被氧化形成氧化物夹杂，使焊接质量下降。例如，在焊接不锈钢时，形成Cr_2O_3夹杂，使焊缝质量受到影响，同时由于铬的损失，不锈钢的耐腐蚀性下降，所以高合金钢最好采用保护作用好的氩弧焊。

3. 合金元素对锻造性能的影响

由于合金元素溶入奥氏体后使变形抗力增加，塑性变形困难，所以合金钢锻造需要施加更大的压力吨位；同时合金元素使钢的导热性降低、脆性加大，增大了合金钢锻造时和锻后冷却中出现变形、开裂的倾向，因此合金钢锻后一般应控制终锻温度和冷却速度。

4. 合金元素对切削性能的影响

钢中加入 S、Al 等元素对改善切削加工性是有利的。所以一般易切削钢常含有这类元素，不过这类元素会略降低钢的强度。钢中加入 Cr、Ni、W、Mo、V 等合金元素时，强度和硬度都提高，使切削加工困难。耐热钢、不锈钢等切削加工困难的主要原因就是合金元素含量较高所致。

铸铁的切削加工性取决于游离石墨的多少。因此，凡是能促进石墨化的元素，如 Si、Al 等都能改善铸铁的切削加工性；反之，凡是阻碍石墨化的元素，如 Mn、S、P 等，都会降低其切削加工性。

5. 合金元素对抗裂性能的影响

S 和 P 在碳钢中都是十分有害的杂质元素。随着含量增加，铸钢的抗裂性能明显下降。铸件中 Si、Mn 的存在(含硅量在 0.1%~0.6%，含锰量在 0.1%以下)皆使铸钢的抗裂性能提高。而 O、N、H 则使钢的抗裂性能下降。对碳钢及合金钢进行微合金化和变质处理，可以大大提高铸钢件的抗裂强度。常用的元素有 V、Ti、Nb、Zr、Ce、Ca、B 等。尤其是稀土元素对提高铸钢的抗裂性能有良好的作用。钢中的 C、Cr、Ni 等元素虽可提高钢的强度，但却降低了钢的导热系数，因而增大钢的冷裂倾向。

1.3.4 合金元素对材料力学性能的影响

材料中加入合金元素的目的是使钢具有更优异的性能。合金元素主要通过对组织的影响从而实现对性能起作用。表 1-7 显示了合金元素对材料性能的影响。表 1-8 则显示了不同元素对材料力学性能及其他性能影响的程度。

表 1-7 合金元素对性能的影响

合金元素	作用
碳(C)	许多钢中的主要元素，可产生固溶强化和硬化，增加淬透性，溶于铁中形成铁素体和奥氏体，与铁形成渗碳体。碳化物是珠光体的组元之一
锰(Mn)	许多钢中的主要元素，可产生固溶强化和硬化，增加淬透性，弱碳化物形成元素，形成 MnS 可减轻由 S 引起的脆性。高 Mn 含量时形成奥氏体钢，具有高的磨损抗力
硅(Si)	许多钢中的主要元素。可产生固溶强化和硬化，增加淬透性。在炼钢过程中加硅作为脱氧剂。非碳化物形成元素，提高氧化抗力，在特殊钢中增加淬透性、电学和磁学性能
磷(P)	一般被看作杂质元素，低碳钢中添加 P 以增加强度和硬度。在易切削钢中增加切削性。加剧回火脆性。高 Mn 含量时形成 Fe_3P
硫(S)	一般被看作杂质元素。在特殊钢中增加切削性

续表

合金元素	作用
镍(Ni)	钢中的主要元素。可产生固溶强化和硬化，增加淬透性。增加低温韧性。非碳化物形成元素。与高 Cr 形成奥氏体不锈钢
铬(Cr)	某些低合金钢和所有不锈钢中的主要合金元素。可产生少量的固溶强化和硬化，增加淬透性。增加耐蚀性和高温氧化抗力。中等强度碳化物形成元素(>Mn)，其碳化物可提高耐磨性和高温强度
钼(Mo)	某些低合金钢和工具钢中的主要合金元素。可产生固溶强化和硬化，增加淬透性。中等强度碳化物形成元素(>Cr)，提高高温蠕变强度，阻碍回火脆性。在不锈钢中提高耐蚀性
铜(Cu)	因引起热脆性而在许多钢中被看作杂质元素或残存元素。在某些钢中可提高耐蚀性，在特殊钢中因时效处理而提高强度和硬度。非碳化物形成元素。耐大气腐蚀
钴(Co)	某些钢中的主要合金元素。可产生固溶强化和硬化，提高热硬性，弱碳化物形成元素。一些工具钢和耐热钢中的重要元素。降低淬透性
钨(W)	某些钢中的主要合金元素。可产生固溶强化和硬化，增加淬透性。中等强度碳化物形成元素。在工具钢中形成硬的耐磨碳化物颗粒
钒(V)	微合金钢中的重要元素。可细化晶粒，增加钢的强度和硬度，增加淬透性。强碳化物、强氮化物形成元素。将回火中强度的损失减至最小
铌(Nb)	微合金钢中的重要元素。可细化晶粒，增加钢的强度和硬度，增加淬透性。强碳化物、强氮化物形成元素
锆(Zr)	控制硫化物形态，形成圆形、不可变形的 ZrS。强碳化物、强氮化物形成元素。强脱氧剂
钛(Ti)	微合金钢中的重要元素。可细化晶粒增加钢的强度和硬度。强碳化物、强氮化物形成元素。强脱氧剂。与 S 结合形成硫化钛
铝(Al)	氮化钢和深冲钢中的重要元素。可细化晶粒，增加钢的强度和硬度。常用的脱氧剂，形成 Al_2O_3 夹杂。强氮化物形成元素，非碳化物形成元素
硼(B)	增加淬透性。提高其他合金元素的淬透性
氮(N)	在微合金钢中增加形成氮化物的数量以强化或细化晶粒
其他	铅(Pb)、铋(Bi)在特殊钢中增加切削性； 锡(Sn)、锑(Sb)、砷(As)增加回火脆性； 钙(Ca)、铈(Ce)控制硫化物形态。强脱氧剂； 氧(O)、氢(H)杂质元素，引起脆性和开裂

表 1-8 合金元素对材料力学性能及其他性能影响的程度

元素名称	强度	弹性	冲击韧度	屈服点	硬度	伸长蛊	断面收缩率	低温韧性	高温强度	耐磨性	被切削性	锻压性	渗碳性能	渗氮性能	抗氧化性	耐蚀性	冷却速度
Mn①	+	+	0	+	+	0	0	+	0	--	-	+	0	0	0	·	-
Mn②	+	·	·	-	---	+++	0	+		·	---	---	·	·	--	·	--
Cr	++	+	-	++	++	-	-	·	+	+	·	-	++	++	---	+++	---
Ni①	+	·	0	+	+	0	0	++	+	--	-	-	·	·	-	·	--
Ni②	+	·	+++	-	--	+++	++	++	+++	·	---	---	·	·	--	++	--
Si	+	+++	-	++	+	-	·	·		+	-	-	-	-	-	+	-

续表

元素名称	强度	弹性	冲击韧度	屈服点	硬度	伸长蛊	断面收缩率	低温韧性	高温强度	耐磨性	被切削性	锻压性	渗碳性能	渗氮性能	抗氧化性	耐蚀性	冷却速度
Cu	+	·	0	++	+	0	0	·	+	·	0	---	·	·	0	+	·
No	+	·	-	+	+	-	-	·	++	++	-	-	+++	++	++	·	--
Co	+	·	-	+	+	-	-	·	++	+++	0	-	·	·	-	·	++
V	+	+	-	+	+	0	0	+	++	++	·	-	++++	+	-	+	--
W	+	·	0	+	+	-	-		+++	+++	--	--	++	+	--	·	--
Al	+	·	-	+	+	·	-	+	·	·	·	--	·	+++	--	·	·
Ti	+		-					+	+		+	-	+	+	+	+	
S	·	·	-	·	·	-	-	·	·	·	+++	---	·	·	·	-	·
P	-	·	---	+	+	-	-	·	·	·	++	-	·	·	·	·	·

注："+"表示提高，"-"表示降低，"0"表示没有影响，" · "表示影响情况尚不清楚，多个"+"或"-"表示提高或降低的强烈程度。

①表示在珠光体钢中；②表示在奥氏体钢中。

几乎所有合金元素都能不同程度地溶入铁素体或奥氏体中形成合金铁素体或合全奥氏体，起到固溶强化作用。由图 1-18 可见，Si、Mn 强化效果最显著，且当 Mn、Si 含量不超过某一质量分数时($W_{Mn}<1.5\%$，$W_{Si}<0.6\%$)，还可提高铁素体的韧性或保持韧性稳定，但超过此数值后韧性显著下降；W、Mo 无论含量多少，均使铁素体韧性下降；Cr、Ni 含量适当时($W_{Cr}<=2\%$，$W_{Ni}<=5\%$)，既能提高铁素体强度，又能提高其韧性。

因此，在低合金钢与合金钢中对合金元素含量应有一定限制。

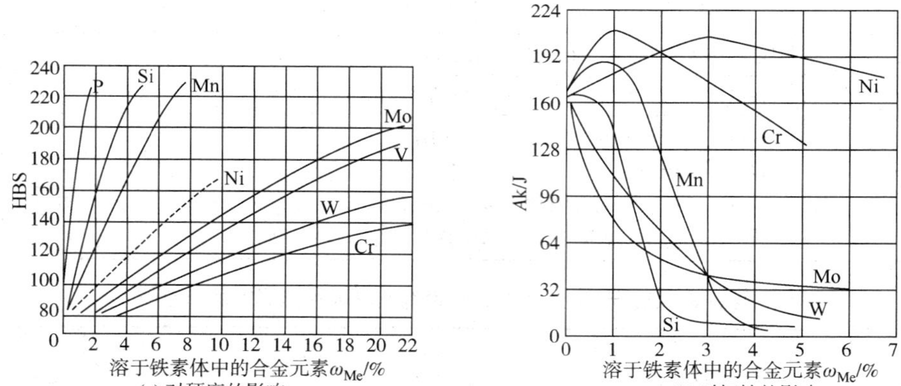

(a) 对硬度的影响　　(b) 对韧性的影响

图 1-18　合金元素对铁素体性能的影响

1. 合金元素对钢力学性能所起的作用

1）溶解于铁，起固溶强化作用

几乎所有合金元素均能不同程度地溶于铁素体、奥氏体中形成固溶体，使钢的强度、硬度提高，但塑性韧性有所下降。使钢具有强韧性的良好配合。

2）形成碳化物，起第二相强化、硬化作用

碳化物形成元素包括 Ti、Nb、V、W、Mo、Cr、Mn 等，它们在钢中能与碳结合形成碳化物，如 TiC、VC、WC 等，这些碳化物一般都具有高的硬度、高的熔点和稳定性，如果它们颗粒细小并在钢中均匀分布时，则显著提高钢的强度、硬度和耐磨性。

3）使结构钢中珠光体增加，起强化的作用

合金元素的加入，使 $Fe-Fe_3C$ 相图中的共析点左移，组织中珠光体的数量增加，使合金钢的强度提高。

2. 合金元素对力学性能的影响

1）Si 元素

硅在钢中的含量通常小于 0.5%，能溶于铁素体中，具有固溶强化效果，可提高钢的强度和硬度。钢中含硅量超过 0.50%~0.60%，硅即可被认为是合金元素。硅能显著提高钢的弹性极限、屈服点和抗拉强度故广泛用于作弹簧钢。在调质结构钢中加入 1.0%~1.2%的硅，强度可提高 15%~20%。通常随着含硅量的增加，强度、硬度增加的同时，塑性和韧性下降。也可形成 SiO_2夹杂物。Si 是有益杂质，但夹杂物 SiO_2将使钢的疲劳强度和塑性、韧性下降。

2）Mn 元素

锰能提高钢的强度，能消弱和消除硫的不良影响，并能提高钢的淬透性，含锰量很高的高合金钢(高锰钢)具有良好的耐磨性能。在炼钢过程中，锰是良好的脱氧剂和脱硫剂，一般钢中含锰 0.30%~0.50%。在碳素钢中加入 0.70%以上时即可认为是“锰钢”，较一般钢不但有足够的韧性，且有较高的强度和硬度，提高钢的淬透性，改善钢的热加工性能。高含锰的钢有极高的耐磨性，可用于挖土机铲斗、球磨机衬板等。

在碳钢中的 Mn 含量一般小于 0.8%。能溶于铁素体中，具有固溶强化效果，可提高钢的强度和硬度。也可形成高熔点 MnS(1600℃)夹杂物。MnS 在高温下具有一定的塑性，不会使钢发生热脆(即 S 与 Fe 生成低熔点的 FeS)，加工后 MnS 呈条状沿轧向分布，减轻了硫的有害作用。同时 Mn 具有一定的脱氧能力，使钢中的 FeO 还原，降低了钢的脆性。

3）Cr 元素

(1) Cr 有许多有益作用，使得钢具有高硬度、高强度、高屈服点、高的耐磨性，同时对塑性、韧性影响不大。

(2) Cr 是中等碳化物形成元素，在所有碳化物中，铬碳化物是最细小的一种，它可均匀地分布在钢体中，使钢具有高的强度、硬度、屈服点和高的耐磨性。由于它能使组织细化而又均匀分布，所以塑性、韧性也好，这对工具钢尤有价值。

(3) Cr 能大大提高结构钢的强度和塑性，这种影响在 Cr 与 Ni 结合的钢中尤其显著。如 12CrNi3N 等。

4）Ni 元素

Ni 能提高钢的强度，而又保持良好塑性和韧性。同时能提高钢的淬透性。

5）S 元素与 P 元素

S 在通常情况下是有害元素。S 使钢产生热脆性，降低钢的延展性和韧性，在锻造和轧制时造成裂纹。S 对焊接性能也不利，降低耐腐蚀性。所以通常要求硫含量小于 0.055%，优质钢要求小于 0.040%。

P 是另外一种对钢铁性能有害的元素。它能增加钢的冷脆性，使焊接性能变坏，降低塑性使冷弯性能变坏。

尽管 S 和 P 是有害杂质，但如果能合理利用，可以改善钢的切削加工性能。

1.3.5 合金元素对材料物理性能的影响

1. Si 元素

电工用的钢中含有一定量的硅，能改善软磁性能。含硅 1%～4%的低碳钢具有极高的导磁率，可用于电器工业做矽钢片。

2. Mn 元素

高锰钢熔点低(Mn13%～14%，$T_{熔}$1350～1400℃)，平均线膨胀系数大(相当于矽钢的 1.9 倍)，导热系数小(约为同类矽钢的 1/3～1/4)，热加工稍难。但因为含 Mn 量高，导热性差，速冷则因材料不同位置温差大导致材料承受较大应力而易淬裂，所以淬火次数不宜多。

3. Cr 元素

能提高电阻和导磁率等。Cr、Al 结合(1Cr17Al5、Cr13Al4 等)及 Cr、Ni 结合(如 Cr15Ni60、Cr20Ni80 等)均有很高的电阻。Cr 能提高钢的矫顽力和阻止钢的组织时效，所以 Cr 钢可用于制造永久磁铁。

4. Ni 元素

含 Ni 量相当高的钢，其热膨胀系数很小而用作不变钢(Ni36%)和代用铂金(Ni42%)。Ni 更高时，与 Cr 结合作高电阻合金(Cr15Ni60、Cr20Ni80)。

1.3.6 合金元素对材料化学性能的影响

合金元素对材料化学性能通常具有显著的影响，Cr、Ni、Si、Cu、V、Ti 等元素通常能够提高材料的抗腐蚀性能。另一些元素则降低材料的抗腐蚀性能，如 S 元素。而 Mn 超过一定限度，如超过 11%，也会降低材料的抗腐蚀性能。

1. Cr 元素

Cr≥12%时，有好的耐蚀性，再加 8%～9%的 Ni，耐蚀性更会大大提高。Cr 提高耐蚀能力的作用随碳含量增加而会有所降低，因为与 C 结合后不起作用。

含 Cr23%～32%的钢具有很好的抗蚀稳定性，极高的抗氧化性，甚至在普通温度下能抵抗浓硝酸、浓磷酸、浓硫酸的浸蚀。

含 Cr27%～28%的钢可作 1300℃的热电偶温度计的防护罩。这类钢是纯铁素体钢，所以不能通过热处理改变其组织及性能。

2. Si 元素

Si 具有耐腐蚀性。硅的质量分数为 15%～20%的高硅铸铁，是很好的耐酸材料。含有硅的钢在氧化气氛中加热时，表面也将形成一层 SiO_2 薄膜，从而提高钢在高温时的抗氧化性。

3. Al 元素

主要作用为细化晶粒和脱氧，在渗氮钢中能促成渗氮层，含量高时，能提高高温抗氧化性，而且耐 H_2S 气体的腐蚀作用。

4. Cu 元素

Cu 在低碳合金钢中，特别是与磷同时存在时，可提高钢的抗大气腐蚀性，2%～3%的铜在不锈钢中可提高对硫酸、磷酸及盐酸等的抗腐蚀性及对应力腐蚀的稳定性。

5. Ni 元素

Ni 改善钢耐蚀性能，与 Cr、Mo 联合使用，提高热强性，是热强钢及不锈耐酸钢的主要合金元素之一，能提高钢的抗腐蚀能力。Ni 本身不是有效的抗氧化学元素，所以很少单独用作不锈钢的合金元素。

6. V 元素

V 与碳形成的碳化物，在高温高压下可提高抗氢腐蚀能力。

7. Ti 元素

在 Cr18Ni9 奥氏体不锈钢中加入适当的钛可避免晶间腐蚀。

8. RE 元素

包括镧系元素及钇和钪等 17 个元素，有脱气、脱硫和消除其他有害杂质作用，改善钢的铸态组织，0.2%的含量可提高抗氧化性、高温强度及蠕变强度，增加耐蚀性。

9. P 元素

P 与铜联合使用，提高低合金高强度钢的耐大气腐蚀性能。

1.3.7 合金元素对管线钢性能的影响

1. 管线钢中碳的作用与控制

碳是增加钢强度的有效元素，但是它对钢的韧性、塑性和焊接性有负面影响。降低碳含量可以改善脆性转变温度和焊接性，因为极地管线和海洋管线对低温韧性、断裂抗力以及延性和成形性有更高需要，要求更低的碳含量。对于微合金化钢，低的碳含量可以提高抗氢致开裂(HIC)的能力和热塑性。按照 API 标准规定管线钢中的碳的含量通常为 0.025%～0.12%，并趋向于向低碳方向或超低碳方向发展。在综合考虑管线钢抗 HIC 性能、野外可焊性和晶界脆化时，碳最佳应控制在 0.01%～0.05%。

2. 管线钢中硫的作用与控制

硫是管线钢中影响抗 HIC 能力和抗硫化物应力开裂(SSC)能力的主要元素。随着硫含量的增加，HIC 敏感性显著增加，只有当 S 含量$<12\times10^{-6}$时，HIC 明显降低。值得注意的是硫易与锰结合生成 MnS 夹杂物。当 MnS 变成粒状夹杂物时，随着钢强度的增加，单纯降低硫含量不能防止 HIC。如 X65 级管线钢，当硫含量降到20×10^{-6}时，其裂纹长度比仍高达 30%以上。硫还影响管线钢的冲击韧性，硫含量升高导致其冲击韧性值急剧下降。管线钢中硫的控制通常是在炉外精炼时采用喷粉、真空、加热造渣、喂丝、吹气搅拌进行，实践中常常是几种手段综合使用。此外，条状硫化物是产生氢致裂纹的必要条件，对钢水进行钙处理将其改变为球形，可降低其危害。

3. 管线钢中氧的作用与控制

钢中氧含量过高，氧化物夹杂以及宏观夹杂增加，严重影响管线钢的洁净度。钢中氧化物夹杂是管线钢产生 HIC 和硫化物应力腐蚀开裂(SSCC)的根源之一，对钢的各种性能都起着有害的作用，尤其是当夹杂物直径大于 50μm 后，严重恶化钢的各种性能。为了防止钢中出现直径大于 50μm 的氧化物夹杂，减少氧化物夹杂数量，一般控制钢中氧含量小于15×10^{-6}。采用炉外精炼可获得较低的氧含量，国外许多厂家经炉外精炼处理后成品钢中氧含量最低可达5×10^{-6}的水平。另外，由于耐火材料向钢供氧，钢水在运输和浇注过程中应尽量减少二次氧化。

4. 管线钢中氢的作用与控制

钢中氢是导致白点和发裂的主要原因。管线钢中的氢含量越高，HIC 产生的几率越大，腐蚀率越高，平均裂纹长度增加越显著。利用转炉 CO 气泡沸腾脱氢和炉外精炼脱气过程可很好地控制钢中的氢含量。采用 RH、DH 或吹氩搅拌等均可控制 H 含量≤1.5×10^{-6}。新日铁名古屋厂采用 RH 处理后，氢含量为 1.5×10^{-6}。

5. 管线钢中磷的作用与控制

由于磷在管线钢中是一种易偏析元素，在偏析区其淬硬性约为碳的二倍。由二倍磷含量与碳当量（2P+Ceq）对管线钢硬度的影响可知：随着 2P+Ceq 的增加，含碳 0.12%～0.22%的管线钢的硬度呈线性增加；而含碳 0.02%～0.03%的管线钢，当 2P+Ceq 大于 0.6%时，管线钢硬度的增加趋势明显减缓。磷还会恶化焊接性能，对于严格要求焊接性能的管线钢，应将磷限制在 0.04%以下。磷能显著降低钢的低温冲击韧性，提高钢的脆性转变温度，使钢管发生冷脆。而且低温环境用的高级管线钢，当磷含量大于 0.015%时，磷的偏析也会急剧增加。在炼钢整个过程中均可脱磷，如铁水预处理、转炉以及炉外精炼，但最终脱磷都是采用炉外精炼来完成。名古屋厂采用 RH-PB 脱磷将磷含量降到 10×10^{-6}。鹿岛制铁所采用 LF 分段工艺进行精炼，脱磷终了时 P 含量<10×10^{-6}，成品中 P 含量<15×10^{-6}。

6. 管线钢中锰的作用与控制

在管线钢中添加锰，目的是保证管线钢具有较低的碳含量，同时不降低管线钢的强度，因为锰具有固溶强化作用，以锰代碳，可提高其强度。锰在提高强度的同时，还可以提高钢的韧性。但如果锰含量过高对管线钢的焊接性能造成不利影响，有可能导致在管线钢铸坯内发生锰的偏析，且随着碳含量的增加，这种缺陷会更显著。因此，根据板厚和强度，管线钢中锰的加入量一般是 1.1%～2.0%。

7. 管线钢中铜的作用与控制

加入适量的铜，可以显著改善管线钢抗 HIC 的能力。随着铜含量的增加，可以更有效地防止氢原子渗入钢中，平均裂纹长度明显减少。当铜含量超过 0.2%时，能在钢的表面形成致密保护层，HIC 会显著降低，钢板的平均腐蚀率明显下降，平均裂纹长度几乎接近于零。但是，对于耐 CO_2腐蚀的管线钢，添加 Cu 会增加腐蚀速度。当钢中不添加 Cr 时，添加 0.5%Cu 会使腐蚀速度提高 2 倍。而添加 0.5%Cr 以后，Cu 含量<0.2%时，腐蚀速度基本不受影响，当 Cu 含量达到 0.5%时，腐蚀速度明显加快。

8. 管线钢中其他元素的作用与控制

钢化学成分中的碳和铌是控制钢板的强度、韧性、可焊性、焊接热影响区裂纹敏感性及对氢诱裂纹和应力腐蚀裂纹敏感性的主要因素。铌由于在板坯加热过程中固溶于奥氏体中，在轧制变形过程具有抑制奥氏体再结晶和细化奥氏体晶粒的作用，其碳氮化物在轧制后的冷却过程中沉淀析出，对钢板具有析出强化作用。API 标准中规定的管线钢铌含量下限为 0.005%，然而实际在钢中的控制水平都在 0.03%～0.05%之间，为标准中下限值的 6～10 倍。管线钢中加入微量的钒，可以通过增加沉淀硬化效果来提高钢板的强度。国外实物钢板中的含钒量多数控制在 0.05%～0.10%，为 API 标准中的下限值的 2.5～5 倍。

钢中加入微量的钛，可以通过促进晶粒细化，达到提高钢板强度和韧性的目的，尤其对提高焊接热影响区的韧性具有独特的贡献。钢中的钼有利于针状组织的发展，因而能在极低的碳含量下得到很高的强度。钢中加入钙、锆、稀土金属，可以改变硫化物和氧化物的成分，使其塑性降低，造成夹杂物在轧制过程中保持球状而不至于延伸成带状或片状。采用这种方法，可以使钢板的各向异性大大减轻，使横向夏比冲击功增加一倍，达到或接近纵向夏比冲击功数值。为了使钢板各向异性达到最小，稀土与硫的比例控制在 2.0 左右最为合适。

1.4 材料成分的光谱分析

光谱分析法属于近代成分分析的一种方法，它是根据材料中各组成元素的发射光谱来判断物质组成的一门技术，也称为发射光谱法。其中，原子吸收光谱法和气体分析法是最具有代表性的两种光谱分析法，它们的测试原理分别如下：

1.4.1 原子吸收光谱法

原子吸收光谱法是以原子蒸气吸收该元素特征波长光线的现象作为成分分析的依据。自 1955 年澳大利亚物理学家 A. Walsh 发表了这一分析方法的原理和测定方法之后，该方法在仪器装置及应用上的发展极为迅速，目前已经成为最重要的分析化学方法之一。

1. 原理及仪器

原子吸收光谱分析是以某一特定波长的光作为入射光线，通过被检测试样所产生的原子蒸气对特定波长光的吸收，分析入射光光强和透过光光强与试样中所含某元素原子蒸气浓度之间的关系，从而可求出试样中被测元素的含量。所采用的仪器称为原子吸收光谱仪，也称为原子吸收分光光度计。

2. 优缺点

原子吸收光谱法目前能分析 70 多种元素，其优点是：

（1）灵敏度高，适合于微量元素测定；

（2）操作简单，分析速度快；

（3）分析范围广泛，可通过直接或者间接的方法检测；

（4）仪器装置比较简单，容易实现自动化。

缺点：原子吸收光谱法的干扰较多，主要有光谱干扰、电离干扰和化学干扰，需要采取一定的手段才能予以消除。

3. 应用

原子吸收光谱法目前已经广泛用于冶金、机械、农业、生化、地质、环保和石化等领域。在冶金、材料与机械工业中，原子吸收光谱法主要用于微量元素的测定，常用的方法是火焰原子吸收光谱法，对各种金属元素的测定以直接法为主，对非金属元素和灵敏度较低的元素的测定，如磷和钒，则通常采用间接法。此外，无火焰原子吸收光谱法的采用已经进入实用阶段，但没有普遍采用。

原子吸收光谱法的测定主要是以溶液形式进行，固体样品的直接测定尚未实用。如果在原子吸收光谱仪上加上氢化物发生装置，即可对 As、Bi、Sb、Se、Sn 和 Te 等微量元素进行测定。

1.4.2 气体分析法

在生产实践中，人们逐步了解到钢铁中存在的气体会严重地影响材料的使用性能。由于测试钢铁中的 C、S 两种元素可转化为气体，因此，也将 N、H、O、C 和 S 统称为气体生成元素而列入气体的分析范畴。

国外从1930年起就已经开始研究钢铁中的气体含量，最初均采用化学分析的方法；1944年以后，随着真空技术的进一步发展，出现了“真空熔化法”测定氧元素(在真空条件下，采用熔化的方法，将金属中的气体收集起来进行分析的一种方法)，提高了测氧的准确度。随着科学技术的发展和工业分析的需要，准确、快速的分析方法和仪器也在不断涌现，如惰性气体熔融法，中子活化分析法等。

1. 红外线吸收法碳、硫测定仪

1）原理

钢铁试样在氧气氛围中燃烧，碳生成二氧化碳或者一氧化碳；硫生成二氧化硫。经除尘、干燥并将一氧化碳继续氧化为二氧化碳后，将混合气体导入测量气室，当一定波长的红外线通过测量气室时，二氧化碳和二氧化硫会吸收红外线，使得红外辐射的能量减小。因此，利用红外辐射能量的改变和被测分子浓度间的关系，可以确定试样中碳和硫的含量。

2）仪器结构及工作过程

红外线吸收碳、硫测定仪是由高频炉、红外吸收检测器、电子天平、打印机和微处理器等五大部分组成。试样首先在电子天平上称重，并自动输入检测器；试样放入坩埚，自动加入助熔剂后送入燃烧管，自动通氧燃烧。

3）优点

（1）分析速度快：约30s/次；

（2）分析范围广：0~99.9%；

（3）灵敏度高：C 0.001%、S 0.001%；

（4）精确度高。

2. 碳测定仪

1）原理

置钢铁试样于石墨坩埚中，用脉冲炉加温至约2000℃使试样熔化，以氩气或者氦气作为载气，将试样中释放出的一氧化碳载送至红外线吸收检测器中，根据红外线吸收量的变化，来计算碳含量。

2）仪器结构

由脉冲炉、红外线吸收检测器、电子称、打印机和微型计算机等部件组成。

3）优点

（1）分析速度快：<120s/次；

（2）分析范围广：0.01~60μg/g；

（3）分析精度高：C含量为0.1μg/g时误差为±0.3%；

（4）灵敏度高：能检测0.01μg/g。

3. 氧测定仪

1）原理

钢铁试样放置在高频感应炉中的石墨坩埚内，于1900℃下熔化，以氦气作为载气将释放出的氧气载送至热导池进行检测，根据热导率的变化测量氧气的含量。

2）仪器结构

由高频感应加热炉、热导式检测器、电子称、打印机和微型计算机等部件组成。

3）优点

（1）分析速度快：约 30s/次；

（2）分析范围广：0.1~0.33μg/g；

（3）分析精度高：O 含量为 2μg/g 时误差为±1%；

（4）灵敏度高：能检测 0.1μg/g。

4. 氮测定仪

1）原理

置试样于脉冲炉中的石墨坩埚内，于 2000℃的高温下加热熔化，以氩气作为载气，将试样释放出的氮气送至热导池进行检测，根据热导率的变化计算出氮气的含量。

2）仪器结构

由脉冲炉、热导式检测器、电子称、打印机和微型计算机等部件组成。

3）优点

（1）分析速度快：约 40s/次；

（2）分析范围广：0.001%~0.5%；

（3）分析精度高：N 含量为 1μg/g，误差±1%；

（4）灵敏度高：能检测 0.1μg/g。

1.5　材料成分的化学分析

1.5.1　钢铁中硫含量的测定

硫在通常情况下是有害元素，通常以硫化物的形式存在一般要求硫含量小于 0.055%，优质钢要求小于 0.040%。硫的存在使钢材在热压力加热时（1150~1200℃）产生的硫化合物 FeS-Fe 共晶体熔化，导致钢材易于发生晶间开裂，产生热脆性，并降低钢的延展性和韧性；在锻造和轧制时形成微裂纹，对钢材的耐腐蚀性具有较大的影响。此外，硫对焊接性能也具有不利影响，它不但导致焊缝产生热裂，而且在焊接过程中容易形成 SO_2 气体，使焊缝产生气孔和疏松，使钢材发生热脆，降低钢材的机械性能。但是，S 元素也具有有利的因素，例如，在钢中加入 S 的含量在 0.08%~0.20%时，可以改善工件的切削加工性。因此，了解和检测钢铁中的硫含量对钢的冶炼控制十分重要。工业上通常采用燃烧碘量法和高频红外吸收法对各种钢中的 S 含量进行测量。

燃烧碘量法属于经典的化学测试法，而高频红外吸收法则是通过测量样品燃烧后 SO_2 气体对红外光的吸收强度来测定样品中硫的含量，具有分析时间短、结果准确、操作简便等优点，是目前测定金属材料中硫含量的一种应用广泛的快速方法。

1. 燃烧碘量法测量 S 含量

1）适用范围

生铁、铁粉、碳钢、合金钢、高温合金及精密合金的仲裁和日常分析中 S 含量的测定，其中 S 的含量测量范围为 0.003%~0.2%；

2）测试原理

试样置于高温炉中加热并通入足量氧气使之充分燃烧，使硫完全生成二氧化硫，待被酸性淀粉溶液吸收后，采用碘酸钾溶液滴定至浅蓝色即为终点。根据滴定时消耗碘酸钾标准溶液的体积数，根据化学反应方程式进行计算即可求出 S 的含量。

3）主要化学反应

（1）燃烧反应：

$$4FeS+7O_2 = 2Fe_2O_3+4SO_2$$
$$3MnS+5O_2 = Mn_3O_4+3SO_2$$

（2）吸收反应：

$$SO_2+H_2O = H_2SO_3$$

（3）滴定反应：

$$KIO_3+5KI+6HCl = 3I_2+6KCl+3H_2O$$
$$H_2SO_3+I_2+H_2O = H_2SO_4+2HI$$

4）仪器装置

燃烧碘量测量 S 含量的仪器装置如图 1-19 所示。将炉温升至 1250～1300℃，可用于测定生铁、碳钢及低合金钢中的硫含量；将炉温升至 1300℃以上时，可用于测定中、高合金钢、高温合金钢及精密合金钢中的硫含量。

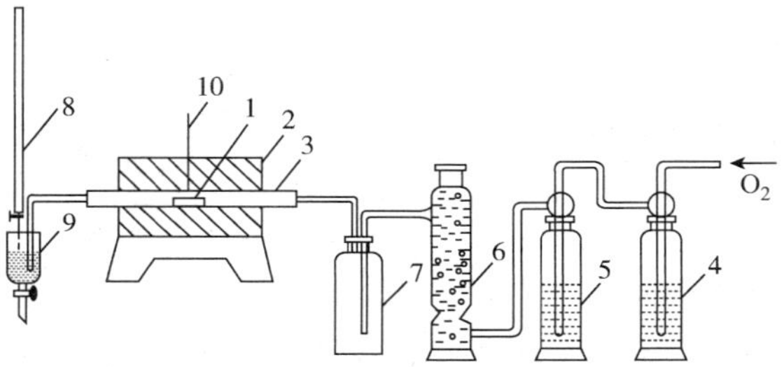

图 1-19　燃烧法测定硫含量的装置图

1—盛有试样的瓷舟；2—管式电炉；3—瓷管；4—高锰酸钾溶液；5—氢氧化钾溶液；6—干燥塔；7—缓冲瓶；8—碘酸钾标液滴定管；9—吸收杯；10—热电偶

2. 测试前的准备

（1）淀粉吸收液的配制：称取 10g 可溶性淀粉，用少量水调成糊状，加 500mL 沸水搅拌，加热煮沸后取下；冷却至室温，加 3g 碘化钾、500mL 水及 2 滴盐酸（密度为 1.19g/mL），搅拌均匀后静置澄清。使用时取 25mL 上层的澄清液，加 15mL 盐酸（密度为 1.19g/mL）用水稀释至 1000mL，摇匀后即可使用。

（2）碘酸钾标准溶液的配制：称取 0.3560g 碘酸钾溶于水，加 1mL10%KOH 溶液，移入 1000mL 容量瓶中，用水稀释至刻度 1000mL，摇匀置于室温，此溶液浓度即为 0.001663mol/L（相当于 0.01 当量浓度）。

3. 操作步骤

淀粉吸收液的使用：硫含量小于 0.01%时采用低硫吸收杯，加入 20mL 淀粉溶液；硫含量大于 0.01%时采用高硫吸收杯，加 60mL 淀粉溶液。通氧（流速为 1500～2000mL/min），用碘酸钾标准溶液滴定至浅蓝色稳定，作为终点色泽，关闭氧气即可。

称取试样置于瓷舟中，加入适当的助熔剂，盖上瓷盖，启开橡皮塞，将瓷舟放入瓷管中，用长钩推至高温处，立刻塞紧橡皮塞，预热 0.5～1.5min。随即通氧（流速为 1500～

2000mL/min)，并将燃烧后的混合气体导入吸收杯中，使淀粉吸收液的蓝色开始消褪，此时，立即采用碘酸钾标准溶液滴定并使液面保持蓝色。当吸收液褪色缓慢时，滴定速度也相应减慢，直至吸收液的色泽与原来的终点色泽相同，间歇通氧后，色泽不变即为终点。此时，关闭氧气，打开橡皮塞，用长钩拉出瓷舟。读取滴定时消耗碘酸钾标准溶液的毫升数(V)，计算即可。

4. 硫含量的计算

碘酸钾标准溶液对硫的滴定度按照下式进行计算：

$$\omega_S=\frac{T\times(V-V_0)}{m\times1000}\times100$$

式中　ω_S——标准样品中硫的质量分数,%；

T——单位体积碘酸钾标准滴定溶液相当于硫的质量，mg/mL；

V——标准样品消耗碘酸钾标准滴定溶液的平均体积，mL；

V_0——空白试液消耗碘酸钾标准滴定溶液的平均体积，mL；

m——标准样品的质量，mg。

1.5.2　钢铁中磷含量的测定

在一般情况下，磷是钢中的有害元素，它在钢中易产生偏析，形成 Fe_3P，虽可增加钢的强度和硬度，但使塑性和韧性显著下降、脆性增大，可使钢的脆性转折温度急剧升高，引起钢的冷脆性。此外，P 还可使钢的焊接性能降低、冷弯性能变差。因此，通常要求钢中含磷量小于 0.045%。但是，当钢中 P 的含量为 0.06%~0.15%时，可以提高钢材料在大气中的抗腐蚀能力。

通常采用锑磷钼蓝光度法进行磷元素含量的测定，该方法适用于生铁、铸铁、铁粉、碳素钢、低合金钢和合金钢中磷含量的测定，但不适用于含铌、钨钢。该法磷元素的测定范围为 0.01%~0.06%。

锑磷钼蓝光度法的测试原理较简单，试样经酸溶解后，挥发出高氯酸烟雾，使磷元素全部氧化为正磷酸并破坏碳化物。在硫酸介质中，磷与钼酸铵形成黄色的络合物，采用抗坏血酸将磷还原为锑磷钼蓝，在分光光度计上于波长为 700nm 处测量吸光度，从而计算磷的质量分数。

第2章　材料的显微组织与分析

2.1　材料组织形态及分布

金属的性能取决于它的成分和微观组织，其中微观组织对金属性能的影响最为直接，因此可以通过对金属微观组织的观察和分析（即金相分析技术）来预测和判断金属的性能，也可以通过扫描电子显微镜（SEM）对其观察，并分析其失效破坏的原因。金相分析技术是根据有关的标准和规定来评定金属材料内在质量的一种常规检验方法，并可用来判断零件生产工艺是否完善，有助于寻求零件产生缺陷的原因，因此它是金属材料生产、使用和研发过程中一种必不可少的手段。

2.1.1　组织形态的获取方法

金相指金属组织中化学成分、晶体结构和物理性能相同的组成，其中包括固溶体、金属化合物及纯物质。金相组织是反映金属金相的具体形态，如马氏体、奥氏体、铁素体、珠光体等。

1. 相和组织的关系

相是指组织中化学成分、（晶体）结构、性能相同且有界面与其他部分隔开的均匀组成部分。组织则是用放大镜或显微镜观察到的材料的宏观或微观形貌图像，如宏观组织、微观组织、金相组织、单相组织、多相组织等。相是构成金属合金组织的基本单元。如果组织只由一种相构成，称为单相组织，否则为多相组织。

在显微镜下观察到的各种晶粒的形态、大小和分布等情况，称为显微组织或金相组织。

金相分析则是指通过金相显微镜来研究金属和合金显微组织大小、形态、分布、数量和性质的一种方法。

2. 金相试样的制备

1）磨光

金相试样的磨光除了要使表面光滑平整外，更重要的是应尽可能减少表层损伤。每一道磨光工序必须除去前一道工序造成的变形层（至少应使前一道工序产生的变形层减少到本道工序产生的变形层深度），而不是仅仅把前一道工序的磨痕除去。该道工序在完成时，应做到尽可能减少损伤，以便于进行下道工序。

最后一道磨光工序产生的变形层深度应非常浅，保证能在下一道抛光工序中除去。

图2-1（a）为试样切割加工和四道磨光工序及表面变形层厚度变化的示意图，图2-1（b）则为不同磨削状态表面磨痕示意图。图2-1（a）中 A、B、C 均为变形层，越往里，变形量越小，D 为未受损伤的组织。此过程要注意防止金属过分发热。

2）浸蚀

化学腐蚀是将已经抛光好的样品的抛光面在化学腐蚀剂中腐蚀一定时间，从而显示出其试样的组织形貌。试样机械抛光后，在显微镜下只能看到光亮的磨面及夹杂物等。要对试样的组织进行显微分析，还必须让试样经过腐蚀。常用的腐蚀方法有化学腐蚀法和电解腐蚀法。对于观察非金属夹杂的金相试样，直接采用光学法，不需要作任何腐蚀。

试样浸蚀效果示意图如图 2-2 所示。图 2-2(a)所示为试样抛光后的状态，尚未浸蚀，晶界没有显示出来；图 2-2(b)则为经过浸蚀的表面，可以看到被浸蚀的晶界，借助显微镜观察，可以获得晶粒尺寸等信息；图 2-2(c)则是浸蚀过度的状态，晶粒平面呈现为斜面，通过显微镜会获得不准确信息。

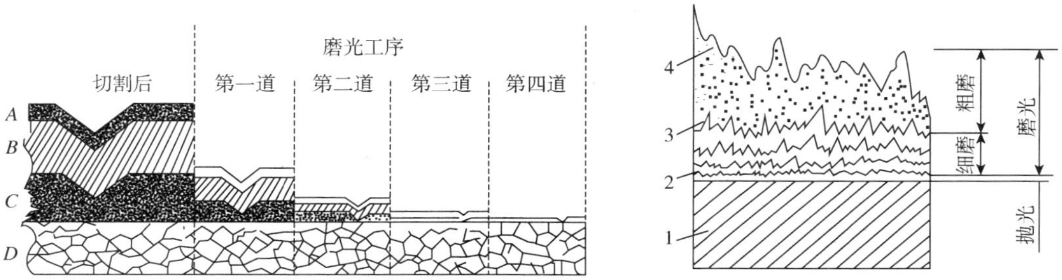

(a) 变形层厚度变化示意图　　(b) 磨痕状态示意图

1—试样; 2—细磨痕; 3—粗磨痕; 4—切割痕

图 2-1　试样变形层厚度变化及磨痕状态示意图

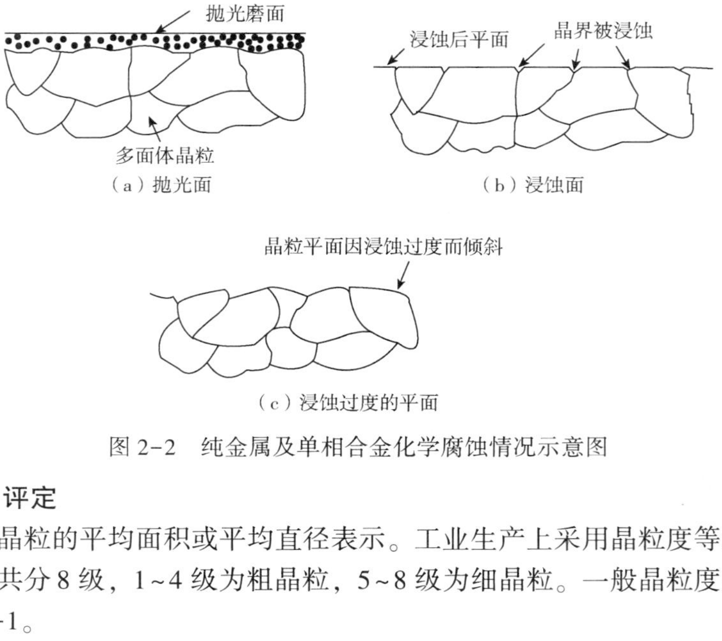

（a）抛光面　　（b）浸蚀面

（c）浸蚀过度的平面

图 2-2　纯金属及单相合金化学腐蚀情况示意图

3. 晶粒度的评定

晶粒度可用晶粒的平均面积或平均直径表示。工业生产上采用晶粒度等级来表示晶粒大小。标准晶粒度共分 8 级，1~4 级为粗晶粒，5~8 级为细晶粒。一般晶粒度越大越好，即越细越好，见表 2-1。

在目前的生产中，一般都采用比较法测定晶粒度。在用比较法评定钢的晶粒度时，试样制好后在 100 倍显微镜下直接观察。首先对试样作全面观察，然后选择其晶粒度具有代表性的视场与标准的 1~8 级级别评级图(×100)对比评定试样的奥氏体晶粒度，与标准级别图中哪一级晶粒大小相同，即定为试样的晶粒度号数，标准级别图示意图如图 2-3 所示。该法简便、快速。试样上的晶粒经常是不均匀的，大晶粒或小晶粒如属个别现象可不予考虑，若不均匀现象较为普遍，则当计算不同大小晶粒在视场中各占百分比，如大多数晶粒度所占有的面积不小于视场的 90%，则只定一个晶粒度号数来代表被测试样的晶粒度；否则试样的晶粒度应用两个或三个级别号数表示，前一个数字代表占优势的晶粒度。例如试样上晶粒大多数是 6 级，少数是 4 级时，即写为 6~4 级。

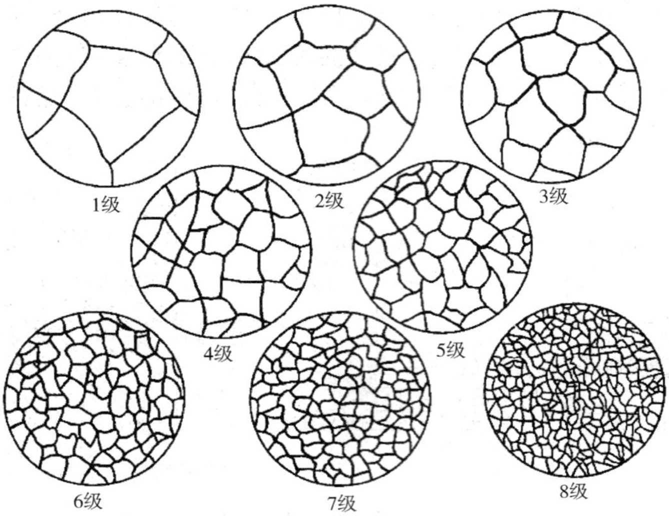

图 2-3　8 级级别评级图示意图(×100)

表 2-1　晶粒的尺寸标准

粒度号	计算的晶粒平均直径/mm	弦的平均长度/mm	一个晶粒的平均面积/mm^2	在 $1mm^3$ 内晶粒的平均数量/个
-3	1. 000	0. 875	1	1
-2	0. 713	0. 650	0. 5	2. 8
-1	0. 500	0. 444	0. 25	8
0	0. 353	0. 313	0. 125	22. 6
1	0. 250	0. 222	0. 0625	64
2	0. 177	0. 157	0. 0312	181
3	0. 125	0. 111	0. 0156	512
4	0. 088	0. 0783	0. 00781	1448
5	0. 062	0. 0553	0. 00390	4096
6	0. 044	0. 0391	0. 00195	11585
7	0. 030	0. 0267	0. 00098	32381
8	0. 022	0. 0196	0. 00049	92682
9	0. 0156	0. 0138	0. 00024	262144
10	0. 0110	0. 0098	0. 000122	741458
11	0. 0078	0. 0068	0. 000061	2107263
12	0. 0055	0. 0048	0. 000131	6010513

4. 光学金相检查方法总结(表 2-2)

表 2-2　光学金相检查方法总结

一般用途	在放大 1~1500 倍下的抛光和腐刻表面上，显微组织和形貌的成像。晶粒和相结构以及尺寸的特征检查
应用举例	确定加工和热处理工艺；确定钎焊和焊接的完整性；失效分析；工艺对显微结构和性能影响的特性检查
试样	类型：金属材料，陶瓷材料，复合材料等； 尺寸：尺寸范围； 制备：通常切割，镶嵌，研磨和抛光试样产生一个平的无划痕表面，然后腐刻以显示有关的显微组织特征
局限性	分辨能力限度：约为 1μm； 有限的景深(不能在粗糙表面上聚焦)； 不能给出显微组织特征直接的化学和晶体学的数据
用时	每个试样包括制备需要 30min 至几小时
相关方法的能力	(1)扫描电子显微镜检查法：提供较好的分辨能力(较高的放大倍数)；较大的景深(能在粗糙表面上成像)；元素定性显微分析； (2)电子探针 X-射线微量分析：提供元素定量微量分析； (3)透射电子显微镜检查法：在专门制备试件上提供更好的分辨能力(更高的放大倍数)；元素半定量微量分析；对于显微结构特征提供晶体学数据

2.1.2　钢中典型的组织形态

材料的组织形态决定了材料的性能，因此了解和识别材料的组织形态显得尤为重要。

1. 珠光体

珠光体型组织是铁素体和渗碳体的机械混合物，渗碳体呈层片状分布在铁素体基体上，转变温度在 Ac_1~550℃，过冷奥氏体的转变产物为珠光体型组织，此温区称珠光体转变区。转变温度不同导致珠光体层片间距不同，对于共析钢来说，不同转变温度对应的层片间距如表 2-3 所示，珠光体的层片间距随着形成的温度降低显著减小。将珠光体型组织按层间距大小分为珠光体(P)、索氏体(S)和屈氏体(T)，对应的显微组织图片如图 2-4 所示。

表 2-3　珠光体层片间距与形成温度的关系

组 织 类 型	形成温度范围/℃	大致层片间距/μm
粗珠光体	Ac_1~700	>0.7
细珠光体	700~670	0.6~0.7
索氏体	670~600	0.25
屈氏体	600~550	0.1

根据珠光体中碳化物分布形态的不同，珠光体又分为层片状珠光体和球形珠光体两种，如图 2-5 所示，从图 2-5(a)层面状珠光体中可看出，白色的铁素体沿珠光体团团界析出，在珠光体团内，浅色为珠光体板条，深色为渗碳体板条。图 2-5(b)为球状珠光体，其碳化物颗粒分布类似于回火索氏体，但尺寸显著更大，且更密集。

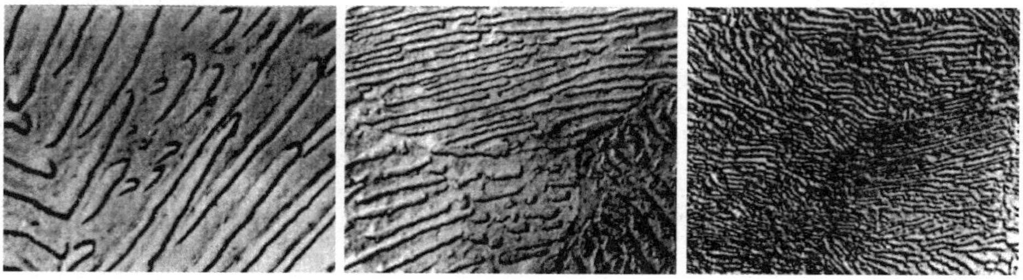

（a）珠光体 3800×　　（b）索氏体 8000×　　（c）屈氏体 8000×

图 2-4　珠光体型组织显微图片

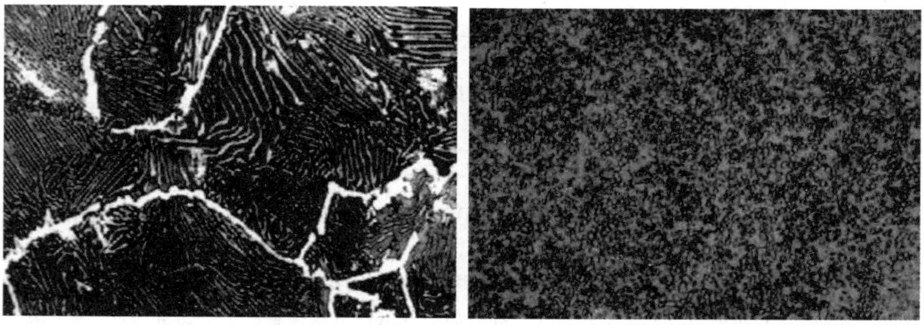

（a）层片状珠光体　　（b）球状珠光体

图 2-5　不同组织形态的珠光体显微图片

2. 贝氏体

在 550～Ms 之间，过冷奥氏体的转变产物为贝氏体型组织，此温区称贝氏体转变区。贝氏体是渗碳体分布在碳过饱和的铁素体基体上的两相混合物。奥氏体向贝氏体的转变属于半扩散型转变，铁原子不扩散而碳原子有一定扩散能力。

钢中的贝氏体由于其转变温度和化学成分不同可呈多种组织形态，常见的有无碳化物贝氏体、上贝氏体、下贝氏体和粒状贝氏体。

1）无碳化物贝氏体组织形态

无碳化物贝氏体只有在低中碳合金中才能观察到，是在贝氏体相变温度区的上部形成的。它起源于奥氏体晶界或以在晶界析出的先共析铁素体为基础，向晶内生长的近于平行排列的铁素体板条，每个板条较宽，间距也较大，在条间无碳化物析出。有时观察到一些不规则的块状铁素体则是铁素体条的切面。

2）上贝氏体组织形态

过冷奥氏体在 550～350℃转变形成的产物称上贝氏体（$B_{上}$）。$B_{上}$呈羽毛状，小片状的渗碳体分布在成排的铁素体片之间。

钢中的上贝氏体，一般是开始于原奥氏体晶界，形成向晶粒内生长的间隙过饱和碳的铁素体条状组织。铁素体条往往沿与晶界相夹一个锐角的方向排列着，条与条间以小的位向差平列密排着，如图 2-6（a）所示，在条间沿着平行铁素体条长轴方向上沉淀出碳化物，碳化物的形态和数量与钢中的碳含量有关。从低碳到高碳，条间的碳化物由珠状、短杆而至杆状。这些沿铁素体界面纵向排列成行的碳化物一般仅在电子显微镜下才能辨认，如图 2-6（b）所示。在光学显微镜下所看到的则是自晶界向相邻两边的晶粒内生长的羽毛状组织如图

2-6(c)所示。这是典型的上贝氏体组织形态。但是这种形貌只有部分上贝氏体形成时才能观察到。通常看到的都是单边羽毛状组织如图 2-6(d)所示。

羽毛状上贝氏体组织，其羽毛状是碳饱和的铁素体，因此呈深色。这些条状铁素体大体平行排列，其间分布有与铁素体针轴平行的细条状(或细短杆状)渗碳体。

转变完全的上贝氏体组织，其特征在光学显微镜下不易辨认，贝氏体羽毛状的外形渐渐消失，看起来类似于珠光体晶区，在一个晶区内隐约有贝氏体铁素体片的痕迹。

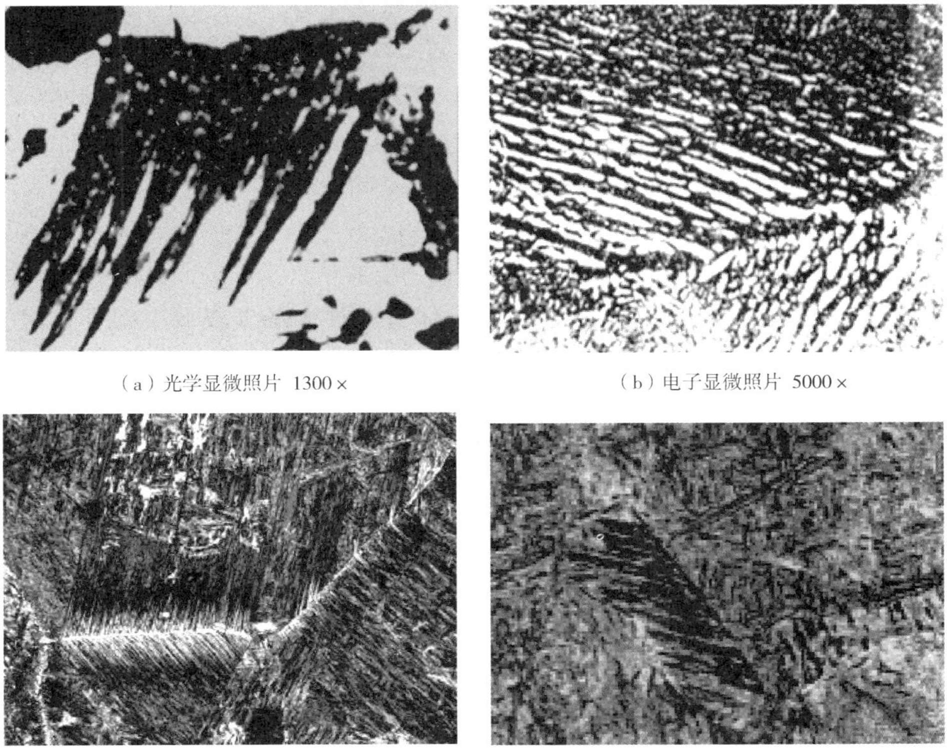

(a) 光学显微照片 1300×　　(b) 电子显微照片 5000×

(c) 羽毛状上贝氏体　　(d) 单边羽毛状贝氏体

图 2-6　上贝氏体形态显微图片

3) 下贝氏体组织形态

下贝氏体呈尖锐的针状，同样是间隙过饱和碳的铁素体，这些针状晶体是多向分布的。它可起源于晶界(如在亚共析钢中)，但很多是产生在晶粒内的，很像高碳回火片状马氏体，但抗腐蚀能力差，呈黑色针状如图 2-7(a)所示。与片状马氏体不同，贝氏体片内无显微裂纹，其亚结构主要是位错。下贝氏体的一个重要特征是在过饱和碳的铁素体内部有碳化物沉淀，碳化物都是沿着与针的长轴成 55°~65°的一个方向上析出的，然而这种分布形态只有在电子显微镜下才能识别出来，如图 2-7(b)所示。

4) 粒状贝氏体组织形态

在光学显微镜下粒状贝氏体是由块状外形的铁素体及其包围的孤立小岛组成的。小岛原是富碳奥氏体区，随其后的转变不同可出现三种不同组织状态，如图 2-8 所示。

(1) 分解为铁素体和碳化物，在电镜下可观察到比较密集的多向分布的粒状、杆状或小块状碳化物；

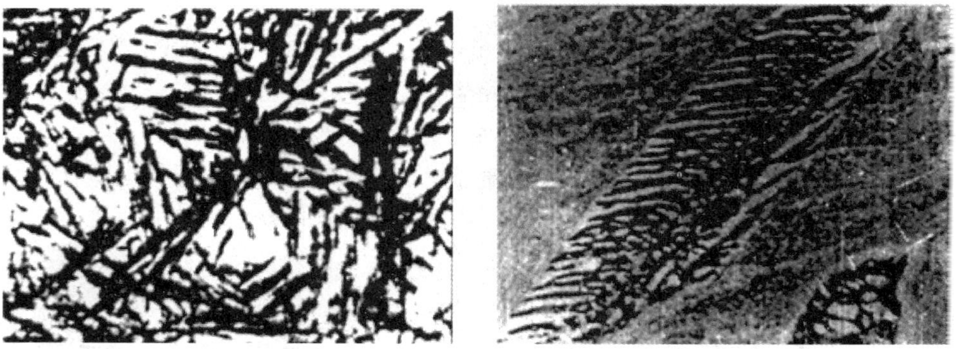

(a)光学显微照片 500× (b)电子显微照片 12000×

图 2-7 下贝氏体形态显微图片

（2）富碳奥氏体转变为高碳马氏体和残余奥氏体；

（3）仍然保持为富碳的奥氏体未分解。

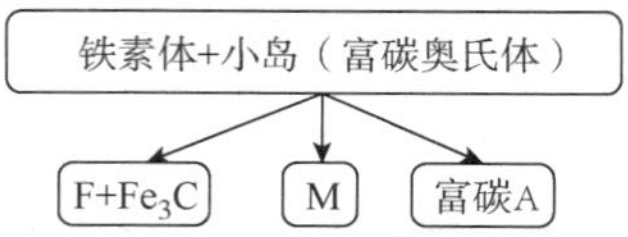

图 2-8 粒状贝氏体的演变示意图

粒状贝氏体可在许多低碳或低中碳合金钢中发现，通常在缓慢冷却时形成。由于钢的化学成分以及热处理工艺条件的不同，有时在一个组织中可以出现上述的一种情况或同时出现多种情况。

粒状贝氏体的光学金相组织具有显著的特征，典型粒状贝氏体的显微组织图片如图 2-9 所示，白色贝氏体铁素体基体上分布着很多颗粒状第二相(即 SEM 下观察到的“小岛”)，颗粒相分布无规律，常呈任意粒状或条状，边缘稍直。SEM 观察表明，这种岛状的第二相最初是富碳的奥氏体，随后视其合金成分与冷却条件不同，可以分解为铁素体和渗碳体，可以转变为马氏体，也可以在室温下仍保持为奥氏体。

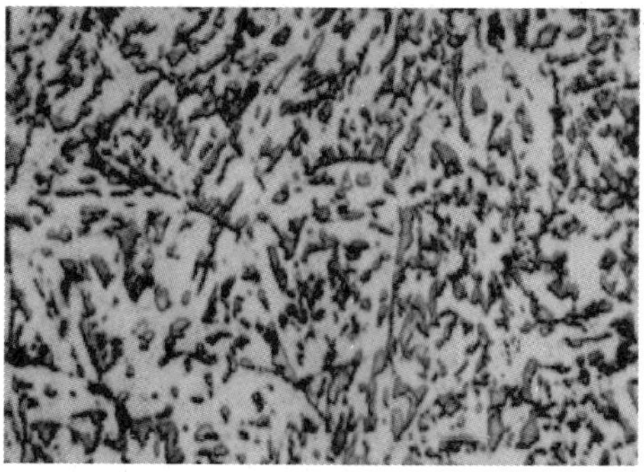

图 2-9 典型粒状贝氏体组织图片

3. 马氏体

碳含量在 0.25%以下时，组织几乎全是板条马氏体(亦称低碳马氏体)，构成如图 2-10(a)所示，板条马氏体在显微镜下为一束束平行排列的细板条。在高倍透射电子显微镜(TEM)下可看到板条马氏体内有大量位错缠结的亚结构，所以也称位错马氏体。

当碳含量大于 1.0%时，组织则大多数是针状马氏体，在光学显微镜中呈竹叶状或凸透镜状，如图 2-10(b)所示，在空间则形同铁饼。马氏体针之间形成一定角度(60°)。TEM 分析表明，针状马氏体内有大量孪晶，因此亦称孪晶马氏体。

碳含量在 0.25%~1.0%时，为板条马氏体和针状马氏体的混合组织。

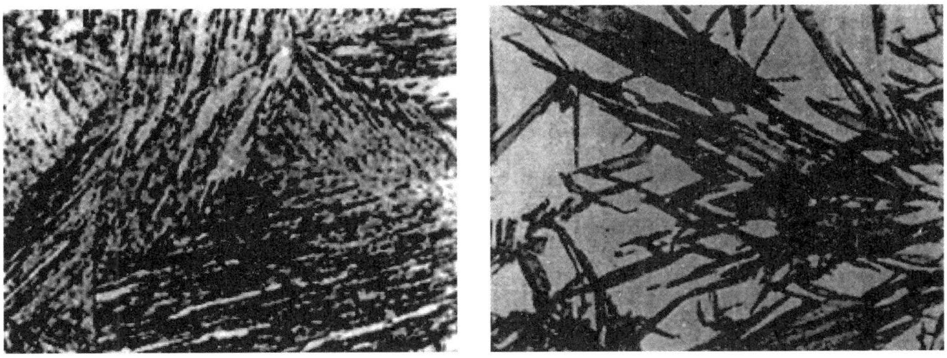

(a)板条马氏体　　(b)针状马氏体

图 2-10　马氏体组织图片

1）板条马氏体

在光学显微镜下，板条马氏体是许多平行排列的束状组织。把每一条束称为同位向束，而每一条束又是由许多同位向的马氏体板条组成。数个平行排列的同位向束组成一个板条群或领域，在一个奥氏体晶粒内部有 2~3 或 3~4 个板条群，如图 2-11 所示。在板条群中的同位向束表现出两种衬度不同的明暗区域通常是由于晶体学取向不同所致。

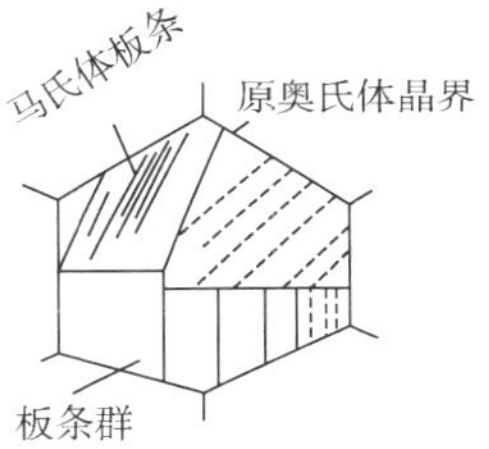

图 2-11　板条马氏体示意图

每个马氏体板条在光学显微镜下无法辨识，但在透射电镜下可明显观察到板条的平均宽度约 0.1~0.2μm。其内有大量位错形成的位错胞，在板条之间通常有稳定的残余奥氏体薄膜。

2）片状马氏体

片状马氏体在空间具有双凸透镜的特征，其显微组织呈竹叶状。当碳含量为 1.2%~1.4%时最先形成的马氏体往往是最大的，通常贯穿原奥氏体晶粒，把奥氏体晶粒一分为二。随着温度降低后续形成的马氏体，把分割的部分再分割。开始形成的马氏体大，后形成的马氏体小，从而形成大小不等的马氏体，片与片之间的白亮部分为残余奥氏体，在有些马氏体片中可明显观察到显微裂纹。

在碳含量大于 1.4%的铁碳合金中，片状马氏体具有中脊且呈闪电状(或“Z”字状)分布。电镜观察片状马氏体的亚结构为孪晶，密度很高，远离中脊的两侧孪晶密度低。片的边缘孪晶消失，为位错胞所替代。

2.2　材料组织与性能的关系

材料的性能取决于它的成分和组织，尤其是材料的力学性能对组织十分敏感，不仅组织的构成，甚至组织的形态分布都对材料的力学性能有着显著影响。相同的材料成分，在不同的热处理条件下会呈现出不同的组织形态，如图 2-12 所示，从而赋予材料显著不同的性能。通常根据材料的成分和组织可以推测材料的力学性能及某些化学性能及物理性能。

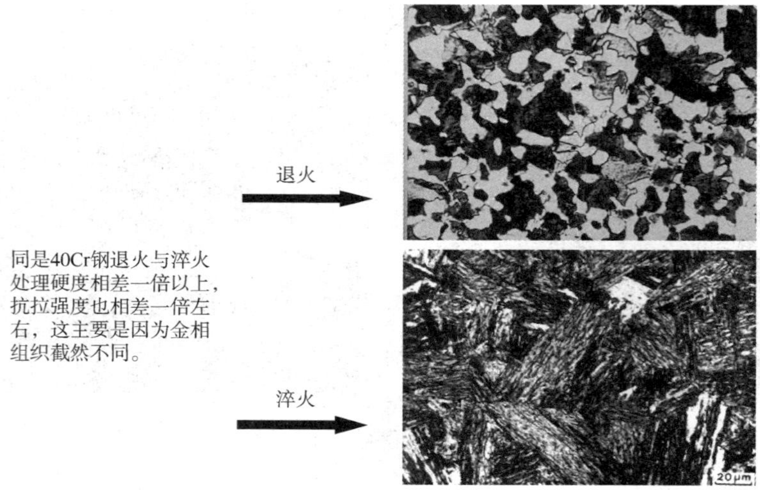

图 2-12　材料组织对性能的影响示意图

2.2.1　材料力学性能与组织的关系

材料硬度主要决定于组织中组成相或组织组成物的硬度和质量分数，例如碳钢，随着碳含量的增加，由于硬度高的 Fe_3C 增多，硬度低的 F(铁素体)减少，合金的硬度呈直线关系增大，由全部为 F 的硬度约 80HB 增大到全部为 Fe_3C 时的约 800HB。

强度是一个对组织形态很敏感的性能。例如碳钢，随碳含量的增加，亚共析钢中 P(珠光体)增多而 F 减少。P 的强度比较高，其大小与细密程度有关。组织越细密，则强度值越高。F 的强度较低。所以亚共析钢的强度随碳含量的增大而增大。但当碳质量分数超过共析成分之后，由于强度很低的 Fe_3C_{II} 沿晶界出现，合金强度的增高变慢。

塑性也是一个对组织形态很敏感的性能，铁碳合金中 Fe_3C 是极脆的相，没有塑性。合金的塑性变形全部由 F 提供。所以随碳含量的增大，F 量不断减少时，合金的塑性连续下降。到合金成为白口铸铁时，塑性则降到近于零值。

2.2.2　材料组织对性能的影响

1. 奥氏体组织

奥氏体是碳与合金元素溶解在 γ-Fe 中的固溶体，仍保持 γ-Fe 的面心立方晶格，晶界比较直，呈规则多边形如图 2-13(a)所示，淬火钢中残余奥氏体分布在马氏体针间的空隙处。

奥氏体的面心立方结构使其具有高的塑性和低的屈服强度，容易通过塑性变形加工成形，所以钢铁常常在奥氏体稳定存在的高温区域进行加工。在奥氏体中加入镍、锰等元素，可以得到室温下具有奥氏体组织的奥氏体钢。奥氏体的再结晶温度高，具有较好的热强性。

2. 铁素体组织

铁素体组织是指碳与合金元素溶解在 α-Fe 中形成的固溶体，亚共析钢中的慢冷铁素体呈块状，晶界比较圆滑，如图 2-13(b)所示。当碳含量接近共析成分时，铁素体沿晶粒边界析出。

铁素体具有良好的延性和塑性，但强度较低，通常和碳化物一起构成其他相如珠光体、索氏体，获得良好的综合力学性能。

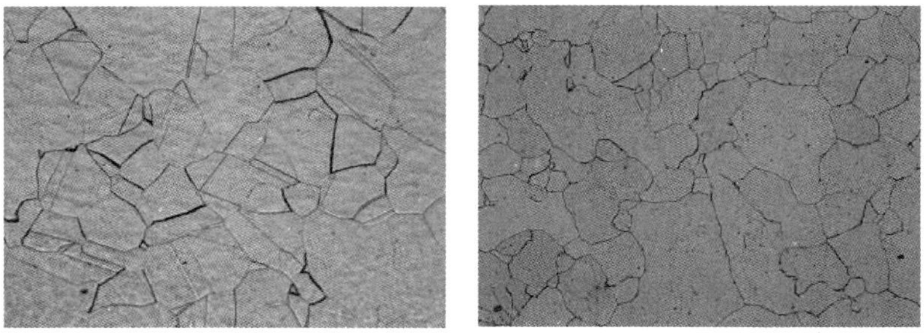

（a）奥氏体组织　　（b）铁素体组织

图 2-13　奥氏体组织和铁素体组织图片

3. 渗碳体组织

渗碳体是碳与铁形成的一种化合物，该组织强度高，但韧性差，通常不单独构成物体，而是和铁素体配合，获得性能优良的组织结构，如珠光体、索氏体等。

4. 珠光体组织

珠光体是由共析铁素体和共析渗碳体有机结合的整体组织，铁素体及碳化物两相是成比例的，有一定相对量，如图 2-14 所示。该铁素体和碳化物是从奥氏体中共析共生出来的，且两相有一定位相关系。其中铁素体的晶体结构为体心立方，渗碳体的晶体结构为复杂的斜方结构。

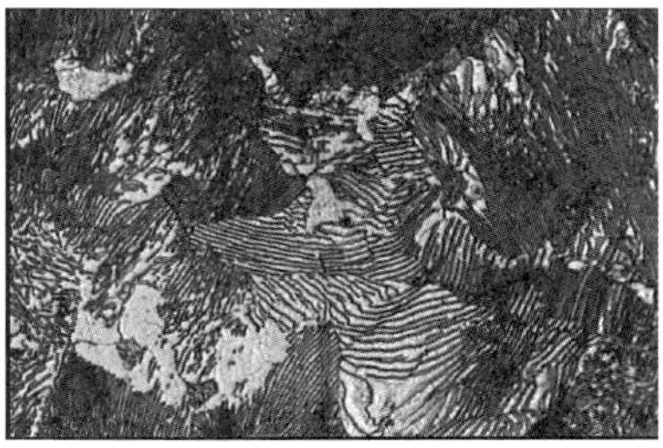

图 2-14　层片状珠光体组织图片

1）片状珠光体力学性能

层片状珠光体组织如图 2-14 所示，力学性能主要与片层间距、珠光体团直径、珠光体中铁素体片的亚晶粒尺寸和原始奥氏体晶粒大小有密切关系。片状珠光体的片层间距对强度和塑性都有一定影响，珠光体的片层间距越小，强度越高，塑性越大。主要原因是铁素体和渗碳体片较薄时，相界面增多，在外力作用下，抗塑性变形能力增大。而且由于铁素体、渗碳体片很薄，会使钢的塑性变形能力增大。珠光体团直径减小，表明单位体积内片排列方向增多，使局部发生大量塑性变形引起应力集中的可能性减小，因而既提高了强度又提高了塑性。

2）球状珠光体力学性能

球状珠光体力学性能主要取决于渗碳体颗粒大小、数量、分布。渗碳体颗粒越小，分散越均匀，硬度和强度越高。在成分相同的情况下，球状珠光体的硬度、强度比片状珠光体的低，但塑性韧性好，具有良好的综合力学性能。这是由于球状珠光体比片状珠光体具有较少的相界面，铁素体中位错易于滑动，故使塑性变形抗力减小，另一方面，由于相界面少，界面上位错塞积就多，正应力大，易于开裂。这两方面的因素均使强度降低。另外一个原因是，渗碳体呈颗粒状，没有尖角，不易产生应力集中，所以球状珠光体的塑性好。

5. 马氏体组织

马氏体形态可分为板条状马氏体、针片状马氏体等如图 2-15 所示。板条状马氏体可以是扁条或薄板状，内部存在大量位错，可以在低、中碳钢及不锈钢中形成，由许多马氏体板条集合而成。针状马氏体存在于中、高碳钢，其形态立体呈双凸透镜，平面形态呈针状或竹叶状。

（a）板条马氏体　　（b）针状马氏体

图 2-15　马氏体组织图片

1）马氏体的硬度与强度

马氏体主要特点是高硬度和高强度。其物理本质是由其组织结构决定的。其主要强化机理如下：

（1）相变强化，马氏体相变时发生不均匀切变，产生了大量位错、孪晶、空位等缺陷；

（2）固溶强化，碳原子溶入形成过饱和固溶体，使晶格产生严重畸变；

（3）时效强化，通常淬火后需要经过回火，这个过程将形成碳原子偏聚区或析出碳化物；

（4）孪晶的强化作用高于位错。

原始奥氏体晶粒和马氏体板条越细，强度越高，奥氏体和马氏体中的碳原子处于铁原子组成的八面体间隙中心，但是奥氏体的碳原子处于正八面体中心，碳原子溶入时，引起对称畸变，沿着三个对角线方向的伸长是相等的；而马氏体中的八面体是扁八面体，碳原子的溶入使阵点发生不对称畸变，即短轴伸长，长轴稍有缩短，造成一个强烈应力场，阻碍位错运动，从而使得马氏体强度和硬度显著提高。

2）马氏体的韧性和塑性

马氏体韧性受碳含量和亚结构影响，所以在相当大范围内变化，对于结构钢，位错型马氏体的断裂韧性显著高于孪晶型马氏体。位错型马氏体具有较高的强度、硬度和良好的塑性韧性，孪晶型马氏体强度硬度高，但塑性韧性较差。

6. 回火组织

钢材淬火后获得马氏体组织，这种组织是不稳定的，具有向铁素体和渗碳体混合组织进行转变的倾向，回火加热时，原子活动能力加强，加快了这种组织转变的过程，从而导致材料性能发生变化。

200℃左右回火时，马氏体中过饱和的碳原子脱落，析出细小弥散的碳化物。这时马氏体易受浸蚀，在光学显微镜下观察，其颜色比淬火马氏体要深，但不能观察到回火时析出的细小的碳化物。

回火温度在 200~300℃时，主要转变过程是残余奥氏体的分解。同时马氏体分解仍继续进行。在这个阶段所得到的组织基本上仍属于回火马氏体，如图 2-16(a)所示。

回火温度在 250~400℃时，在马氏体继续分解的同时，发生碳化物的转变和聚集，并形成渗碳体。随着回火温度的升高，渗碳体逐渐聚集长大成细粒状。碳钢马氏体的分解过程到 350℃基本结束。α 固溶体中的碳含量接近饱和成分，即成为体心立方晶格的铁素体。但是这种铁素体尚保留着原马氏体的针状形态。这种针状铁素体和细粒状渗碳体的混合组织叫回火屈氏体，如图 2-16(b)所示。在电子显微镜下，可观察到板片状的碳化物。

当回火温度超过 400℃以后，渗碳体尺寸将显著长大，并逐渐球化，针状形态的铁素体将发生再结晶过程，逐渐为多边形晶粒的铁素体所代替。这种细粒状渗碳体分布在多边形铁素体上的组织叫回火索氏体，如图 2-16(c)所示。合金元素加入钢中对回火过程的转变影响很大。在马氏体分解的第一阶段，由于温度较低，一般认为合金元素没有显著影响。在马氏体分解的第二阶段，合金元素的影响就逐渐显示出来，主要是它们能阻碍碳化物的聚集长大，从而减慢碳从固溶体中析出的速度，使马氏体完全分解推向更高的温度范围，因此提高钢的抗回火稳定性。和碳钢相比，在同一温度回火后，合金钢的回火马氏体能保留较高的过饱和碳含量，因而具有较高的硬度和强度。

回火索氏体由马氏体在 500~650℃时高温回火形成。其组织特征是由等轴状铁素体和细粒状碳化物构成的复相组织，马氏体片的痕迹已消失，渗碳体的外形已较清晰，但在光镜下仍难分辨，在电镜下可看到的渗碳体颗粒较大。

随着回火温度的由低升高，材料的强度和硬度逐渐降低，但其伸长率则逐渐增加，冲击韧性也逐渐增加，回火索氏体具有良好的综合力学性能，韧性和强度都显著优于珠光体。

（a）回火马氏体

（b）回火屈氏体

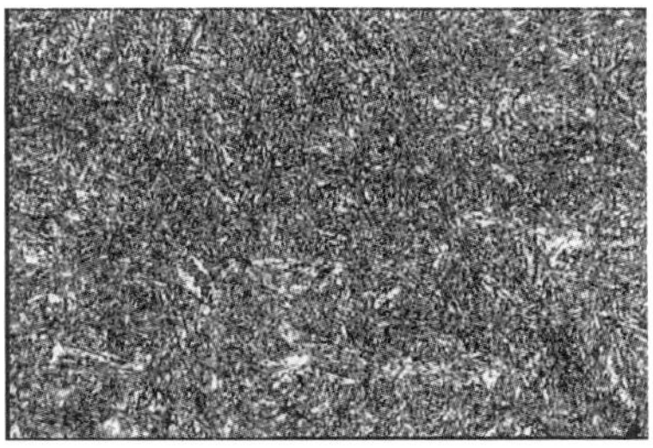

（c）回火索氏体

图 2-16　回火组织图片

7. 贝氏体组织

不同贝氏体组织的图片如图 2-17 所示，$B_{下}$在光学显微镜下为黑色针状，在电子显微镜下可看到在铁素体针内沿一定方向分布着细小的碳化物($Fe_{2.4}C$)颗粒。上贝氏体中铁素体片较宽，塑性变形抗力较低，同时渗碳体分布在铁素体片之间，容易引起脆断，因此强度和韧性都较差。下贝氏体中铁素体针细小，无方向性，碳的过饱和度大，位错密度高，且碳化物分布均匀、弥散度大，所以硬度高，韧性好，具有较好的综合机械性能。

贝氏体由于种类较多，结构复杂，力学性能也较复杂，通常需要根据试验确定性能。

（a）上贝氏体

（b）下贝氏体

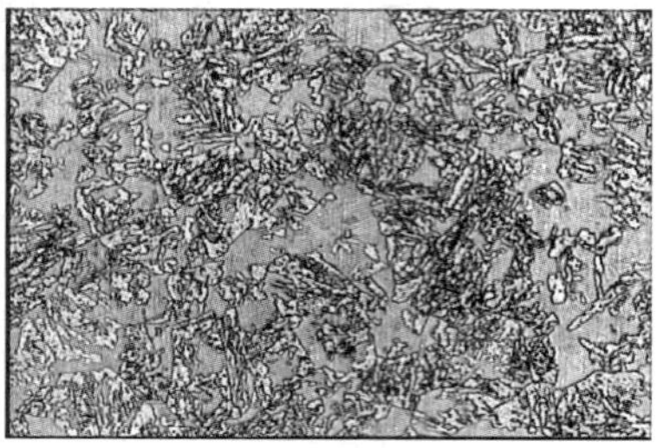

（c）粒状贝氏体

图 2-17　贝氏体组织图片

2.2.3　材料力学性能的估算

因为材料的组织对性能具有显著的影响，甚至决定着材料的性能，因此一些研究者在性能与组织之间建立了定量关系公式。如：亚共析钢的硬度、强度和塑性可根据成分或组织作如下的估算：

$$硬度 \approx 80\times\omega(F)+180\times\omega(P)(HB) \tag{2-1a}$$

$$或硬度 \approx 80\times\omega(F)+800\times\omega(Fe_3C)(HB) \tag{2-1b}$$

$$抗拉强度 \approx 230\times\omega(F)+770\times\omega(P)(MPa) \tag{2-2}$$

$$伸长率 \approx 50\times\omega(F)+20\times\omega(P)(\%) \tag{2-3}$$

式中　$\omega(F)$——铁素体百分含量；

$\omega(P)$——珠光体百分含量；

$\omega(Fe_3C)$——渗碳体百分含量。

2.3　材料组织及结构的鉴别

材料的组织能够决定材料的性能，因此通常需要对材料的组织进行鉴别，一方面为材料的性能提供理论支撑，另一方面为材料性能的改进提供基础。通常对材料的性能鉴别包括不同层次上的鉴别，最常用的、最方便的就是宏观鉴别，指的是能够用肉眼或放大倍数低于十倍的鉴别。其次就是金相显微镜，其放大极限为 2×10^{-7}m，若需要放大更高倍数，则需要采用扫描电子显微镜、透射电子显微镜、原子力显微镜等。如图 2-18 所示显示了不同物体的尺寸。

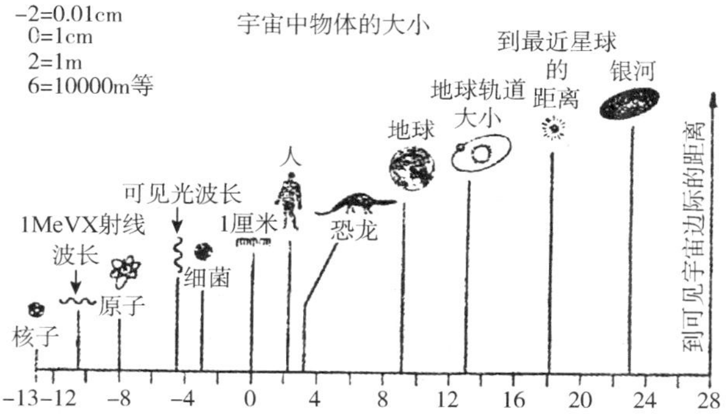

图 2-18　宇宙间物体的大小

2.3.1　宏观组织和结构的鉴定

宏观组织，亦称为“低倍组织”，用肉眼或放大镜(通常小于 10 倍)观察到的金属材料的组织，包括晶粒的大小、形态、分布和材料中存在的缺陷(如偏析、缩孔、气孔、裂纹、夹杂物等)。根据宏观组织，可以鉴定分析金属材料的质量、存在的缺陷以及由此而造成的金属构件在使用过程中的损坏失效原因。

宏观组织鉴别通常使用的方法工具包括：利用肉眼直接观察，利用体式显微镜进行观察，观察结果如图 2-19 所示，根据宏观断口即可判断出材料属于何种断裂类型。图 2-19 所示为相同化学成分但通过不同热处理方法获得的三种不同显微组织钢的宏观拉伸断口形貌，如图 2-19(a)所示为珠光体钢的宏观拉伸断口，具有两个显著不同的区域构成，包括剪切唇区及纤维区和辐射区的合并区。如图 2-19(b)所示为铁素体、贝氏体、回火马氏体钢，包括三个区，剪切唇区、纤维区和辐射区。

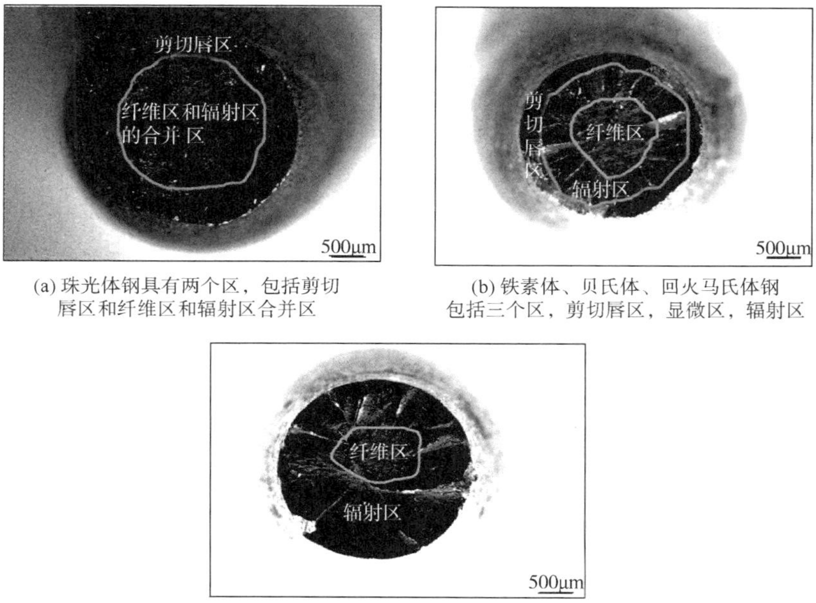

(a) 珠光体钢具有两个区，包括剪切唇区和纤维区和辐射区合并区

(b) 铁素体、贝氏体、回火马氏体钢包括三个区，剪切唇区，显微区，辐射区

(c) 完全回火马氏体钢具有两个区，包括纤维区和辐射区

图 2-19　不同显微组织钢的拉伸宏观断口图片

图 2-20 则为上图 2-19 中不同显微组织钢的纤维区断口的微观形貌，从图中可以看出，具有显著不同的宏观断口结构，其显微结构却没有显著的区别，均由韧窝构成，相比之下，珠光体钢的韧窝更大，且存在由夹杂物引起的孔洞。因此判断材料的断裂类型，必须通过宏观结构分析。宏观断口结构能够对材料的性能和失效方式进行总体把握。

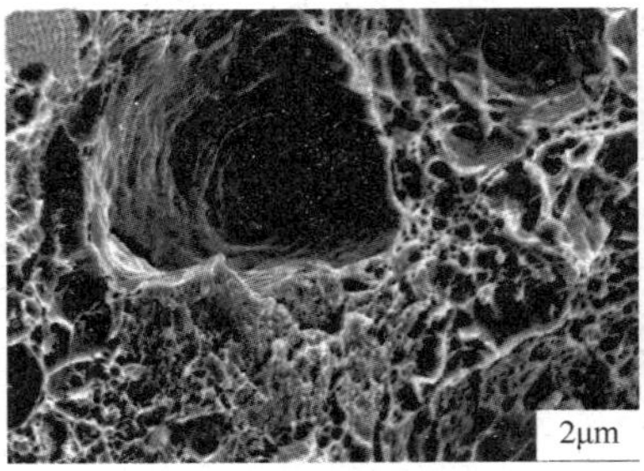

(a) 珠光体钢试样断裂表面的韧窝和孔洞

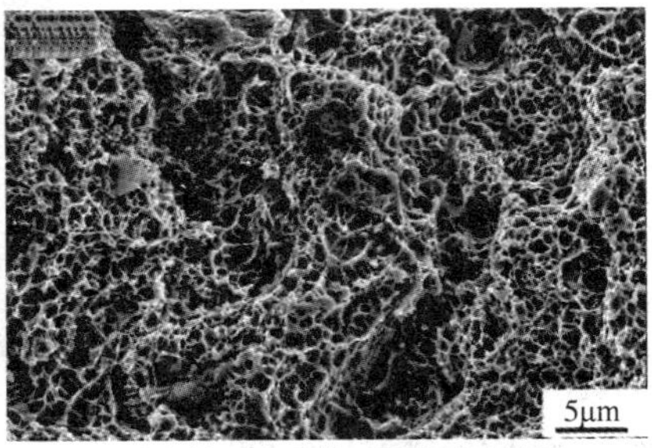

(b) 铁素体、贝氏体、回头马氏体钢试样断裂表面的韧窝

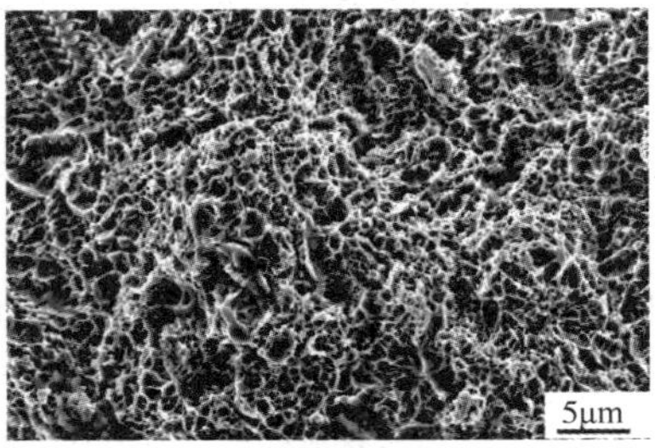

(c) 完全回火马氏体钢试样断裂表面的韧窝

图 2-20　不同显微组织钢试样拉伸断裂表面的 SEM 图片

2.3.2　微观组织和结构的鉴定

尽管通过宏观结构观察和分析可以判断材料的断裂类型，但是要对材料产生这种断裂的原因进行分析，进一步避免发生该类型的断裂，改善材料的性能，则需要对材料的微观结构进行分析。分析材料的显微组织和微观结构通常需要借助于专用的放大仪器和设备。

1. 金相显微镜

用来观察和研究金属材料显微组织的光学显微镜称为金相显微镜。金相显微镜是利用反射光来观察不透明的金属物体。金相显微镜的种类很多，可分为台式、立式和卧式三大类。对试样要求较高，需要专门设备制样，一般包括切割、镶样、磨制、抛光、浸蚀等步骤，通常用于观察材料的显微组织、裂纹扩展路径等。

1）金相显微镜的构造

金相显微镜主要由照明系统、光学系统和机械系统三部分组成。4X 型金相显微镜的外形结构如图 2-21 所示。

光学系统如图 2-22 所示，由灯泡 1 发出一束光线，经过聚光镜组 2 及反光镜 7 被会聚在孔径光栏 8 上，随后经过聚光镜 3，再度将光线会聚在物镜 6 的后焦面，最后光线通过物镜，用平行光照明试样，使其表面得到充分均匀的照明。从物体反射回来的光线复经物镜 6、补助透镜 5、半反射镜 4、补助透镜 10、以及棱镜 11 与棱镜 12 形成一个放大的倒立实像，该像被场镜 13 和接目镜 14 所组成的目镜放大，最后进入观察者的眼睛。

光学系统的核心部件是目镜和物镜。其任务是完成金相组织的放大，获得清晰的图像。

目镜：目镜是用来观察由物镜所成物像的放大镜。

物镜：物镜起着放大和清晰成像的作用。物镜质量的好坏直接影响显微镜的成像质量。物镜的主要性能指标包括放大倍数、数值孔径、鉴别率和景深等。

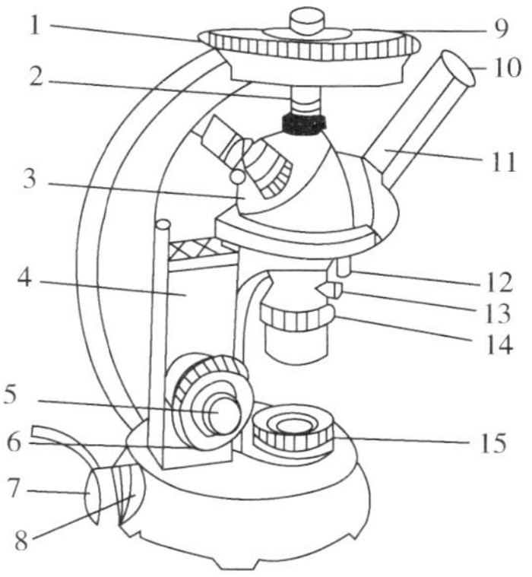

图 2-21 4X 型金相显微镜外形图

1—载物台；2—物镜；3—物镜转换器；4—传动箱；5—微调手轮；6—粗调手轮；7—光源；8—偏心圈；9—试样；10—目镜；11—目镜筒；12—固定螺钉；13—调节螺钉；14—视场光栏；15—孔径光栏

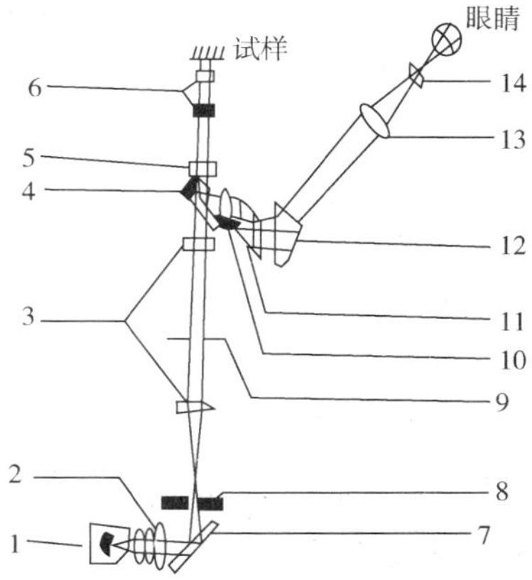

图 2-22 4X 型金相显微镜光学系统

1—灯泡；2—聚光镜组(1)；3—聚光镜组(2)；4—半反射镜；5—补助透镜(1)；6—物镜组；7—反光镜；8—孔径光栏；9—视场光栏；10—补助透镜(2)；11—棱镜；12—棱镜；13—场镜；14—接目镜

物镜的放大倍数是指物镜在线长度上放大实物倍数的能力。物镜上刻有如 40×/0.65 等符号，其中 40×表示物镜的放大倍数，0.65 表示物镜的数值孔径。

显微镜的放大倍数：目镜放大倍数×物镜放大倍数。

2）利用光学显微镜分析和鉴定组织

图 2-23 为利用 MeF3A 型光学显微镜拍摄的显微组织图片，从图片上可清晰的观察到不同套管钻井钢的组织构成，发现它们的显微组织差别较大。K55 钢主要由珠光体(暗区)和网状铁素体(亮区)构成，粗大的珠光体晶粒被细小的带状铁素体包围，如图 2-23(a)所示，铁素体主要沿原奥氏体晶界析出。经测量，K55 钢的珠光体晶粒尺寸为 40～110μm，而铁素体晶粒尺寸约为 10μm，平均晶粒尺寸约为 80μm。根据不同的显微组织构成，即可估算不同材料的性能。N80 钢的显微组织不仅包括回火马氏体组织，同时还包括多边形铁素体和上贝氏体如图 2-23(b)所示。而 P110 钢的显微组织为近完全回火马氏体(TM)如图 2-23(c)所示，该组织是马氏体在回火过程中形成的，大量的细小碳化物颗粒均匀分布在铁素体基体上。

（a）K55钢珠光体钢组织 （b）N80钢铁素体、贝氏体、马氏体钢组织 （c）P110钢完全马氏体钢组织

图 2-23 套管钻井钢的显微组织图片

2. 扫描电子显微镜(SEM)

扫描电子显微镜是一种进行物体表面显微结构观察和显微结构分析的电子光学仪器，其最大特点是：焦深大，分辨率高，且放大倍数变化范围广、连续可调；扫描电镜的焦深要比光学显微镜的焦深大数百倍，因此对试验样品要求低，特别适合对粗糙表面的观察研究。其分辨率是光学显微镜的 40 倍，所观察的样品表面三维图像清晰细致；配置有 X 射线能谱仪，可进行表面微区成分分析和结晶学分析。由于扫描电子显微镜放大倍数变化范围广、连续可调，人们可以首先在低倍下找好所感兴趣的区域，然后再调到高倍进行仔细观察分析，非常实用方便。

1）扫描电镜的构成

扫描电镜基本结构主要包括真空系统、电子束系统以及成像系统。图 2-24 是 JSM-6390 型扫描电镜。

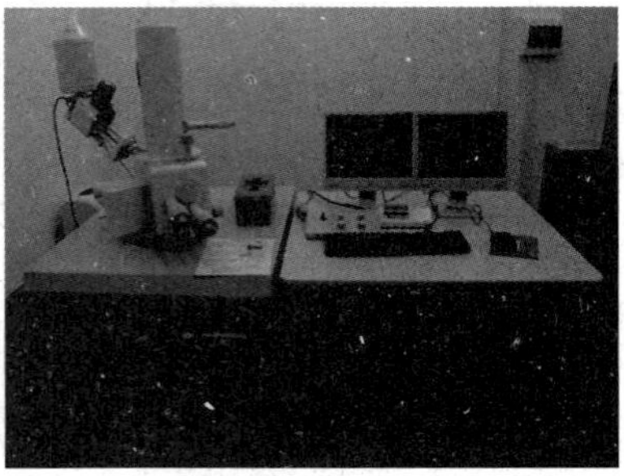

图 2-24　JSM-6390 型扫描电镜

（1）真空系统　主要包括真空泵和真空柱两部分。之所以要用真空，主要基于以下两点原因：其一，电子束系统中的灯丝在普通大气中会迅速氧化而失效，所以除了在使用扫描电镜时需要用真空以外，平时还需要以纯氮气或惰性气体充满整个真空柱。其二，为了增大电子的平均自由程，从而使得用于成像的电子更多。

（2）电子束系统　由电子枪和电磁透镜两部分组成，主要用于产生一束能量分布极窄的、电子能量确定的电子束用以扫描成像。电子枪用于发射热电子，而电磁透镜则将热电子聚焦成束。所以在用热发射电子枪的扫描电镜上，电磁透镜必不可少，且通常会装配两组。

（3）成像系统　电子经过一系列电磁透镜成束后，打到样品上与样品相互作用，会产生次级电子、背散射电子以及 X 射线等一系列信号。所以需要不同的探测器譬如次级电子探测器、X 射线能谱分析仪等来区分这些信号以获得所需要的信息。

2）扫描电镜的工作原理

由最上边电子枪发射出来的电子束，经栅极聚焦后，在加速电压作用下，经过二至三个电磁透镜所组成的电子光学系统，电子束会聚成一个细的电子束聚焦在样品表面。在末级透镜上边装有扫描线圈，在它的作用下使电子束在样品表面扫描。由于高能电子束与样品物质的交互作用，结果产生了各种信息：二次电子、背反射电子、吸收电子、X 射线、俄歇电子、阴极发光和透射电子等。这些信号被相应的接收器接收，经放大后送到显像管的栅极上，调制显像管的亮度。由于经过扫描线圈上的电流是与显像管相应的亮度一一对应，也就是说，电子束打到样品上一点时，在显像管荧光屏上就出现一个亮点。扫描电镜就是这样采用逐点成像的方法，把样品表面不同的特征，按顺序，成比例地转换为视频信号，完成一帧图像，从而使我们在荧光屏上观察到样品表面的各种特征图像。

3）利用扫描电镜分析和鉴定组织

扫描电镜具有显著更高的放大倍数，不但能分辨清楚显微组织，甚至能够明显观察到显微组织受力后的变化，这为材料性能的分析进一步提供了依据。如图 2-25(a)是珠光体铁素体构成 K55 钢的电子显微组织图片，与光学显微镜相比，不但能区分清楚珠光体和铁素体，而且能观察清楚珠光体的层片厚度。珠光体的层片厚度对于材料的性能同样具有显著的影响。需要注意的是，扫描电镜图片和光学显微镜颜色正好相反，如光学显微镜中的铁素体呈亮色，而扫描电镜的铁素体图片则呈深色。这归因于它们的不同成像原理。由于扫描电镜相比光学显微镜具有更高的分辨率，因此更容易观察到显微组织的细微变化，如图 2-25(b)，(c)，(g)则为珠光体铁素体构成的 K55 钢分别在拉伸断裂、冲击断裂和疲劳断裂后的显微组织形貌的变化情况。

如图 2-25(a)和(c)所示，冲击断裂表面下的显微组织与原始组织相比没有明显的变化。此外，在冲击断裂表面下的显微组织中，能够发现少量二次裂纹。但二次裂纹扩展路径没有显著的规律，因为裂纹既能够在铁素体基体中发现，也能够在珠光体的铁素体和渗碳体板条间发现，同时也能够在珠光体团和铁素体界面处发现。尽管冲击断裂表面裂纹扩展路径总体呈明显的锯齿状。但与图 2-25(b)的拉伸断裂表面相比，其裂纹扩展路径相对比较平直，同时也导致珠光体钢的冲击断裂表面通常具有解理特征。拉伸与冲击断裂表面层下的显微组织相比具有明显的区别，如图 2-25(b)所示。这种情况主要是因为拉伸断裂表面的形成过程导致了拉伸断裂表面下的显微组织发生了更加明显的变化。如图 2-25(b)所示，由于正向拉伸载荷的作用，拉伸断裂表面的铁素体组织被明显的拉长，同时，珠光体组织也发生了明显的变化。这主要是因为在拉伸试验过程中，显微组织具有充足的时间吸收能量，发生变形。显微组织中的夹杂物侧向的组织也有足够的时间发生变形。尤其夹杂物周围的部分珠光体组织由于发生严重变形，甚至与相邻的铁素体组织难以区别。

这种现象发生主要是因为在拉伸过程中，珠光体中的渗碳体板条发生剪切开裂。如果断裂的渗碳体板条足够小，则变形后的珠光体与相邻的铁素体是难以区分的，如图 2-25(e)中的深色所示。同时从图 2-25(b)中也可以发现，夹杂物下面的珠光体显微组织仅具有轻微的变化。如图 2-25(g)所示，可以看出，疲劳裂纹扩展由于能量小，驱动力弱，裂纹扩展路径总是寻找最薄弱的地方，如直接沿着珠光体的铁素体板条扩展，如沿着铁素体与珠光体的晶界扩展，或者垂直穿过珠光体板条。图 2-25(d)～(f)则示意性的说明了不同断裂方式下显微组织的变化。

3. 透射电镜(TEM)

透射电镜相对于扫描电子显微镜具有更大的放大倍数，利用透射电镜能够很容易的观察到材料中的位错等特征。为科研人员进一步改善材料的性能提供了依据。

1）透射电镜的构成

透射电子显微镜一般由电子光学系统、电源与控制系统和真空系统三部分组成。透射电子显微镜的基本部分是电子光学系统(镜筒)。整个镜筒类似积木式圆柱状结构，自上而下顺序排列着电子枪、双聚光镜、样品室、物镜、中间镜、投影镜、观察室、荧光屏及照相室等装置。通常又把上述装置划分为照明、成像和观察记录三部分。如图 2-26 所示。

2）透射电镜的工作原理

由电子枪发射出来的电子束，在真空通道中沿着镜体光轴穿越聚光镜聚成一束尖细、明亮而又均匀的光斑，照射在样品室内的样品上；透过样品后的电子束携带有样品内部的结构信息，样品内致密处透过的电子量少，稀疏处透过的电子量多；经过物镜的会聚调焦和初级放大后，电子束进入下级的中间透镜和投影镜进行综合放大成像，最终被放大了的电子影像投射在观察室内的荧光屏板上；荧光屏将电子影像转化为可见光影像以供使用者观察。

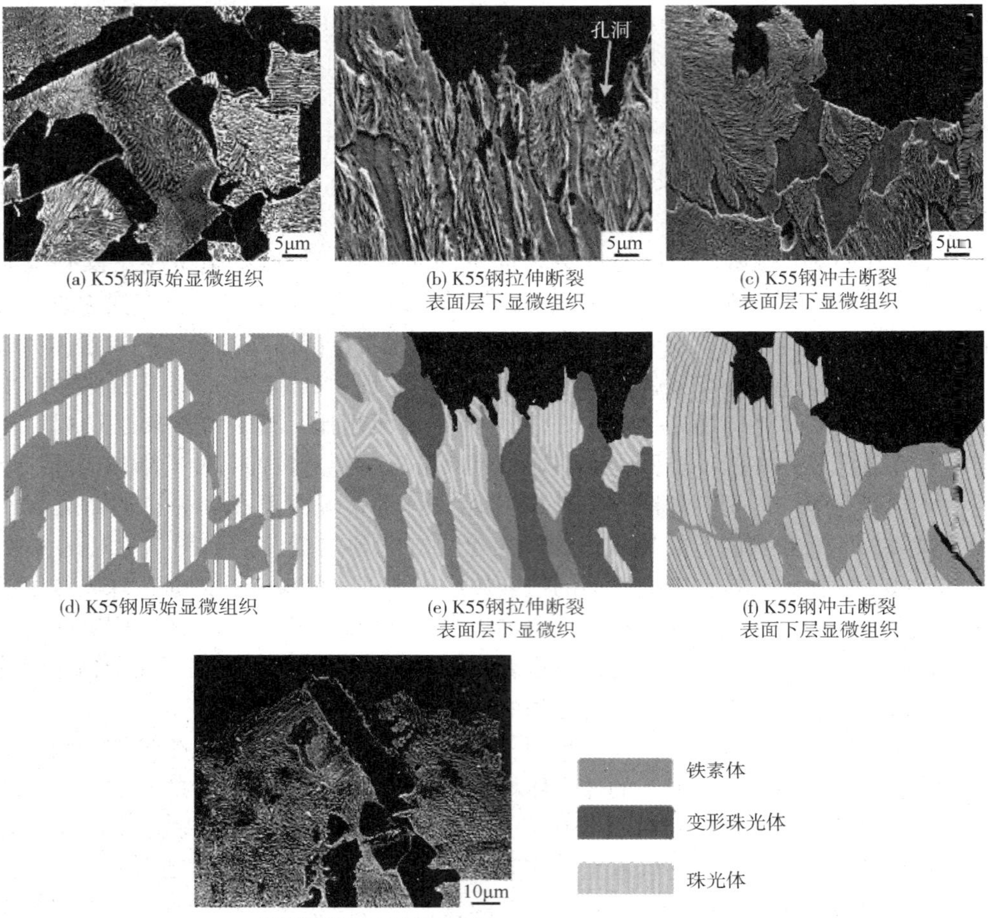

(a) K55钢原始显微组织

(b) K55钢拉伸断裂表面层下显微组织

(c) K55钢冲击断裂表面层下显微组织

(d) K55钢原始显微组织

(e) K55钢拉伸断裂表面层下显微织

(f) K55钢冲击断裂表面下层显微组织

(g) K55钢疲劳断裂表面下显微组织

图 2-25　拉伸、冲击及疲劳断裂表面层下的显微组织变化比较及示意图

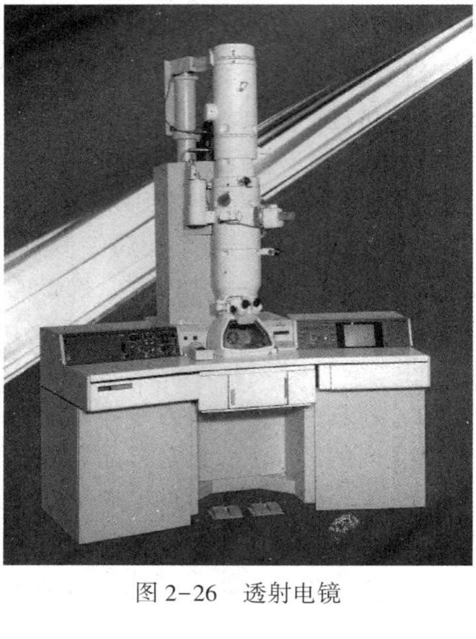

图 2-26　透射电镜

3）透射电镜的特点及组织分析

透射电镜试样制备相对比较繁琐，要求高。如图 2-27 的 TEM 图片的试样从套管接箍上先切割，尺寸为 10mm×10mm×0. 3mm，然后将其厚度抛至 100μm 进行检测，双喷浸蚀液为 10%的高氯酸和 90%乙醇，电压为 20V，温度低于-50℃。

透射电镜具有更高的放大倍数，能够将组织放大到数万倍，能够清楚的观察到铁素体组织中分布的碳化物颗粒形貌和分布，如图 2-27(c)和(d)所示，从图 2-27(c)中可看出，N80 钢中铁素体基体上分布的碳化物颗粒球型度较大，粒径较大，而 P110 钢中的铁素体基体上分布的碳化物颗粒显著更小，且球形度更高。同时也能够清楚的观察到 K55 钢铁素体组织中位错结构相比 N80 钢中的铁素体中的位错更少，如图 2-27(a)和(b)所示。

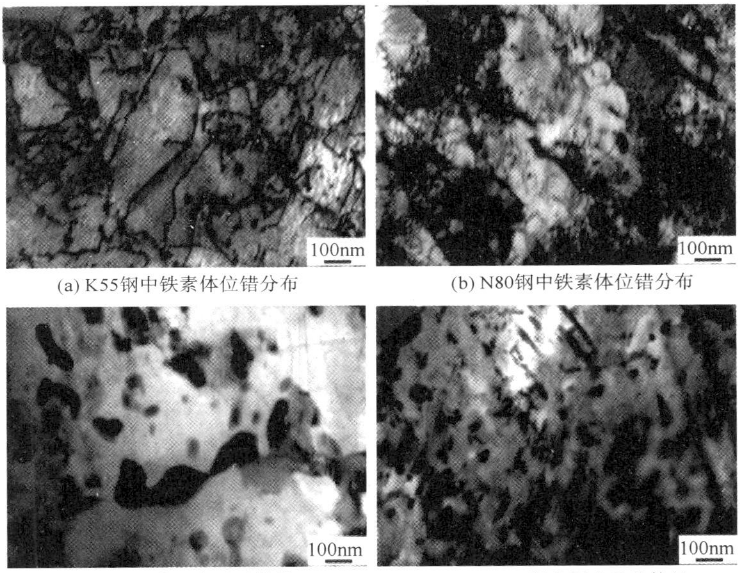

(a) K55钢中铁素体位错分布　　(b) N80钢中铁素体位错分布

(c) N80钢中回火马氏体的碳化物形貌和分布　　(d) P110钢中回火马氏体的碳化物形貌和分布

图 2-27　套管钻井钢组织的 TEM 图片

4. 原子力显微镜(AFM)

AFM 是 1986 年由 IBM Zurich 研究所的 Binnig 博士等人发明的，20 多年来不断的发展和完善，不仅在表面成像、半导体材料表面分析、纳米加工、集成电路检测、柔性样品分析以及生物医学等方面有着极其广泛的应用，而且在纳米载流子输运和电路检测方面也取得了显著进展，AFM 受重视的原因主要是由于它与传统的扫描电子显微镜相比，具有较高的横向和纵向分辨率。一般情况下，AFM 的横向分辨率可达到 0. 1～0. 2nm，纵向分辨率可达 0. 01nm，并且为空间的三维图，具有很大的景深和对比度。

AFM 采用一个一端固定而另一端装有针尖的弹性悬臂检测样品的表面形貌或其他表面性质的。当针尖扫描时，针尖和样品之间相互作用力(吸引或排斥)会引起悬臂发生形变。一束激光照射到悬臂的背面，悬臂将激光束反射到一个光电检测器上，通过检测器将悬臂的形变信号转换成可测量的光电信号，检测器不同象限接收到的激光强度差值同悬臂的形变量形成一定的比例关系。通过测量检测器电压对应样品扫描位置的变化，就可以获得样品表面形貌的图像。

原子力显微镜的特点是放大倍数高，可以拍摄试样的三维图片，对试样的要求也不高，可以拍摄活体动态图片。这个方法比传统的 TEM 测定方法简单，而且可以根据不同放大倍率连续观测，非常容易寻找到自己感兴趣的区域。

图 2-28 所示为珠光体的 AFM 图片。图中凸起的组织为渗碳体组织，凹下的组织为铁素体组织。通过观察能够很容易很准确获得珠光体相关信息，如构成珠光体的铁素体和渗碳体板条宽度及因浸蚀铁素体凹下的深度。

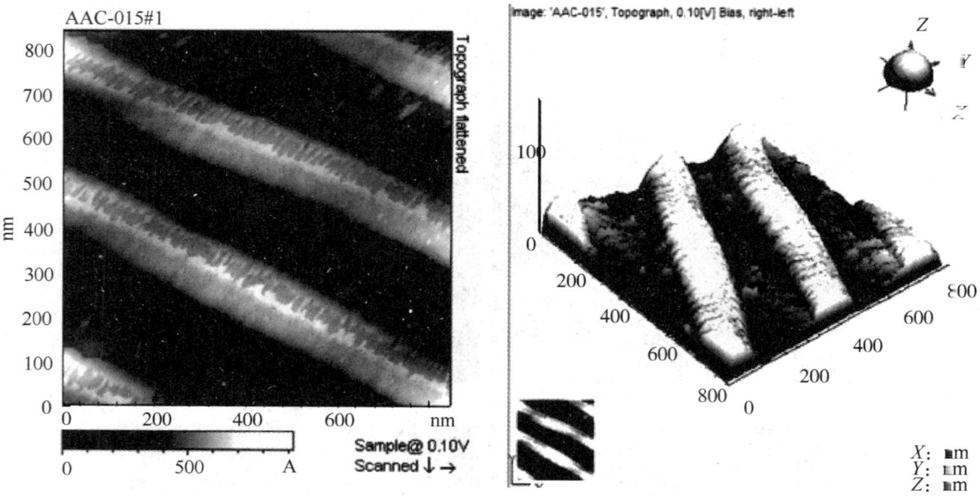

图 2-28　高倍下某钢珠光体层片结构的 AFM 表征

2.4　钢中夹杂物的分析

钢中的非金属夹杂物主要是指钢中的氧化物、硫化物、硅酸盐和氮化物等，这些化合物一般不具有金属的性质，并机械的混杂在钢的组织之中。

非金属夹杂物在钢中一般为数很少，但对钢材性能的影响不可忽视。研究表明　夹杂物对钢的强度影响较小，但对疲劳性能、冲击韧性和塑性影响很大，其影响程度的大小又与夹杂物的类型、大小、数量、形态和分布有关。西气东输工程对钢材中夹杂物 A～D 类的要求如表 2-4 所示，夹杂物的形状分布如图 2-29 所示。为了减少夹杂物对材质的危害，需要鉴定夹杂物的类型，观察其形态和分布，测定其大小和数量，并追溯根源，采取相应措施加以控制。

表 2-4　西气东输工程对钢材夹杂物的要求　　μm

A		B		C		D	
薄	厚	薄	厚	薄	厚	薄	厚
≤2.0	≤2.0	≤2.0	2.0≤	≤2.0	≤2.0	≤2.0	≤2.0

2.4.1　非金属夹杂物的分类

非金属夹杂物通常分以下 5 类：

A 类：硫化物类，具有高的延展性，如图 2-29(a)所示；

B 类：氧化铝类，黑色或深灰色颗粒，沿轧制方向排成一列，如图 2-29(b)所示；

C 类：硅酸盐类，具有高的延展性，如图 2-29(c)所示；

D 类：球状氧化物类，任意分布的颗粒，如图 2-29(d)所示。

DS 类：单颗粒球类，圆形或近似圆形，直径≥13μm 的单颗粒夹杂物，如图 2-29(e)所示。

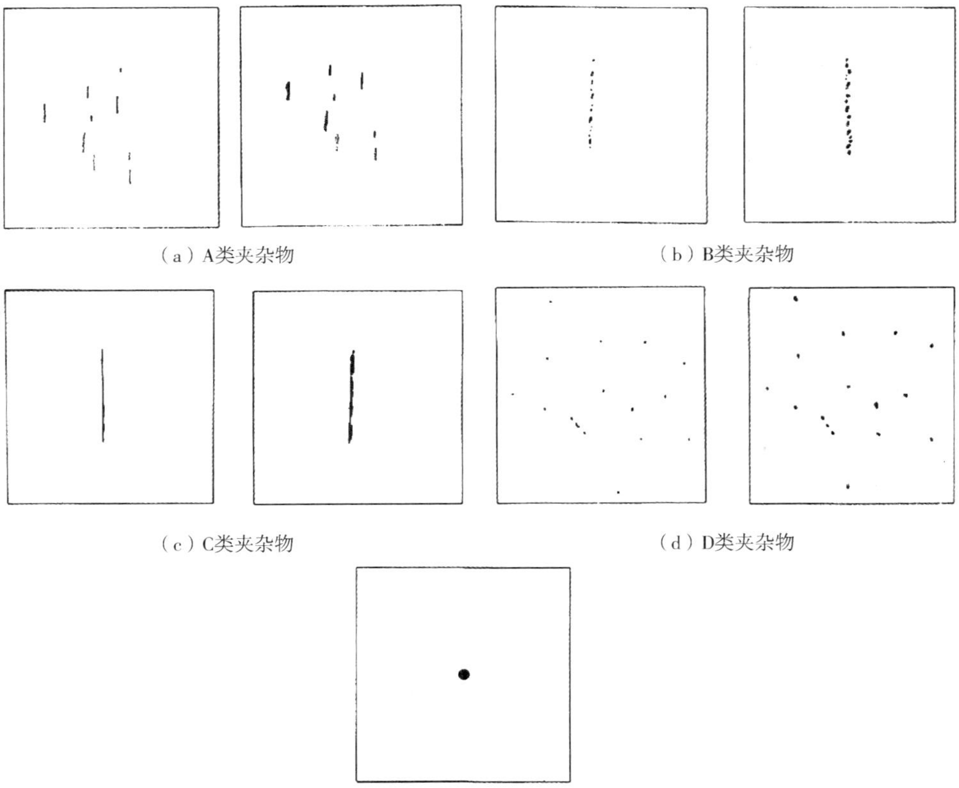

(a) A类夹杂物　(b) B类夹杂物

(c) C类夹杂物　(d) D类夹杂物

(e) DS类夹杂物

图 2-29　非金属夹杂物示意图

钢中的夹杂物具有不同的特征，如表 2-5 所示。根据该特征有利于对钢中夹杂物进行检测和鉴定。钢中夹杂物主要类型及其特性如下：

硫化物：硫化物是钢液中所含的硫在凝固时以沉淀物析出方式形成的产物。它在加工变形中本身不破碎、不变形，属于塑性夹杂物。硫化物主要有硫化铁(FeS)、硫化锰(MnS)和铁锰硫化物(FeS · MnS)。硫化铁往往独立存在，大部分处于铁素体中。硫化锰则很少独立存在，一般都与硫化铁共存而形成硫化铁硫化锰(FeS · MnS)固溶体。

氧化物：氧化物为脆性夹杂物，它随着压力加工而破碎，沿金属变形的方向呈链状分布。在钢中常见的氧化物有 FeO、MnO、SiO、Al_2O_3、Cr_2O_3 等。FeO · MnO 固溶体呈纺锤形、小球状。氧化铝(Al_2O_3)属于脆性夹杂物，在加工中破碎为不规则的粒状，呈链状分布于钢中。

硅酸盐：硅酸盐夹杂物成分非常复杂，它能够溶解氧化物和硫化物，从而形成各种类型的化合物、共晶体及机械混合物。在钢中常见的硅酸盐夹杂物有铁硅酸盐（$2FeO \cdot SiO_2$）、锰硅酸盐（$2MnO \cdot SiO_2$）、铝硅酸盐（$3Al_2O_3 \cdot 2SiO_2$）、钙硅酸盐（$CaO \cdot SiO_2$、$2CaO \cdot SiO_2$、$3CaO \cdot SiO_2$）和铁锰硅酸盐（$m FeO_n MnO \cdot SiO_2$）。

氮化物：氮化物属于脆性化合物，它在钢中一般不沉淀，常常与亲和力强的钛、钒、锆等合金元素形成稳定的氮化物或其他复杂氮化物型夹杂物。氮化物的形态相当规则，一般都呈小晶体，多半具有立方体的形状，为正方形、棱形、三角形、长方形等。

表 2-5　钢中常见夹杂物的性能和特征

夹杂物名称	形状及分布	抛光性	塑性	光学特征			
				反光能力	明场	暗场	偏光
氧化铝（Al_2O_3）	呈细小料状，系为成群分布，加工后成串状分布	不良易剥落、并拖出尾巴	—	低	暗灰而带紫色	透明、淡黄色	透明，各向异性弱，特别是细粒时
氧化亚铁（FeO）	呈球状（粒状）多为任意分布，稍变形后呈不大的椭圆	良好	稍变形	中等	灰色稍带褐色	完全不透明（通常比基体黑）沿边有细亮线	各向同性
硫化铁（FeS）	呈球状（粒状），量多时呈网状分布在晶界上，量少时任意分布	良好	易变形沿变形方向拉长	高	淡黄色，长期暴露在空气中变成褐色	不透明沿边界有亮线	明显的各向异性，不透明，淡黄色
硫化锰（MnS）	锻轧后，沿压延方向呈椭圆形或条状分布，无规律	良好	稍变形	中等	淡蓝灰色	透明，淡蓝灰色	各向同性，透明
铁锰硫化物（固溶体）$FeS \cdot MnS$	主要呈球状共晶体，或条状，分布无规律，在晶粒内或晶界上	良好	易变形沿变形方向拉长	中等	随硫化锰含量的减少，色彩由深灰色-浅蓝色-淡黄色	不透明	各向同性，透明
铁硅酸盐 $2FeO \cdot SiO_2$	主要呈球状玻璃质任意分布，稍变形后呈纺锤状	良好	稍变形	中等	深灰色，球体中带环圈反光，中心有光点	透明，淡黄色到灰色	各向异性，透明，呈玻璃质时各向同性
锰硅酸盐 $2MnO \cdot SiO_2$	多为玻璃质，球状任意分布	良好	易变形，变形后伸长	低	深灰色	透明，由玫瑰红到褐色	各向异性，呈玻璃质时多各向同性
氮化钛（TiN）	呈有规则的几何形状，如方形、长方形、单个地成群或成小链状分布	不良易抛掉	不变形	高	由淡黄色到玫瑰红色	不透明	各向同性，不透明

2.4.2　非金属夹杂物的鉴定

检测夹杂物的指标通常包括夹杂物的大小、形状、分布。夹杂物的大小，如氧化铝夹杂物通常很细，玻璃状的硅酸盐都比较大。按照颗粒大小程度可作为评定某类型夹杂物的依据。夹杂物根据形状通常可分为三类，有规则的主要有球形、方形、长方形、三角形 4 种，例如氮化物（TiN、ZrN）呈四方形，玻璃质的二氧化硅（SiO_2）呈球形，三氧化二铬（Cr_2O_3）呈长方形或三角形；无规则的有多角形、椭圆形、卵形等，例如变形破碎后的铝硅酸盐和变形后的 FeO 夹杂物；细条状有线状、链锁形、纺锤形，例如钢材在轧制变形后的 FeS · MnS、mMnO · nFeO 固溶体夹杂物。夹杂物在钢中的分布较为复杂，例如一般的硅酸盐呈单独分布，铬铁矿为群集分布，氧化物（Al_2O_3，FeO · MnO）呈连续或断续串状分布，低熔点的硫化物（FeS，FeS · FeO）沿晶界分布。

鉴定夹杂物的方法通常包括金相法，电解法等。其中金相法应用最广泛。

1. 金相法

目前常用的方法还是以金相法为基本方法，辅以其他方法进行鉴定。金相法利用夹杂的形状和色度检测夹杂物，在 100×视野中观察如图 2-30 所示，通过统计方法得到夹杂物的大小、形状和分布。

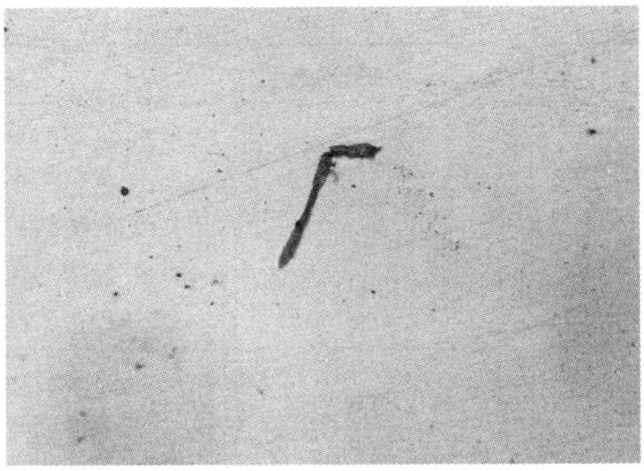

图 2-30　金相法观察夹杂物 100×

金相法在鉴定夹杂物时虽有各种局限，如不能正确地确定未知夹杂物的正确组成及某些物理性质和结构。但由于金相法操作简便、直观，能迅速确定已知夹杂物，故目前工厂中仍普遍使用。金相法鉴别夹杂物是以非金属夹杂物的组织、形状、分布以及它的光学等性质为依据的。钢中常见夹杂物有 MnS、氧化物（Al_2O_3、SiO_2）、氮化物、硅酸盐（FeO · SiO_2、Mn · SiO_2），MnS 在钢轧制过程发生变形通常呈灰色条状分布，氧化物为灰色颗粒，氮化物为规则形状淡黄色，硅酸盐为暗灰色颗粒。

（1）夹杂物的组织、形状、大小、分布和反射能力　钢中常有多种类型夹杂物，在形成过程中会相互影响，例如：MnS 与 FeS 会形成固溶体，MnO 中也可固溶大量 FeO，而 FeO 与 FeS 又会形成共晶等等。

夹杂物的形状、大小和分布不仅与其本性有关，还受加工过程的影响。例如硫化锰（MnS），因其塑性较好，锻轧加工后，沿加工方向拉长。氧化铝（Al_2O_3）细小而聚集成群，一般氧化物性脆易断，锻轧加工后，沿加工方向呈链状分布。硫化物有中等反射本领，明场下呈浅灰色，氧化物也是灰色，比硫化物稍深。硅酸盐夹杂物有易变形与不易变形两类，前者加工后呈条线状，后者呈链状或球状。明场下呈灰色或暗灰色，色泽不均匀。TiN、VN 等一类氮化物，多数成正方形或三角形，在明场下为淡黄色或金黄色。NiN 一般很细小，在高倍的光镜或电镜下才可分辨。

（2）透明度与色彩　夹杂物可以分为透明的和不透明的两大类。辨明夹杂物的透明程度，应在暗场或偏光照明下观察，同时还能观察到夹杂物的色彩。

由于金属基体反射光的混淆，使得明场下无法观察到夹杂物的透明度，但在暗场中，由于金属基体的反射光不进入物镜，光线透过透明夹杂物后，在夹杂物与金属交界面上产生反射，因而透明夹杂物在暗场下是发亮的，不透明的夹杂物在暗场下呈黑色，有时可看到一亮边。

在暗场下能观察夹杂物的颜色是因为任何夹杂物都有其固有色彩，如 MnO 呈绿宝石色，Al_2O_3呈淡黄色。

（3）硬度和脆性　夹杂物的硬度可由显微硬度计测定，根据压痕的形状，还可估计夹杂物的脆性大小。磨面的抛光性能在一定程度上也能估计出硬度和脆性，硬而脆的夹杂物易于剥落，或高出磨面，有时会在磨面留下“彗星尾”的擦伤痕。此外，夹杂物在加工时的可塑性，也是鉴定夹杂物的补充特性。

（4）化学性能　夹杂物受化学浸蚀剂作用后，或因染上色彩，改变了夹杂物的颜色，或使夹杂物溶入浸蚀剂中，留下一个坑痕，或不受化学浸蚀剂的作用而保留原状，故化学浸蚀是夹杂物金相鉴定的补充方法。

因此，通过金相法能够有效的确定材料的夹杂物形状、分布及各种性质。金相法通常观察的对象及研究方法如表 2-6 所示。

表 2-6　金相法的观察对象及研究方法

编　号	研究方法	观察对象
Ⅰ	低倍明视场（100×）	1. 夹杂物的位置 2. 夹杂物的形状、大小及分布 3. 夹杂物的可塑性 4. 夹杂物的色彩 5. 夹杂物的抛光性
Ⅱ	高倍明视场（500×）	1. 夹杂物组织 2. 夹杂物反光能力 3. 夹杂物色彩
Ⅲ	高倍暗视场	1. 夹杂物的透明程度（透明、半透明、不透明） 2. 透明夹杂物本身的色彩 3. 透明及半透明夹杂物的组织
Ⅳ	偏光下观察	1. 各向异性效应（强弱程度或各向同性） 2. 夹杂物的色彩 3. 黑十字现象
Ⅴ	显微硬度计	测定夹杂物显微硬度并估计其脆性

2. 电解法

该方法精确度高但费时，以钢试样作为电解池的阳极，电解槽为阴极，通电后钢的基体呈离子状态进入溶液溶解，非金属夹杂物不被电解呈固相保留，然后对其过滤、灼烧，得到氧化物总量。

电解法获得夹杂物分布有两种方法，一是平面分析，和金相法没有明显的差别，钢的基体腐蚀后保留夹杂物，然后进行 SEM 分析如图 2-31（a）所示；二是萃取法，在非水溶液中电解，基体腐蚀掉，夹杂物不腐蚀，通过过滤收集夹杂物如图 2-31（b）所示，该法属于体积分析法，利用 SEM、OMEC LS-POP(Ⅲ)激光粒度分析确定夹杂物的形状、大小，也可计算夹杂物的含量。

3. 贴印法

此方法是将试样磨平后，用适当的化学试剂与试样表面某些组织起化学反应，并用相纸记录下来。常用的有硫印、氧印等。

（1）硫印　钢中的硫一般为有害杂质，易形成硫化物夹杂物影响钢材的质量。通过硫印试验可检查钢材或零件中的含硫量及硫的分布状况，从而确定钢材质量。

硫印的方法：试样磨平后用水冲洗干净，将相纸浸入 3%～5%的硫酸水溶液中 5min 左右，取出将药面紧贴在试样表面并压紧，接触面间不得有气泡，两者不能相对滑动，以免硫印斑点模糊不清。经 3～5min 后揭下相纸，用清水冲洗，然后放入 10%大苏打水溶液中定影 10～20min，最后水洗，烘干。相纸上的棕褐色锈点即表示了样品上硫的分布。

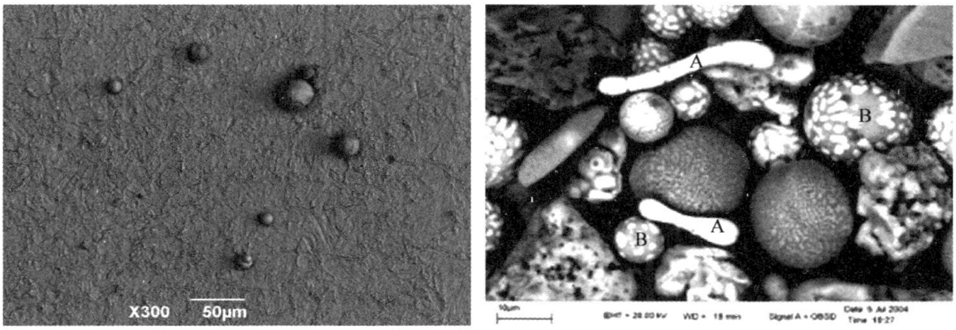

(a) 平面分析法　　(b) 体积分析法

图 2-31　电解法获得夹杂物的形貌

硫印原理：由于钢中的硫常以 MnS 或 FeS 的形式存在，硫印时硫化物与相纸上的硫酸接触后，通过下列反应生成 H_2S：

$$FeS+H_2SO_4 = FeSO_4+H_2S\uparrow \quad 或 \quad MnS+H_2SO_4 = MnSO_4+H_2S\uparrow \tag{2-4}$$

生成的 H_2S 又与相纸上的 AgBr 起作用：

$$H_2S+2AgBr = 2HBr+Ag_2S\downarrow \tag{2-5}$$

生成的 Ag_2S 沉淀即是相纸上的棕褐色斑点。

（2）氧印的方法　即氧化物贴印，用来检查钢中氧的分布。其操作与硫印相似。将相纸放入 5%盐酸水溶液中片刻取出，试样压在相纸上 1～2min，然后揭下相纸置于 2%赤血盐溶液中显影约 10min。氧化物存在处，即是相纸上出现的蓝色斑点。

4. 图像扫描法

采用高速计算机对显微镜图像进行扫描，根据灰度的断续分辨明暗区，比肉眼观测的金相显微镜观测法(MMO)大有改进，容易测定较大面积和较多数量的夹杂物，自动化程度高，可获得体积分数、粒度分布直方图、定量等信息，但有时易将非金属夹杂物引起的划痕、麻点和凹坑分析错，且易受尘埃干扰，细小夹杂物可能从磨面脱落。

5. 扫描电子显微镜法

利用电子束扫描，在显示器上可清晰地观测到各种夹杂物的主体像，了解其分布和形态，用电子探针分析仪(EPMA)测定其组成及含量，特别是鉴定夹杂物局部组成最有效。可分析的元素范围，对 0.1μm 以上的区域可进行定性分析，对 2μm 以上的区域可进行定量分析。

6. X 射线衍射法(XRD)

采用 X 射线对夹杂中的未知物定性、定量分析，并对其结构进行测定。

2.4.3 非金属夹杂物对钢力学性能的影响

1. 非金属夹杂物对钢拉伸性能的影响

非金属夹杂易使得钢铁力学性能降低，随着夹杂物级别的增加，材料的强度略有增加，但超过某一临界值，伸长率和断面收缩率都迅速下降。以 AISI4330 钢为例，随着夹杂物级别由 2 级增加到 14 级。屈服强度略有增加，增加不到 6%，而抗拉强度则在很小范围内波动。这说明夹杂物对该材料强度的影响不大，但对断面收缩率和伸长率的影响比较显著，如图 2-32 所示。

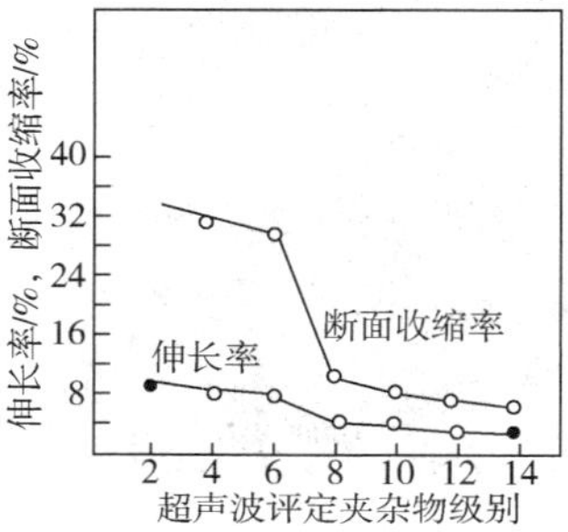

图 2-32 非金属夹杂物对钢断面收缩率和伸长率的影响

2. 非金属夹杂物对钢韧性的影响

非金属夹杂物对钢的韧性有明显的影响，其原因如下：

(1) 夹杂物使钢的塑性明显下降，如图 2-32 所示，当夹杂物级别超过 6 级，断面收缩率急剧下降，由约 30% 下降至约 10%。

(2) 夹杂物与钢的基体易于分离，形成微裂纹，易使钢发生断裂，如图 2-33 所示。主要归因于它们具有显著不同的硬度。这可以用图 2-34 所示的示意图说明。夹杂物和正应力方向垂直情况如图 2-34(a)和(b)所示，在这种情况下，夹杂物侧面的显微组织更容易发生变形，而夹杂物上下表面附近的显微组织则由于夹杂物的屏蔽作用不容易发生变形。夹杂物和正应力方向平行情况如图 2-34(c)和(d)所示，在这种情况下，由于夹杂物上下表面面积较小，侧向面积大，屏蔽作用减弱，使得在解聚变形过程中，夹杂物上下表面附近没有变形的显微组织很少，不易观察。如图 2-33(b)所示夹杂物上侧面的孔洞形成可用图 2-34(a)和(b)解释。

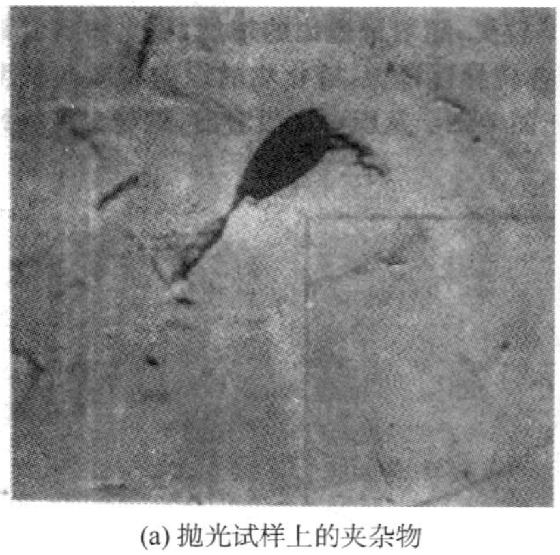

(a) 抛光试样上的夹杂物

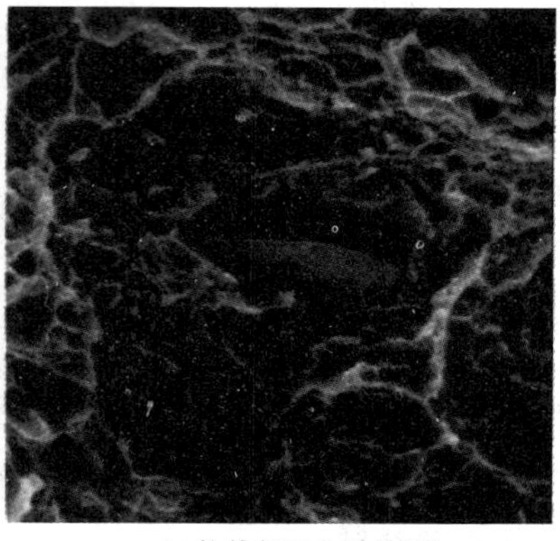

(b) 拉伸断口中的夹杂物

图 2-33 钢中的夹杂物图片

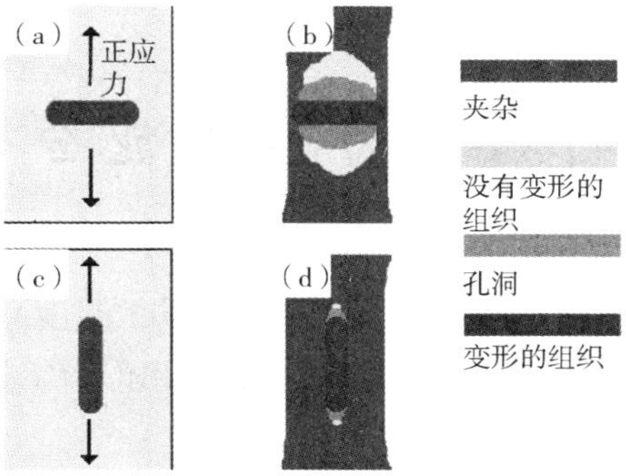

图 2-34　拉伸过程组织变化示意图

(a)长棒形夹杂物和正应力呈垂直方向；(b)图 5-14(a)中显微组织的变化；
(c)长棒形夹杂物和正应力呈平行方向；(d)图 5-14(c)中显微组织的变化

第 3 章　材料的力学性能分析与检测

材料的力学性能包括材料在不同环境(温度、介质、湿度)下，承受各种外加载荷(拉伸、压缩、弯曲、扭转、冲击、交变应力等)时所表现出的力学特征。

3.1　材料拉伸性能的分析与检测

3.1.1　拉伸试验的意义和用途

拉伸试验是指在承受轴向拉伸载荷下测定材料特性的试验方法。在材料的常规力学性能试验中，拉伸试验虽然简单，但却是工业生产和材料研究中最重要和应用最为广泛的试验方法。通过拉伸试验可以揭示材料在静载荷作用下的应力和应变关系以及过量弹性变形、塑性变形、断裂三种失效形式的特点和基本规律，确定材料的弹性极限、伸长率、弹性模量、比例极限、面积缩减量、拉伸强度、屈服点、屈服强度和其他拉伸性能指标。通过拉伸试验得到的拉伸性能还可以预测材料的其他力学性能，如疲劳、断裂性能等。

金属在单向、双向应力和三向应力条件下会得出机械性能差异很大的实验结果。单向应力测得的屈服强度在三向应力条件下可提高到 1.68 倍甚至更高。但由于单向应力所得的材料指标比较稳定，具有广泛的可比性，所以广为各部门采用。

3.1.2　金属材料的拉伸变形

以常规材料钢为例，其拉伸曲线通常有三种类型。低碳低合金铁素体钢的拉伸曲线如图 3-1曲线 A 所示；珠光体钢及中强度钢的拉伸曲线如图 3-1 曲线 B 所示；奥氏体钢、调质合金及退火铝合金等塑性材料的拉伸曲线如图 3-1 曲线 C 所示。

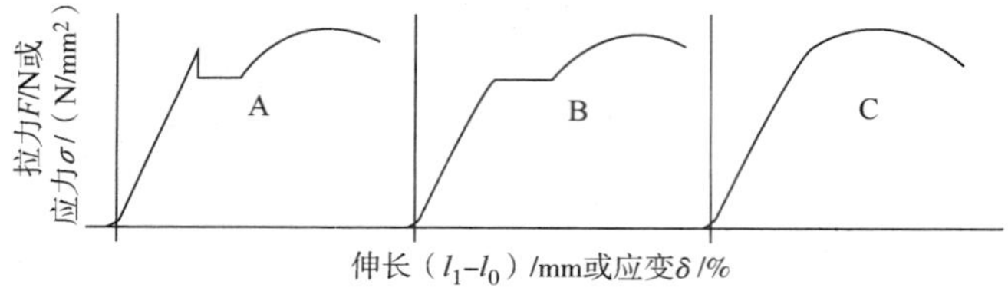

图 3-1　三种不同类型的拉力伸长及应力应变曲线

以低碳钢的拉伸曲线为例(图 3-2)，在拉伸的初始阶段，$\sigma-\varepsilon$ 曲线(oa 段)为一直线，应力与应变成正比，此阶段称为线性阶段。线性段的最高点为材料的比例极限(σ_p)，线性段的直线斜率为材料的弹性模量 E。若在整个弹性阶段卸载，应力应变曲线会沿原曲线返回，载荷卸到零时，变形也完全消失。卸载后变形能完全消失的应力最大点称为材料的弹性极限(σ_e)。对于钢等许多材料，弹性极限与比例极限非常接近。超过弹性阶段后，应力几乎不变，只是在某一微小范围内上下波动，而应变却急剧增长，这种现象称为屈服。使材料发生屈服的应力称为屈服应力(σ_s)。当材料发生屈服时，试件表面会呈现出与试样轴线成45°的吕德斯带。经过屈服阶段后，应力应变曲线呈上升趋势，材料的抗变形能力增强，这种现象称为应变硬化。若在此阶段卸载，则卸载过程的应力应变曲线为一条斜线(如 dd' 斜线)，其斜率与比例阶段的直线段斜率大致相等。当载荷卸载到零时，变形并未完全消失，应力减小至零时残留的应变称为塑性应变或残余应变，相应地应力减小至零时消失的应变称为弹性应变。卸载完之后，立即再加载，则加载时的应力应变关系基本上沿卸载时的直线变化。因此，如果将卸载后已有塑性变形的试样重新进行拉伸实验，其比例极限或弹性极限将得到提高，这一现象称为冷作硬化。

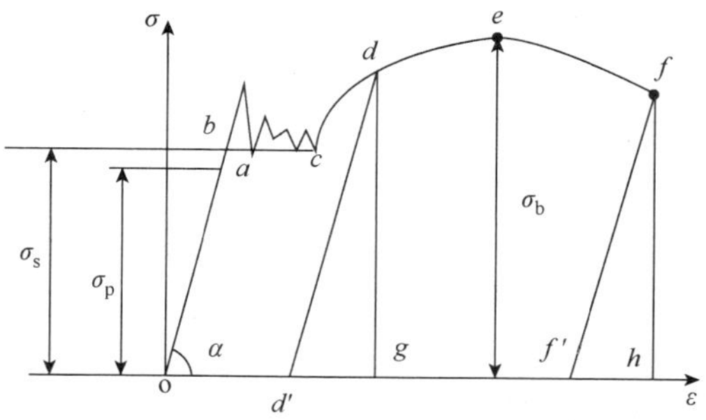

图 3-2 低碳钢的应力应变曲线

3.1.3 常用拉伸设备类型及试样制备

1. 拉伸设备类型

作为拉伸试验的基本设备，按照控制系统的不同，可将目前常用的拉伸设备分为三种类型：

(1) 变频系统拉力试验机 采用变频马达控制系统，拉伸、压缩速度通过变频调速器控制。

(2) 伺服系统拉力试验机 采用伺服马达控制系统，拉伸、压缩速度及位移控制更准确。伺服马达系统为伺服控制系统，采用智能反馈型运算，可以定速测试、循环测试、编程测试等。

(3) 其他驱动方式拉力试验机 通过直流马达控制，该驱动方式的拉力试验机由于性价比低，现已逐步被淘汰。

此外，可按照自动化高低程度，将拉力设备分为指针式、数显式和电脑控制三种。其中电脑系统拉力试验机是最通用的拉力试验机，常用于科研单位、检测机构、新产品开发等。

2. 试样制备

拉伸试样是指样坯经机加工或不经机加工而提供拉伸试验用的一定尺寸的样品。拉伸试样的形状和尺寸应根据实验材料的形状及其用途、便于安装引伸计和形成轴向均匀应力状态等原则来定。

我国国标 GB 6397—86《金属拉伸试验试样》对拉伸试样做出了严格的规定。图 3-3 是按标准给出的试件，表 3-1 是对应的试样尺寸。此外对于一些有专门用途的金属材料或不属于金属范围的材料，拉伸试样的制备可参考各自的行业规范或 ASTM(American Society of Testing Materials)标准。目前石油管材的力学行为测试主要依据 API 标准进行。

此外，在试样的制备过程中，还应注意：

(1) 样坯截取的部位、数量以及试样的纵轴方向(沿材料的纵向、横向、放射方向或切线方向)按有关标准规定执行。由金属材料和制品中截取样坯时，必须严防因冷加工或受热而改变金属性能。一般在切削机床上进行，必要时允许烧割、冷剪或其他方法取样坯，但必须将受影响区计入加工余量之内。

（2）可以对样坯及加工试样进行校直或校平，但不能影响金属的性能。不测伸长率的较细线材可不经校直进行试验。

（3）从板材、扁材、带材及管材上截取板、条状试样时，应保留其原轧制面。试样的尖锐棱边应导圆角，圆弧半径不宜过大。不切削加工的单铸圆形试样表面上的夹砂、夹渣、毛刺和飞边等必须清除掉。

（4）试样在机床上进行切削加工或磨削时，不得因受热或冷作硬化而改变试样的性能，最后一道磨削深度不能过大。

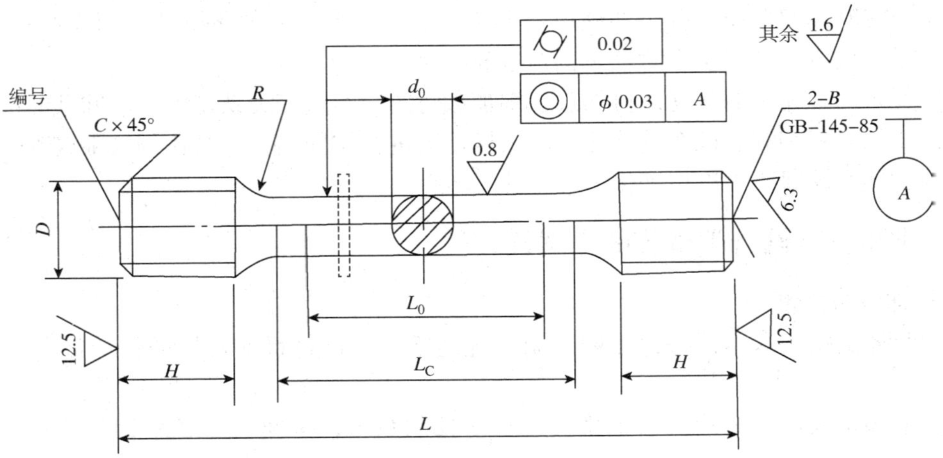

图 3-3　金属拉伸试验试样

表 3-1　金属拉伸试验试样尺寸　　mm

试样号	d_0	D	C	R	L_0	L_C	H	L	B
GR1	ϕ10±0. 03	M16-6h	2	10	50	60	20	114	B1. 6/5
GR2	ϕ5±0. 03	M12-6h	2	5	25	30	15	70	B1. 6/5
GR3	ϕ4±0. 03	M8-6h	1	4	20	24	10	51	B1. 3/5

3.1.4　金属材料常规力学性能指标的测定

1. 屈服强度 σ_s 测定

上屈服强度（σ_{su}）是试样发生屈服时力首次下降前的最高应力，下屈服强度（σ_{sl}）是屈服期间不计初始瞬时效应时的最低应力。上屈服强度受变形速度和试样形状的影响较大，没有特殊要求一般不测定，也不作为强度指标。下屈服点的数值相对较为稳定，因此以它作为材料抗力的指标，称为屈服点或屈服强度（σ_s或$\sigma_{0.2}$）。

对于存在明显屈服现象的材料，其屈服点负荷可采用指针法或图示法确定。在指针法中，测力盘的指针停止转动的恒定负荷（或第一次回转的负荷）即为所求屈服点负荷 F_s。在图示法中，拉伸曲线上屈服平台的恒定负荷或第一次下降的最小负荷即为所求的屈服点负荷 F_s。

采用下述公式即可求出屈服点强度：

$$\sigma_s = \frac{F_s}{A} \tag{3-1}$$

式中　A——试样截面。

对于屈服现象不明显的材料，其屈服强度可用图解法进行测定。在图解法中，自弹性直线段与横坐标轴的交点 O 起截取一段等于规定残余伸长为 0.2%的距离 OD，再从 D 点起作平行于弹性直线段的 DB 线交拉伸曲线于 B 点，对于与此点的负荷即为屈服点负荷 F_s（如图 3-4 所示）。再按照公式(3-1)计算即可求得该材料的屈服点强度。

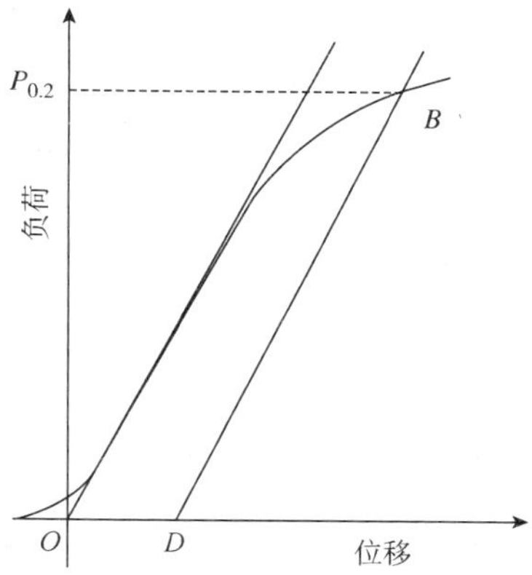

图 3-4　图解法求屈服强度

2. 抗拉强度 σ_b 及断裂强度 σ_k 的测定

屈服阶段过后，进入强化阶段，试样又恢复了抵抗继续变形的能力。载荷到达最大值 F_b 时，试样某一局部的截面明显缩小，出现“缩颈”现象。以试样的原始横截面面积 A 除 F_b 得抗拉强度 σ_b，即：

$$\sigma_s = \frac{F_b}{A} \tag{3-2}$$

式中　A——试样原始截面。

同理，试样拉伸至断裂时所对应的强度即为断裂强度。断裂强度的计算公式为：

$$\sigma_k = \frac{F_k}{A} \tag{3-3}$$

式中　F_k——试样断裂时对应的载荷；

　　　A——试样断裂时对应的截面。

3. 断后伸长率 δ 及断面收缩率 ψ 的测定

试样拉断后，原始标距部分的伸长与原始标距的百分比，称为断后伸长率，用 δ 表示。试样的原始标距长为 l_0，拉断后将两段试样紧密地对接在一起，量出拉断后的标距长为 l_u，则断后伸长率为：

$$\delta = \frac{l_u - l_0}{l_0} \times 100\% \tag{3-4}$$

如断口发生于 l_0 的两端标记点或 l_0 之外，则试验无效，应重做。若断口距 l_0 的一端的距离小于或等于 $l_0/3$，则按图 3-5 法测定 l_u：在拉断后的长段上，由断口处取约等于短段的格数得 B 点，若剩余格数为偶数如图 3-5(b)所示，取其一半得 C 点，设 AB 长为 a，BC 长为 b，则 $l_u = a+2b$，见图 3-5(b)。当长段剩余格数为奇数时如图 3-5(c)所示，取剩余格数减 1 后的一半得 C 点，加 1 后的一半得 C_1 点，设 AB，BC 和 BC_1 的长度分别为 a、b_1 和 b_2，则 $l_u = a+b_1+b_2$，见图 3-5(c)。

当采用 $l_0 = 11.3\sqrt{A_0}$ 或定标距试样（例如 $l_0 = 80\text{mm}$）时，测定的断后伸长率应加注，如 $\delta_{11.3}$ 或 δ_{80}。

断面收缩率 ψ 是拉断试样后，缩颈处横截面面积的最大缩减量与原始横截面面积的百分比。设原始横截面面积为 A，试样拉断后，缩颈处的最小横截面面积为 A_u，由于断口不是规则的圆形，应在两个互相垂直的方向上量取最小截面的直径，以其平均值 d_u 计算 A_u，然后按下式计算断面收缩率 ψ。

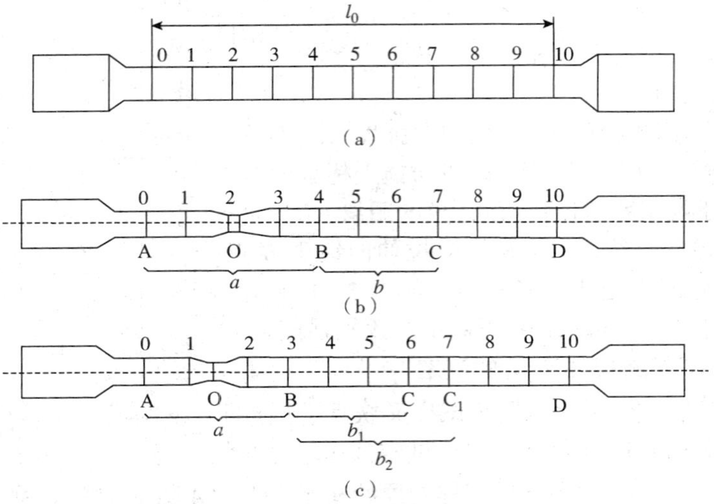

图 3-5　拉伸试样拉断后的示意图

$$\psi=\frac{A-A_u}{A}\times100\% \tag{3-5}$$

4. 应变强化指数 *n* 的测定

过去，人们在选择材料的塑性指标时，只能测定材料在破坏后的塑性性能，如断后伸长率 δ 及断面收缩率 ψ 等值，而冷塑性成型加工(如冲压件)是不允许零件破坏的。为此必须在零件未破坏前就应知道当它受到多大载荷时变形是多少，从而避免超过塑性指标而使零件破坏。应变强化指数 n 反映了金属材料抵抗进一步塑性变形的能力，表征了金属材料可能承受均匀变形的程度。金属材料应变强化潜力的大小决定于位错扩展、位错塞积形成应力场的程度。n 值的大小是扩展位错实现交滑移的难易程度的宏观体现，而扩展位错交滑移与层错能有着直接关系，位错能越低，交滑移就发生在越高的应力水平上，材料的应变强化能力就越大，反之亦然。

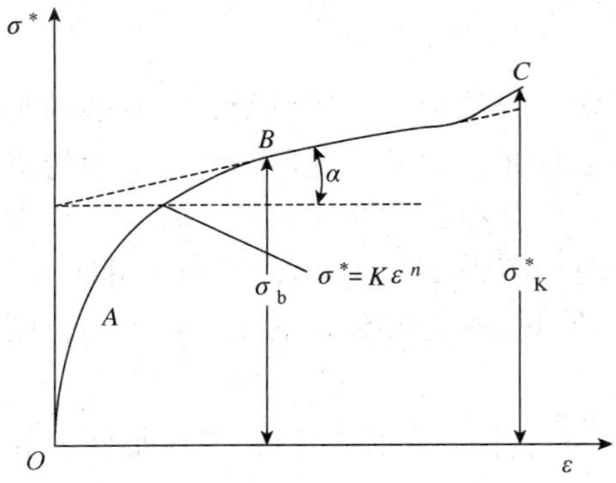

图 3-6　真实应力-应变曲线

在真实应力-应变曲线中(如图 3-6 所示)，*OA* 段是弹性变形部分，*AB* 段是产生缩颈前的均匀变形部分，*BC* 段是集中变形部分。最后上翘是由于缩颈发展到一定程度后三向应力不利于变形所致。大量测试数据表明，均匀变形段在双对数坐标下为一条直线段，并可用下述公式表示：

$$S=Ke^n \tag{3-6}$$

式中　S——真实应力；

K——强化系数；

n——应变强化指数，用来表征均匀变形阶段材料的形变强化能力。

要测定金属材料的应变强化指数 n，需要测定多个试样获得多条 S-e 曲线，然后分别在各条曲线上求出 n 值。国标 GB 5028—1985 给出了厚度在 0.1～6.0mm 范围内板材试样的应

变强化指数 n 的测定过程。在测定过程中，为了便于统计处理，至少应在需要考查的应力-应变曲线范围内等距离地选取 5 个以上应力水平，记录相应的真实应力和应变数据，进行一元线性回归处理即可。

测定或计算的 n 值，其数值不应太大（$n=1$）或太小（$n=0$）。在极限的情况下，材料完全是弹性体时，$n=1$。当 $n=0$ 时，表示材料没有形变强化能力。大多数金属材料的 n 值范围在 0.05~0.5。若所测 n 值超过上述范围，就应考虑所绘制的应力-应变曲线是否正确或放大比选择是否合适和校对计算方法是否有误等。

3.2　材料硬度的分析与检测

金属硬度是金属材料表面在接触应力作用下抵抗塑性变形的一种能力。金属硬度试验是通过将硬质钢球或金刚石锥体压入或击打试样表面，测定金属局部塑性变形抗力并对比其软硬程度的试验。硬度测量能够给出金属材料软硬程度的数量概念。由于在金属表面以下不同深处材料所承受的应力和所发生的变形程度不同，因而硬度值可以综合地反映压痕附近局部体积内金属的弹性、微量塑性变形抗力、塑性变形强化能力以及大量形变抗力。硬度值越高，表明金属抵抗塑性变形能力越大，材料产生塑性变形就越困难。另外，硬度与其他力学性能（如强度指标 σ 及塑性指标 δ 和 ψ）之间有着一定的内在联系，所以从某种意义上说硬度的大小对于材料的使用寿命具有决定性意义。此外，硬度试验还具有不破坏工件和工作效率高等优点。

金属硬度试验方法一般可分为静态法和动态法两种。静态法通常包括布氏硬度试验、洛氏硬度试验、维氏硬度试验、努氏硬度试验等；动态法通常包括肖氏硬度试验、里氏硬度试验和用冲击力把淬火钢球压入试样的试验方法。

3.2.1　布氏硬度的测量

金属布氏硬度试验方法是使用最早最广的硬度试验方法。它的原理是用规定载荷 P（kgf）的力把直径为 D（mm）的圆球压入试样表面并保持一定的时间，待塑性变形稳定后，卸去载荷，用读数显微镜测出压痕平均直径 d（mm）（如图 3-7 所示），然后按公式（3-7）求出布氏硬度 HB 值或根据 d 从已备好的《布氏硬度与压痕直径对照表》，查出对应的硬度值。

$$HB=\frac{2P}{\pi D(D-\sqrt{D^2-d^2})} \tag{3-7}$$

不同材料的硬度不同，试件的厚度不同，测定布氏硬度时需选用不同直径的压头和压力（图 3-8）。要在同一材料上测得相同的布氏硬度，或在不同的材料上测得的硬度可以相互比较，压痕的形状必须几何相似，压入角相等。因此为了相同材料的不同 P 和 D 下得到的布氏硬度测量值 HB 相同，P/D^2 应相同。按 GB 231—84 规定，载荷与球体直径平方的比值（P/D^2）有 30、15、10、5、2.5、1.25 和 1 七种，根据金属材料的种类和布氏硬度值，可按表 3-2 选定 P/D^2。载荷的保持时间，黑色金属为 10~15s，有色金属为 30s，布氏硬度值小于 35 时为 60s。

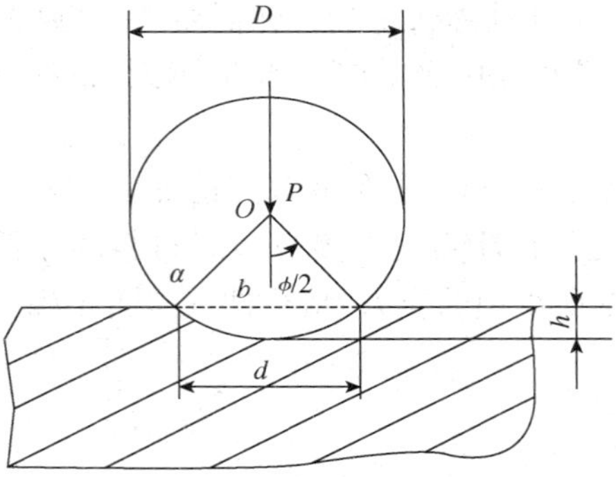

图 3-7　布氏硬度测试原理

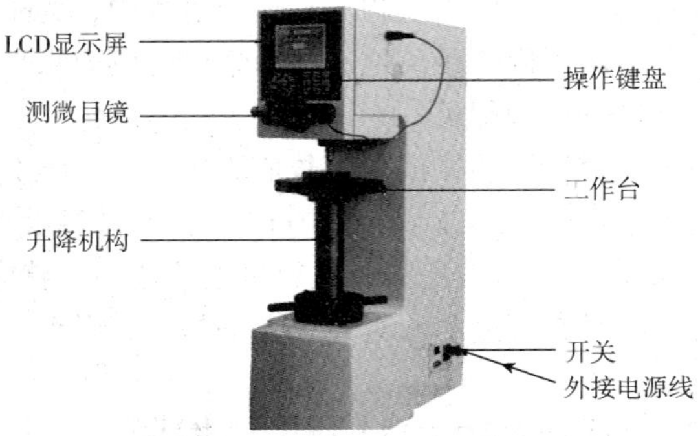

图 3-8　XHB-3000 型数显布氏硬度计

表 3-2　布氏硬度试验 P/D^2 值的选择

材料	布氏硬度	P/D^2	材料	布氏硬度	P/D^2
钢及铸铁	<140 ≥140	10 30	轻金属及其合金	<35 35～80 >80	2.5(或 1.25) 10(或 5、15) 10(或 15)
铜及其合金	<35 35～130 >130	5 10 30	铜、锡	—	1.25(或 1)

布氏硬度试验机在使用过程中应注意如下事项：

(1) 根据试样的大小及材质的预期硬度，选好载荷及相应的钢球；

(2) 负荷 3000kgf，钢球直径为 10mm 时，若凹痕直径<2.5mm 的材质，不能在布氏硬度试验机上做试验，以免将钢球压坏；

(3) 试样有裂纹及明显的缺陷，支撑面与被压面不平时，不能做试验；

(4) 试样必须放置平稳，试面应与主轴的轴线垂直，以免将试样挤出伤人；

(5) 禁止用过大的试样做试验，以免损坏试验机。

布氏硬度试验因压痕面积较大，能反映出较大范围内被测试金属的平均硬度，试验数据稳定，重复性强。缺点是对不同材料需要更换不同直径的压头球和改变试验力，压痕直径的测量也较麻烦，因而自动检测受到限制。同时压痕较大，不宜测试成品或薄片金属的硬度。

3.2.2　洛氏硬度

洛氏硬度试验和布氏硬度试验一样，是压痕试验方法之一。与布氏硬度试验不同的是洛氏硬度用压痕深度来计算硬度值。

洛氏硬度试验的原理如图 3-9 所示，试验时，先对试样施加初试验力 F_0，在金属表面得一压痕深度 h_0，以此作为测量压痕深度的基线。随后再加上主试验力 F_1，此时压痕深度的增量为 h_1。金属在 F_1 作用下产生的总变形 h_1 中包括弹性变形和塑性变形。当将 F_1 卸除后，总变形中的弹性变形恢复，使压头回升一段距离，于是得到金属在 F_1 作用下的残余压痕深度 h，h 值越大表明金属洛氏硬度越低；反之，则表示硬度越高。考虑到通常数字越大硬度越高的习惯，用一个常数 k 减去 h 来表示洛氏硬度值，并规定每 0.002mm 为一个洛氏单位。所以洛氏硬度值的计算公式为：

$$HR=(k-h)/0.002 \tag{3-8}$$

当使用金刚石圆锥体压头时，常数 k 定为 0.2mm；当使用淬火钢球压头时，常数 k 定为 0.26mm。

HTRP-150D 型数显洛氏硬度计如图 3-10 所示。

为了能在同一台硬度计上测定不同软、硬或厚、薄试样的硬度，可采用不同的压头和试验力组合成几种不同的洛氏硬度标尺。随压头和试验力的搭配不同，共有 15 种标度的洛氏硬度，实际上常用的有 A、B、C 三种标尺，如表 3-3 所示。

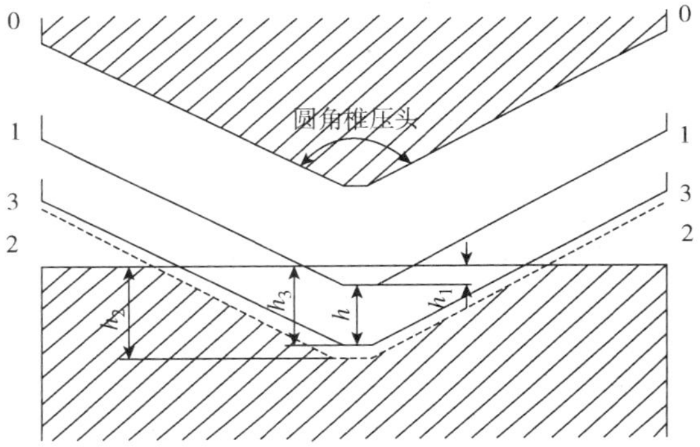

图 3-9　洛氏硬度的实验原理

图 3-10　HTRP-150D 型数显洛氏硬度计

表 3-3　常用洛氏硬度试验的标尺及实验范围和应用

标度符号	采用压头	总载荷/N	表盘指示器上刻度的颜色	常用范围	应用举例
HRA	金刚石圆锥	588.4	黑色刻度	20~88	碳化物、硬质合金、表面淬火钢等
HRB	ϕ1.588mm 钢球	980.7	红色刻度	20~100	软钢、退火钢、铜合金等
HRC	金刚石圆锥	1471	黑色刻度	20~70	淬火钢、调质钢等

洛氏硬度试验机在使用过程的注意事项有：

（1）对布氏硬度值在 HB450 以上的金属材料，或者尺寸过小，不能直接测定布氏硬度的试样，可以用洛氏硬度来测量。试验前，要根据试样材质和标准的要求，选择合适的压头及相应的载荷；

（2）为了确保金刚石圆锥体不受损坏，不能用洛氏硬度试验机测定铸铁、渗碳钢、氮化钢、曲率很大的曲面试样和带有肉眼可见孔洞、夹杂物的金属的硬度；

（3）加载荷时一定要平稳，防止用力过猛及摆动砝码；

（4）试样要清洁，不能带有砂粒和油污；

（5）每更换一次压头（金刚石圆锥或钢球），必须用标堆硬度块进行校验。

洛氏硬度的优点是：操作简便、迅速，硬度值可以直接读出；压痕较小，可在工件上进行实验；采用不同标尺可测定各种软硬不同的金属和厚薄不一试样的硬度，因而广泛用于热处理质量检验。其缺点是：压痕较小，代表性差；若材料中有偏析及组织不均匀等缺陷，则所测硬度值重复性较差，分散度较大；此外，用不同标尺测得的硬度值彼此间没有联系，不能直接比较。

3.2.3 维氏硬度

维氏硬度测定的原理与方法基本上与布氏硬度的相同，根据单位压痕表面积上所承受的压力来定义硬度值。测定维氏硬度所用的压头为金刚石制成的四方角锥体，两相对面间的夹角为 136°，所加的载荷较小。已知载荷 P，测得压痕两对角线长度后取平均值 d，计算维氏硬度值。

$$HV = 1.8544P/d^2 \qquad (3-9)$$

式中 P——试验力，N；

d——压痕两对角线 d_1、d_2 的算术平均值，mm。

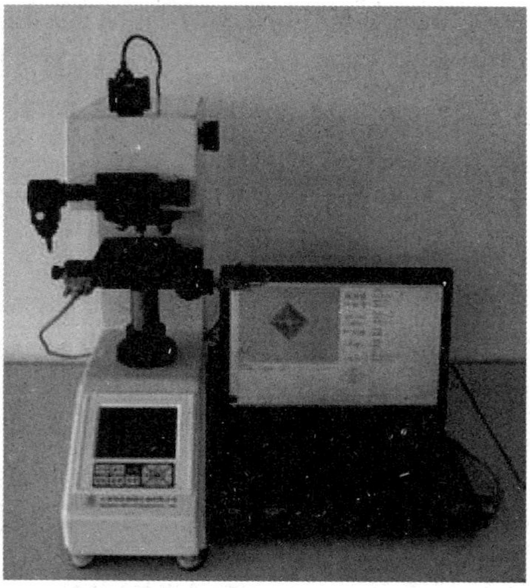

图 3-11 THSV-800 全自动维氏硬度计

THSV-800 全自动维氏硬度计如图 3-11 所示。金属维氏硬度试验一般在 10~36℃下进行，要求严格时可在 23℃±5℃下进行。维氏硬度试验的试验力见表 3-4，常用的试验力范围为 49.03~980.7N。使用时应视零件厚度及材料的预期硬度，尽可能选用较大的试验力，以减小压痕尺寸的测量误差。试样的测量面应是光滑平面，其粗糙度应保证压痕对角线的精确测量，试样或试验层的厚度至少应为压痕对角线长度的 1.5 倍。

表 3-4 维氏硬度试验力

维氏硬度试验		小负荷维氏硬度试验		显微维氏硬度试验	
硬度符号	试验力/N	硬度符号	试验力/N	硬度符号	试验力/N
HV5	49.03	HV0.2	1.961	HV0.01	0.09087
HV10	98.07	HV0.3	2.942	HV0.15	0.1471
HV20	196.1	HV0.5	4.903	HV0.02	0.1961
HV30	294.2	HV1	9.807	HV0.025	0.2452
HV50	490.3	HV2	19.61	HV0.05	0.4903
HV100	980.7	HV3	29.42	HV0.1	0.9807

维氏硬度试验机使用注意事项：

(1) 维氏硬度试验机是精密仪器，一定要细心操作。用金刚石四棱锥时，禁止做如下材质的硬度试验，如生铁、带有细孔、夹杂物、机械加工的粗痕及其他表面有缺陷的金属，曲率很大和在负荷作用下有弹性变形的材料也不能在试验机上做试验；

(2) 试验薄板或薄带时，应事先估计出压痕深度来选择负荷，以免由于试样薄，负荷过重而压透试样或背面变形，使试验结果不准；

(3) 试验渗碳或氮化钢表面硬度时，应用 5kgf、10kgf、20kgf 的负荷。

维氏硬度试验的优点是不存在布氏硬度实验时要求试验力 F 与压头直径 D 之间所规定条件的约束，也不存在洛氏硬度实验时不同标尺的硬度值无法统一的弊病；维氏硬度试验时不仅试验力可以任意选取，而且压痕测量的精度较高，硬度值较为准确。唯一的缺点是硬度需要通过测量压痕对角线长度后才能进行计算，因此工作效率较洛氏硬度法低。

3.2.4　其他硬度

1. 肖氏硬度试验

金属肖氏硬度试验是将规定重量及形状的金刚石或钢球冲头从一定高度落到试样表面上，根据测量冲头回跳高度而计算硬度值的一种动态硬度试验。金属肖氏硬度试验在室温下进行。肖氏硬度试验用冲头弹起的高度与规定高度的比值同肖氏硬度系数的乘积表示肖氏硬度值，按下式计算：

$$HS = K \cdot \frac{h}{h_0} \tag{3-10}$$

式中　K——肖氏硬度系数；

h——冲头弹起高度，mm；

h_0——规定高度，mm。

肖氏硬度试验原则上适用于肖氏硬度值为 5～105 的硬度范围。试样的质量尽可能大，原则上应大于 0.1kg。试样的试验面应为光滑平面，在规定情况下也可为曲面。金属肖氏硬度试验时，试样的试验面应呈水平并与计测筒保持垂直，冲头从一定高度落下打击试验面，测出冲头回跳的高度。金属的肖氏硬度原则上应取 5 次连续读数的平均值。但当明显存在测定上的误差时，应进一步增加测定次数，取得 5 个有效值。

2. 努氏硬度试验

金属努氏硬度试验是将两相对棱边夹角分别为 172°30′和 130°0′的菱形锥体金刚石压头以规定的实验力压入试样表面，经规定保持时间后卸除试验力，用测量的压痕长对角线长度计算硬度值的一种压痕硬度试验。

金属努氏硬度试验通常在室温下进行。金属努氏硬度值用菱形压痕投影单位面积承受的平均压力来表示，用下式计算：

$$HK = 1.451 \frac{F}{d^2} \tag{3-11}$$

式中　F——试验力，N；

d——压痕长对角线的长度，mm。

本标准适用于试验力 $F \leqslant 9.807$N 的金属努氏硬度测定。试样的试验面应为光滑平面，不得有氧化皮及其他污物。试样表面粗糙度 R 一般应达到 0.1μm。对于微小截面或异型试样，应进行镶嵌或用特殊夹具夹持。金属努氏硬度试验时，试验力应均匀平缓地垂直试验面施加，不得有冲击和震动。施加全部试验力的时间应不大于 10s，其保持时间一般为 10～15s，对特殊材料试验力保持时间可适当延长。每个试样上压痕数目一般不少于 3 个，用测量的压痕对角线长度计算努氏硬度值。

金属硬度试验结果的可比性和精确度在很大程度上取决于试样的正确选择和制备。试验面加工质量的要求取决于所采用的压头和试验力的大小。压头压入深度越小，试验面精加工的要求越高。当压痕尺寸需在显微镜下测量时，压痕要求有清晰的边缘。试验面的精加工不得改变金属的性能和影响其原有硬度。试样或工件的尺寸厚度在硬度测量时不应使其支承面变形或产生影响试验力的痕迹。试验力应沿压头的轴线垂直地加在试验面上，为此可采用各种形状的试样支承台。静态压入硬度试验时，测量结果在很大程度上取决于所试金属的塑性，故施加试验力的持续时间和保持时间要严格规定。

3.3 材料磨损性能的分析与检测

磨损是零部件失效的一种基本类型。通常意义上来讲，磨损是指零部件几何尺寸(体积)变小。任何机器运转时，相互接触的零件之间都将因相对运动而产生摩擦，而磨损正是由于摩擦产生的结果。由于磨损将造成表层材料的损耗，零件尺寸发生变化，直接影响了零件的使用寿命。磨损是降低机器的工作效率、精度甚至使其报废的一个重要原因，同时也增加了能源的消耗。据不完全统计，世界能源的1/3~1/2消耗于摩擦，而机械零件80%失效原因是磨损。

3.3.1 金属零件的磨损

构件表面相接触并做相对运动时，表面逐渐有小颗粒分离出来形成磨屑(松散的尺寸与形状均不相同的碎屑)，使表面材料逐渐流失(导致机件尺寸变化和质量损失)、造成表面损伤的现象即为磨损。磨损一般来源于摩擦，但磨损与摩擦力、摩擦系数之间的关系却很复杂。在具体工作条件下影响磨损的因素很多，其中有环境因素(湿度、温度和介质等)、润滑条件、工作条件(载荷、速度和运动方式等)、零件材料的成分、组织以及工作表面的物理化学性质等。每一因素稍有变化都会使磨损量改变，并可能改变磨损机理。

1. 磨损失效过程

机械零件的磨损失效常经历一定的磨损阶段。图3-12所示为磨损量与时间关系示意图，根据曲线，可以将磨损失效过程分为三个阶段：

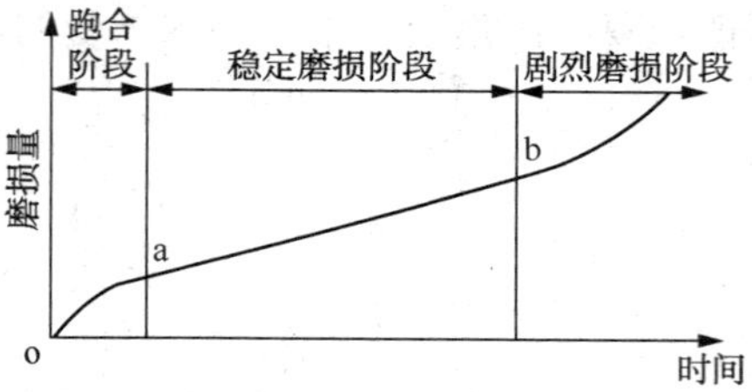

图3-12 磨损量与时间关系示意图

1）跑合磨损阶段

新的摩擦副在运行初期，由于对偶表面的粗糙度值较大，实际接触面积较小，接触点数少，而多数接触点的面积又较大，接触点粘着严重，因此磨损率较大(图中的oa段)。但随着跑合的进行，表面微峰峰顶逐渐磨去，表面粗糙度值降低，实际接触面积增大，接触点数增多，磨损率降低，为稳定磨损阶段创造了条件。

2）稳定磨损阶段

这一阶段磨损缓慢且稳定，磨损率保持基本不变，属正常工作阶段(图中的ab段)。

3）剧烈磨损阶段

经过长时间的稳定磨损后，摩擦副对偶表面间的间隙和表面形貌的改变以及表层的疲劳，其磨损率急剧增大，使机械效率下降、精度丧失、产生异常振动和噪声、摩擦副温度迅速升高，最终导致摩擦副完全失效(图中的b点之后阶段)。

有时也会出现下列情况：

(1) 在跑合磨损阶段与稳定磨损阶段无明显磨损。当表层达到疲劳极限后，就产生剧烈磨损，滚动轴承多属于这种类型；

（2）跑合磨损阶段磨损较快，但当转入稳定磨损阶段后，在很长的一段时间内磨损甚微，无明显的剧烈磨损阶段。一般特硬材料的磨损（如刀具等）就属于这一类；

（3）某些摩擦副的磨损，从一开始就存在着逐渐加速磨损的现象，如阀门的磨损就属于这种情况。

2. 磨损机理

由于磨损是复杂的综合过程，目前理论上还不完善，因此分类方法也不统一。按照表面破坏机理特征，磨损可以分为粘着磨损、磨粒磨损、表面疲劳磨损和腐蚀磨损。

1）粘着磨损

关于粘着磨损，大部分观点认为在摩擦偶件相对运动时，接触面上有小颗粒被拉拽出来，经过多次反复运动而产生破坏即磨损。其主要论点是机件接触面由于凹凸不平，只能是局部接触，在受到一定载荷时，使接触面上油膜、氧化膜挤破，从而使摩擦偶件产生粘着现象，在随后的相对运动时粘着点被剪切而断掉，粘着点的不断形成和破坏造成粘着磨损。

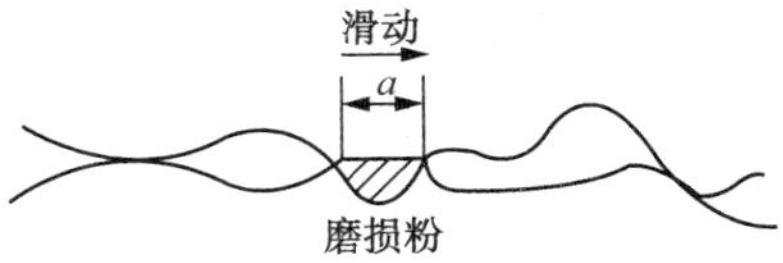

图 3-13　粘着磨损模型示意图

图 3-13 为粘着磨损模型示意图。假设单位面积上有 n 个凸起，在压力 P 的作用下发生粘着，粘着处直径为 a，并假定粘着点处的材料处于屈服状态，其压缩屈服极限为 σ_{ab}。当相对运动使粘着点分离时，一部分粘着点从软材料中拉拽出直径为 a 的半球，并设这过程发生的几率为 K，因此当滑动了 l 长的距离后，摩擦偶件接触面积 S 上的磨损量 W 可写为：

$$W=\frac{4P}{\sigma_{sb}}\cdot\frac{KlS}{12}=\frac{KPSl}{3\sigma_{ab}}=\alpha\,\frac{KPSl}{HB} \qquad (3-12)$$

式中　α——粉末沿长度方向尺寸；

HB——布氏硬度。

粘着磨损量与接触压力、摩擦面积、摩擦距离成正比，而与材料的压缩屈服极限成反比。实际上粘着部分破坏之前，已产生了巨大的剪切变形，并且变形部分的尺寸比粘着部分尺寸大得多，其数值因材料性质而不同。粘着部分破坏前发生的塑性变形量越大，则磨损量也越大。

2）磨粒磨损

当摩擦偶件一方硬度比另一方硬度大时，或在接触面间有硬质粒子时产生的磨损如图3-14所示。在接触压力 P 作用下，硬材料的凸出部分（假定为圆锥体）压入原材料中，若 θ 为凸出部分的圆锥面与软材料平面间夹角，在摩擦偶件相对滑动了 l 长的距离时，就会使软材料中画影线部分呈粉末状被切削下来，故磨损体积即磨损量 V 为：

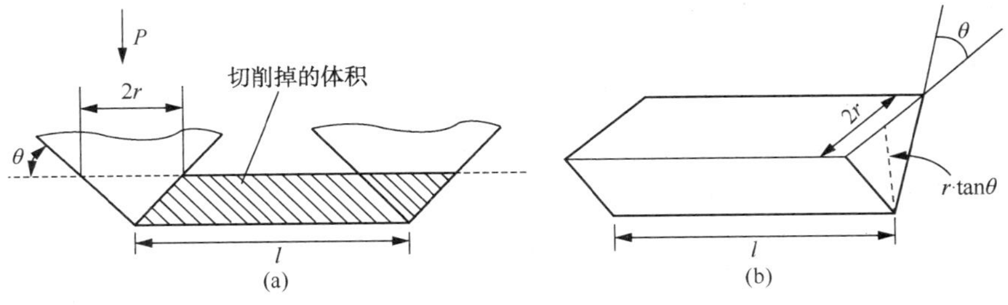

图 3-14　磨粒磨损模型示意图

$$V=r^2 l\tan\theta \tag{3-13}$$

磨粒磨损量与接触压力、摩擦面积、摩擦距离成正比，而与材料硬度成反比。这种模型认为磨粒磨损是一种微量切削过程。实际上，由于磨粒的棱面相对摩擦表面的取向不同，只有一部分磨粒才能切削表面产生磨屑，大部分磨粒嵌入较软材料中不动，并使之产生塑性变形，造成擦伤、沟槽等痕迹。还可能由于磨粒的作用，表面层产生接触应力，使材料表面疲劳破坏。因此，磨粒磨损实质上是微量切削与疲劳破坏的综合过程。

3）腐蚀磨损

腐蚀磨损是由于外界条件引起金属表层的腐蚀产物（主要是氧化物）剥落，与金属磨面之间的机械磨损（粘着磨损和磨粒磨损）相结合而出现的。空气、腐蚀性介质的存在会加速腐蚀磨损。在氮气等不活泼气体和真空中可减少腐蚀磨损。腐蚀磨损包括各类机械中普遍存在的氧化磨损，在机件嵌合部位出现的微动磨损，在水利机械中出现的侵蚀磨损，以及在化工机械中因特殊腐蚀气氛而产生的腐蚀磨损。后两种磨损形态只在特定环境下出现。

氧化磨损是一种最广泛的磨损形态，不管在何种摩擦过程中及何种摩擦速度下，也不管接触压力大小和是否存在润滑情况下，只要机械零件表面的氧化膜由于磨损作用不断被除去又反复形成就会构成氧化磨损。氧化磨损是各类磨损中磨损速率最小的一种，也是生产中允许存在的一种磨损形式。另外，在机器的嵌合部位、紧配合处，虽然构件之间没有宏观相对位移，但在外部变动负荷和振动的影响下，由于弹性变形产生微小的滑动，接触面之间因存在小振幅相对振动或往复运动而产生的磨损称为微动磨损。微动磨损集中在局部区域，又因两摩擦表面永不脱离接触，磨损产物不易往外排除，故兼有氧化磨损、磨粒磨损和粘着磨损的作用。

3.3.2 磨损试验机

磨损试验方法分为零件磨损试验和试件磨损试验。前者以实际零件在机器服役条件下进行试验，具有一定的真实性和实用性，但是由于试验中涉及的因素较多，因此不易评估单因素对磨损性能的影响。后者是将待试验材料制成试件，在给定的条件下进行试验，通常用于研究性试验，探讨磨损的机制及其影响规律。目前进行试件磨损试验，需要借助摩擦磨损试验机。

磨损试验机的种类众多，常见的有以下三类：四球式试验机、环块式试验机和销盘式试验机。

1. 四球式试验机

四球式试验机的基本构造如下：由四球（1 个上球 3 个下球）组成摩擦副［如图 3-15（a）所示］，上球卡在夹头内，下球组固定不动，上球与下球组相接触。工作时，上球由主轴带动旋转，通过加载系统向下球组加载。

该试验机主要用于润滑剂的承载能力评价。包括最大无卡咬负荷、烧结负荷、综合磨损值等三项指标，在实际应用中，可根据润滑剂的各种不同用途选用不同的评定指标。

2. 环块式试验机

又称 Timken 试验机，用于线接触摩擦副的摩擦磨损试验，如图 3-15（b）所示。

主动件是标准旋转圆环，被动件是被固定的标准尺寸矩形块。通过测量不同载荷下，被动试件矩形块上出现的条形磨痕宽度，以及摩擦副材料间的摩擦力、摩擦系数，来评定润滑剂的承载能力以及摩擦副材料的摩擦磨损性能。

3. 销盘式试验机

用于面接触摩擦副的摩擦磨损试验，如图 3-15(c)所示。试验时，销固定不动，盘做旋转运动。通过力传感器采集试验过程总摩擦力和载荷的变化，通过位移传感器对试样的总磨损进行测量。

销盘式试验机主要用于在滑动条件下，评价材料的摩擦系数和磨损率，研究工况参数对摩擦性能和磨损机理的影响，是目前用途最广泛的摩擦磨损试验设备。

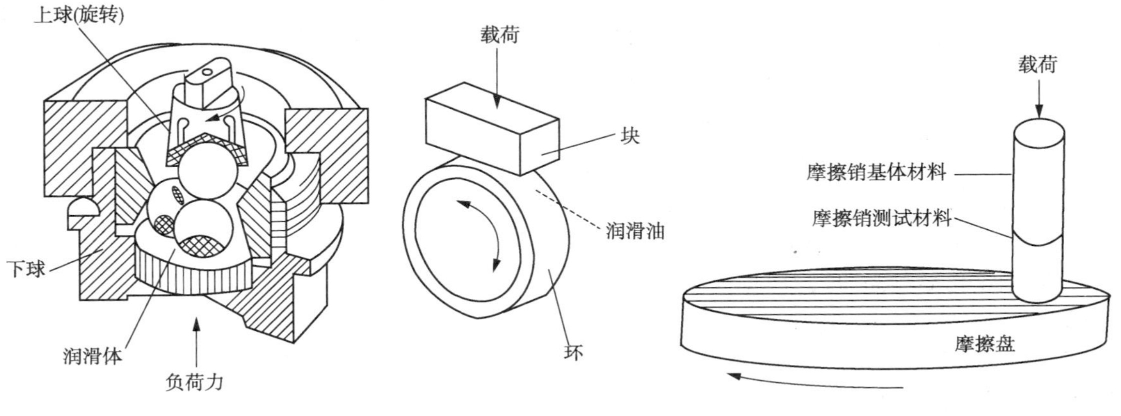

（a）四球式试验机　（b）环块式试验机　(c)销盘式试验机

图 3-15　常见磨损试验机的基本构造

3.3.3　磨损参量的测量

机械零件的磨损量可以用磨下材料的质量、体积或者磨去的厚度来表示。

1. 磨损重量测量

1）称重法

通过称量试件在实验前后的质量变化来确定磨损量。这种方法简单，采用最普遍。通常采用精密分析天平称重，测量精度为 0.1mg。

在应用该法时，应注意：

（1）由于测量范围的限制，称量法仅适用于小试件；

（2）为保证称重的精度，试件在称重前应当清洗干净并烘干，避免表面有污物或湿气而影响重量的变化；

（3）对于多孔性材料，在磨损过程中容易进入油污而不易清洗，称重法往往误差很大。

若试件在摩擦过程中重量损失不大，而只发生较大的塑性变形，则称量法不能反映表面磨损的真实情况。

2）沉淀法或化学分析法

将润滑油中所含的磨屑经过过滤或者沉淀分离出来，再由称重法测量磨屑质量。也可以采用定量分析化学的方法测量润滑油中所含磨屑的组成和质量。本法适用于循环系统的机器磨损速度，不能测量单件磨损量。

2. 磨损厚度测量

1）测长法

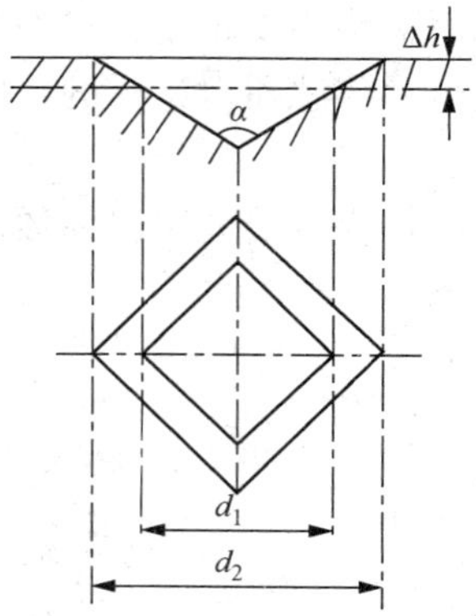

图 3-16　压痕法示意图

测长法是测量摩擦表面法向尺寸在试验前后的变化来确定磨损量。

常用测量长度仪器，如千分尺、千分表、测长仪、万能工具显微镜、读数显微镜等。

为了便于测量，往往在摩擦表面人为地做出测量基准，然后以此测量基准来量度摩擦表面的尺寸变化，测量基准是根据试件形状和尺寸，在不影响试验结果的条件下设置的，其形式有压痕法、切槽法等。

压痕法是通过事先在试样表面压出压痕，再根据磨损前后压痕尺寸的变化来计算试样的磨损量。如图 3-16 所示，试验前用维氏硬度计压头在试样表面上打出压坑，测出其对角线长度 d_2，试验后再测出压痕的对角线长度 d_1，则试验中磨损的深度为：$\Delta h=(d_2-d_1)/m$。

当锥面角 $\alpha=136°$时，根据经验 m 可按以下数值选取：塑性良好的金属例如铅，选取 $m=7$；铸铁，选取 $m=7.6\sim8.2$；轴承钢，选取 $m=7.7\sim8.4$。

切槽法测磨损与压痕法十分相似，用回转刀具刻出月牙形槽，切槽法排除了弹性变形回复和四周鼓起的影响。

压痕法和切槽法只适用于磨损量不大而表面光滑的试件。由于这两种方法都要局部破坏试件的表层，因而不能用于研究磨损过程中表面层的组织结构的变化。

2）表面轮廓法

当磨损厚度不超过表面粗糙峰高度的磨损时，用表面轮廓仪可以直接测量磨损前后表面轮廓的变化来确定磨损量。

当测量磨损厚度超过表面粗糙度的磨损必须采用测量基准。图 3-17 所示，是在表面上开设一个楔形槽，根据磨损前后楔形槽宽 B 和 b 的数值计算磨损厚度 h。

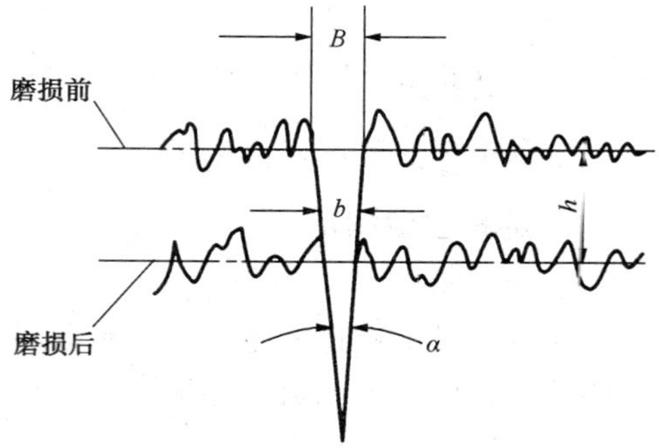

图 3-17　表面轮廓法测试材料磨损量示意图

3. 磨损体积测量

磨损体积可采用放射性同位素法进行测量。即将摩擦表面经放射性同位素活化，则在磨损过程中落入润滑油中的磨屑具有放射性。因此定期地测定润滑油的放射性强度，就可以换算出磨损量随时间的变化。放射性同位素方法最大的优点是测量磨损量的灵敏度高，可达 $10^{-7}\sim10^{-8}$g。

4. 摩擦系数或摩擦力的测量

摩擦系数或摩擦力的测量可采用机械的方式或电信号的方式进行测量。机械方式如图 3-18所示，载荷 W 通过上试件 1 加到下试件 2 上。下试件(半径为 r)旋转，上试件固定。试样间的摩擦力使下主轴产生一个力矩，此时与主轴相连的砝码产生一个偏角，来平衡摩擦力产生的摩擦力矩，偏角反应了摩擦力矩 P 的大小，可以直接从标尺读出，由此摩擦力矩可以换算出试件上的摩擦系数 μ。

$$\mu = P/(W \cdot r) \tag{3-14}$$

电测法是把压力传感器附加到测力元件上，将摩擦力转换成电信号，输入到测量和记录仪上，自动记录下摩擦过程中摩擦力的变化，这种方法目前已普遍应用。

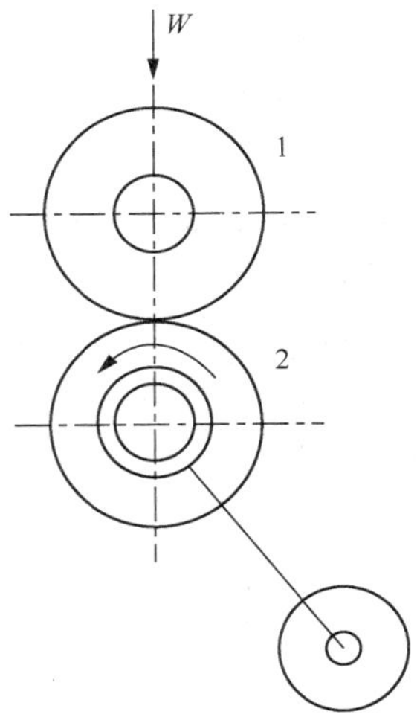

图 3-18　机械法测量摩擦系数

3.4　材料冲击韧性的分析与检测

实践发现，材料的力学性能有时与变形速率有关。一般相对变形速率在 $10^{-4} \sim 10^{-2}$s 范围时，性能变化不明显，可按静载处理；若相对变形速率大于 10^{-2}/s，性能将发生显著变化。变形速率增大，则韧性下降，材料变脆。许多机器零件在工作时要遇到冲击载荷，如火车开车、刹车、改变速度时，车辆间的挂勾要受到冲击；还有些机械就是利用冲击负荷工作的，如锻锤、冲床、凿岩机等。因此了解材料承受冲击负荷的能力十分必要。

3.4.1　材料的冲击韧性

工程上常用一次摆锤冲击弯曲试验来测定金属受冲击负荷的能力，图 3-19 为摆锤冲击弯曲试验机示意图。将试样放在试验机的支座上，将具有一定重量 G 的摆锤抬至一定高度 H_1，使其具有势能 H_1G，再将其释放，冲断试样，同时摆锤由于还有一定的动能可摆至一定高度，势能为 GH_2，起点与终点势能差就是使试样冲断所做的功，称为冲击功，单位 kg · m，以 A_k 表示。显然 $A_k = G(H_1 - H_2)$(kg · m)。用试样缺口处截面积 F(cm²)去除 A_k，得到冲击值(冲击韧性)a_k，$a_k = A_k/F$(kg · m/cm²)。

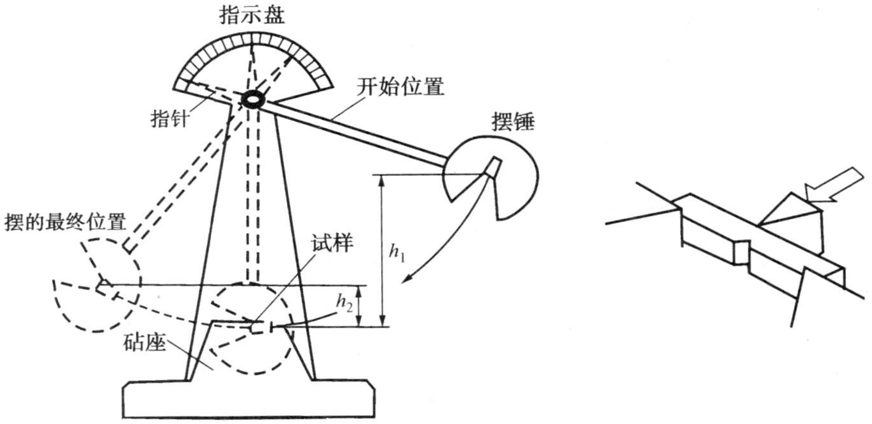

图 3-19　冲击试验示意图

一般把 a_k 值低的材料称为脆性材料，a_k 值高的材料称为韧性材料。a_k 值取决于材料及其状态，同时与试样的形状、尺寸有很大关系。a_k 值对材料的内部结构缺陷、显微组织的变化很敏感，如夹杂物、偏析、气泡、内部裂纹、钢的回火脆性、晶粒粗化等都会使 a_k 值明显降低；同种材料的试样，缺口越深、越尖锐，缺口处应力集中程度越大，越容易变形和断裂，冲击功越小，材料表现出来的脆性越高。因此不同类型和尺寸的试样，其 a_k 或 A_k 值不能直接比较。

实际上，a_k 值并不能准确表示材料在冲击负荷作用下所吸收的冲击能量，因为缺口试样冲击吸收的功并非完全用于试样变形和破断，其中有一部分功消耗于试样掷出、机身振动、空气阻力以及轴承与测量机构中的摩擦消耗等。金属材料在一般摆锤冲击试验机上试验时，这些功是忽略不计的。但当摆锤轴线与缺口中心线不一致时，上述功耗比较大。所以在不同试验机上测得的 a_k 彼此可能相差 10%～30%。同时应当明确，同一材料不仅在不同试验机上测得的冲击吸收功 a_k 值不同，即使在同一试验机上进行冲击弯曲试验，缺口形状和尺寸不同的试样、有缺口试样和无缺口试样、非标准试样和标准试样，测得的吸收功也不相同，不存在换算关系，不能对比。但由于这个方法简便易行，对材料中的缺陷、组织变化敏感，特别是对材料的冷脆性很敏感，得到广泛应用。

冲击弯曲试验标准试样包括梅氏缺口试样和夏氏缺口试样。其基本尺寸如图 3-20 所示。试样的区别在于缺口的形状不同，同种材料，试样的缺口越深、越尖锐，塑性变形的体积越小，冲击功越小，材料就越脆。因此，不同类型和尺寸试样的冲击值不能相互比较。

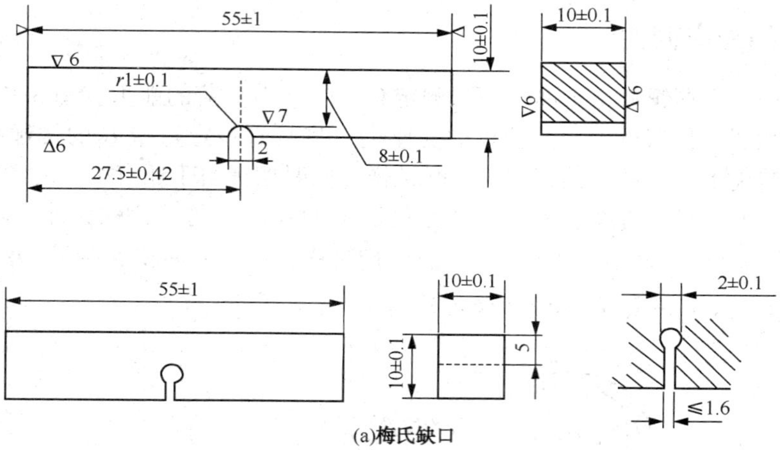

(a)梅氏缺口

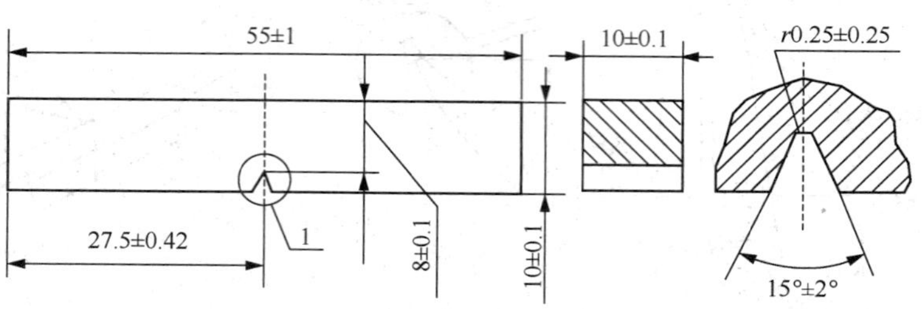

(b)夏氏缺口

图 3-20　冲击试验的几种标准试样

3.4.2　材料的韧脆转变

材料的 a_k 值随温度的降低而减小，且在某一温度范围内，a_k 值发生急剧降低，这种现象称为冷脆，此温度范围称为“韧脆转变温度(T_k)”。对于钢而言，当温度下降至较低时(根据钢的种类而不同)，本来韧性良好的钢失去了应有的韧性，变得脆而易折。低温脆性的起因是位错移动力-派纳力的影响，低温下派纳力移动困难，导致材料屈服强度急剧升高，在某一温度与断裂强度相等。低温脆性对压力容器、桥梁、船舶结构以及在低温下服役的机件是非常重要的。历史上就曾发生过多起由低温脆性导致的灾难性破断事故。冲击韧度指标的实际意义在于揭示材料的变脆倾向。

GB/T 229—1994 标准规定了三种测定韧脆转变温度的方法。其中 $FATT_{50}$ 方法因影响因素较少，操作较简便，在工程实践中广泛使用。所谓 $FATT_{50}$，即一组在不同温度下的冲击试样冲断后，对冲击断口进行评定，当脆性断裂占总面积的 50%时所对应的温度。但此方法脆性断面率的误差，将直接影响曲线的形状，从而影响 $FATT_{50}$ 的准确度。苏增强对该方法的注意事项进行了归纳：

(1) 最佳操作应按高温向低温顺序进行，同时调整试样保温温度不能低于试验温度 5℃以上，否则脆性断面率将过大，造成曲线拐点。

(2) 冲击试样在低温状态被打断，应马上用无水乙醇进行清洗，并立即用电吹风把断口吹干，以防止断口氧化(有条件的也可放进专用的干燥箱内)，然后按照 GB/T 12778—1991 的方法，对每组试样进行对比评定测算断口，得出脆性断面率。

(3) 在绘制脆性断面率-试验温度的关系曲线时，若出现拐点，应去除拐点(也可重做试验，重新绘制曲线)，求出 $FATT_{50}$。

3.5　材料断裂韧性的分析与检测

3.5.1　材料断裂韧性的用途与重要性

磨损、腐蚀和断裂是机件的三种主要失效形式，其中以断裂的危害最大。早期人们认为，机件只要在许用应力以下工作就不会发塑性变形，更不会发生断裂。然而事实并非如此。由于材料强度提高及不正确处理，高强材料的机件有时会在应力远低于屈服强度的状态下发生脆性断裂。中、低强度材料的重型件及大型结构也有类似断裂事例。1921 年，格里菲斯利用能量原理的方法，分析了物体中存在的裂纹长度对开裂应力的影响，并首次得出了脆性材料中的这种定量关系。建立了断裂应力、裂纹尺寸与材料性质三者间的关系，奠定了线弹性断裂力学的理论基础。但格里菲斯理论研究仅限于材料是完全脆性的情况，而绝大多数金属材料断裂前裂纹尖端存在塑性区，此时就不能应用该理论了。1957 年，引入了应力场强度因子的概念，提出了断裂韧性的概念和判据。

断裂韧性是在断裂力学基础上建立起来的反映材料抵抗裂纹失稳扩展能力的参数。它和裂纹本身的大小、形状及外加应力大小无关，是材料固有的特性，只与材料本身、热处理及加工工艺有关，是应力强度因子的临界值。断裂韧性与材料其它韧性性能一样，综合反映了材料的强度和塑性。在选用材料时，可根据材料的断裂韧性指标，对构件允许的工作应力和裂纹尺寸进行定量计算，防止构件发生低应力脆断。

3.5.2 断裂韧性理论

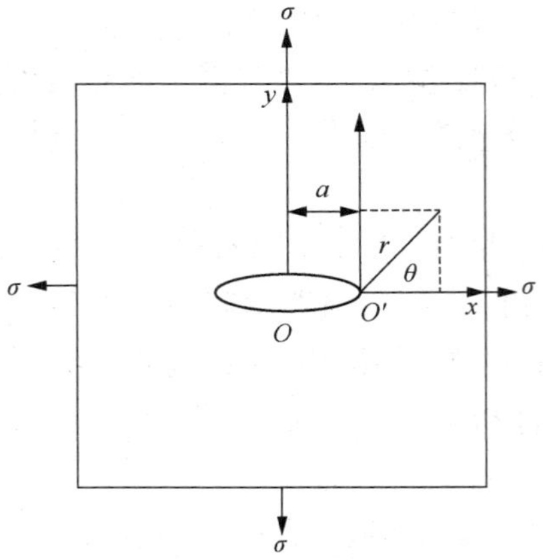

图 3-21 双向应力下的张开型裂纹

大量事例和试验分析说明低应力脆断总是由材料中宏观裂纹的扩展引起的，这种裂纹可能是冶金缺陷，可能在加工过程中产生，也可能在使用中形成，难以避免。断裂力学就是以机件中存在宏观缺陷为讨论问题的出发点，运用连续介质力学的弹塑性理论，考虑了材料和机件的不连续性，来研究材料和机件中裂纹扩展的规律，确定能反映材料抗裂性能的指标及其测试方法。

图 3-21 是双向应力下的张开型裂纹模型：在无限大的宽板内有一长度为 $2a$ 的中心贯穿裂纹，在无限远处受双向应力 σ 的作用。

线弹性断裂力学认为材料在脆性断裂前基本上是弹性变形，其中应力与应变是线性关系。根据弹性力学，裂纹前端任一点 P(r，θ)的应力分量如下：

$$\sigma_x=\sigma\sqrt{\frac{\pi a}{2\pi r}}\cos\frac{\theta}{2}\left(1-\sin\frac{\theta}{2}\sin\frac{3\theta}{2}\right)=\frac{K_{\mathrm{I}}}{\sqrt{2\pi r}}\cos\frac{\theta}{2}\left(1-\sin\frac{\theta}{2}\sin\frac{3\theta}{2}\right) \quad (3-15a)$$

$$\sigma_y=\sigma\sqrt{\frac{\pi a}{2\pi r}}\cos\frac{\theta}{2}\left(1+\sin\frac{\theta}{2}\sin\frac{3\theta}{2}\right)=\frac{K_{\mathrm{I}}}{\sqrt{2\pi r}}\cos\frac{\theta}{2}\left(1+\sin\frac{\theta}{2}\sin\frac{3\theta}{2}\right) \quad (3-15b)$$

$$\sigma_z=\nu(\sigma_x+\sigma_y) \quad (3-15c)$$

$$\tau_{xy}=\sigma\sqrt{\frac{\pi a}{2\pi r}}\sin\frac{\theta}{2}\cos\frac{\theta}{2}\cos\frac{3\theta}{2}=\frac{K_{\mathrm{I}}}{\sqrt{2\pi r}}\sin\frac{\theta}{2}\cos\frac{\theta}{2}\cos\frac{3\theta}{2} \quad (3-15d)$$

式中 r，θ——P 点的极坐标，由它们确定 P 点相对于裂纹尖端的位置；

σ——远离裂纹并与裂纹面平行的截面上的正应力。

可以看出，各应力分量中均有一个共同因子 K_{I}，称其为应力场强度因子。对于裂纹尖端的任一点，其坐标 r，θ 均有其确定值，该点的应力分量完全取决于 K_{I}。

3.5.3 断裂韧度 $K_{\mathrm{I}c}$的测定

在一定的条件下，$K_{\mathrm{I}c}$是材料固有的性能指标，是抵抗裂纹扩展能力的标志，是材料的常数，与外力以及裂纹几何形状无关。

$K_{\mathrm{I}c}$的测定可参考 GB 4161—1984《金属材料平面应变断裂韧度 $K_{\mathrm{I}c}$试验方法》进行。国标中规定了四种试样：标准三点弯曲试样、紧凑拉伸试样、C 形拉伸试样和圆形紧凑拉伸试样。由于三点弯曲试样较为简单(如图 3-22 所示)，此处以三点弯曲试样为例，阐述断裂韧度 $K_{\mathrm{I}c}$的测试过程。

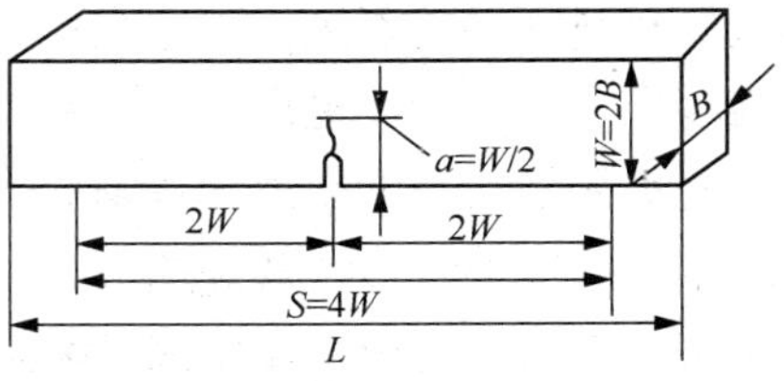

图 3-22 三点弯曲试样

1. 取样和标记

因为材料一般都是各向异性的，材料的断裂韧性 $K_{\mathrm{I}c}$ 和材料中裂纹的取向及传播方向有关，即 $K_{\mathrm{I}c}$ 值和试样取样方式及开裂方向有关，所以必须标出裂纹的取向。一般用两个字母表示裂纹的取向，第一个字母表示裂纹的法线方向，第二个字母表示裂纹的扩展方向。

从实际构件中取样时，要注意构件的工作状态和应力分布，以确定构件中最危险的裂纹取向。试件中的裂纹取向应和实际的危险裂纹的取向相同。这样测得的 $K_{\mathrm{I}c}$ 才能更符合实际情况。

2. 尺寸确定

对于三点弯曲试样，试样厚度 B、裂纹长度 a 和韧带宽度 $(W-a)$ 应满足以下要求：

$$B \geqslant 2.5\left(\frac{K_{\mathrm{I}c}}{\sigma_y}\right)^2 \tag{3-16a}$$

$$a \geqslant 2.5\left(\frac{K_{\mathrm{I}c}}{\sigma_y}\right)^2 \tag{3-16b}$$

$$(W-a) \geqslant 2.5\left(\frac{K_{\mathrm{I}c}}{\sigma_y}\right)^2 \tag{3-16c}$$

式中　σ_y——有效屈服强度，可用 σ_s 或 $\sigma_{0.2}$ 代替。

试样尺寸的限定是为了保证裂纹尖端是平面应变和小范围的屈服。

3. 预制裂纹

先用线切割机预制一个切口，其长度为 a_0，然后用疲劳试验机加载引发一个微裂纹 Δa（Δa 应不小于 $0.025W$）。所以预制裂纹总长度为：

$$a = a_0 + \Delta a \tag{3-17}$$

a/W 应控制在 0.45～0.55 范围内。

4. 测试

记录所加载荷 F 与裂纹张开位移 V。应注意引伸计要标定在线性范围内工作。

5. 裂纹长度 a 和 F_Q 确定

1）裂纹长度 a 的确定

试样断裂后一般用工具显微镜首先测定试样断口的裂纹长度。由于裂纹前缘呈弧形，规定测量 $B/4$、$B/2$、$3B/4$ 三处的裂纹长度 a_2、a_3、a_4，取其平均值作为裂纹长度，见图3-23。

2）裂纹临界扩展载荷 F_Q 的确定

平板试件两个表面上裂纹尖端处于平面应力状态，而在板厚的中心部分，则处于平面应变状态。因此裂纹尖端的塑性区大小沿着板厚方向发生变化，它影响着裂纹扩展过程、断面特征及断裂韧性数值。因而，对同一材料因试件厚度不同，可能得到三种不同的试验曲线，如图 3-24 所示。

（1）试件较薄，裂纹尖端基本处于平面应力状态，裂纹断口有一定的缩颈现象，材料无明显的平台。在达到最大载荷前，裂纹已到了亚临界扩展，如图 3-24 所示。

（2）试件有一定厚度，裂纹尖端中部处于平面应变状态，裂纹尖端在试件两侧表面一定深度处仍处于平面应力状态，在试验过程中有一定的塑性变形，当 F 增至 F_Q 时，裂纹尖端中间部位产生临界扩展，但表面由于处于应力状态，塑性较好，屈服区较大，只有变形而不断裂，因此会在 $F-V$ 曲线上看到亚临界扩展平台。

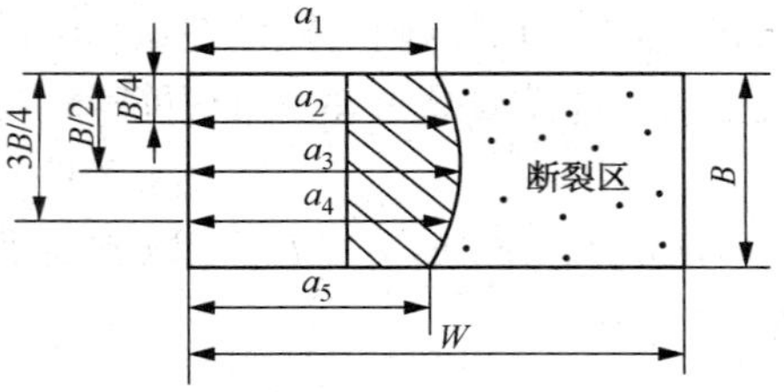

图 3-23　断口裂纹长度 a 的测量示意图

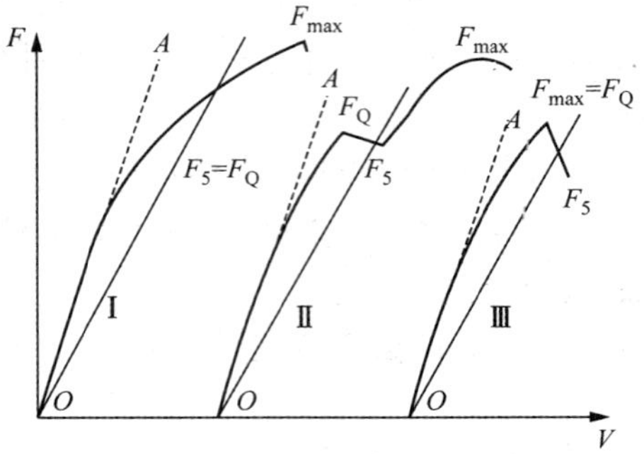

图 3-24　$F-V$ 的三种类型

（3）试件厚度足够大，接近理想平面应变状态，裂纹尖端处无明显塑性变形，断口平整，此时 $F_Q=F_{max}$。

F_Q的确定方法是从原点 O 起作一相对于 OA 部分斜率减少 5%的割线，以确定裂纹扩展 2%时的载荷 F_5。如果在 F_5之前没有比 F_5大的载荷，则 $F_Q=F_5$，否则取高峰载荷为 F_Q。

6. 计算 K_I 值

对于三点弯曲试样，裂纹尖端的应力场强度因子 K_I 表达式为：

$$K_I=\frac{FS}{BW^{\frac{3}{2}}}Y_1\left(\frac{a}{W}\right) \tag{3-18}$$

其中，$$Y_1\left(\frac{a}{W}\right)=\frac{3\left(\frac{a}{W}\right)^{\frac{1}{2}}\left[1.99-\left(\frac{a}{W}\right)\left(1-\frac{a}{W}\right)\times\left(2.15-\frac{3.93a}{W}+\frac{2.7a^2}{W^2}\right)\right]}{2\left(1+\frac{2a}{W}\right)\left(1-\frac{a}{W}\right)^{\frac{3}{2}}}$$

将相关值带入上式，即可求出条件 K_Q。

7. K_Q有效性验证

当 K_Q满足以下两个条件时，

$$\frac{F_{max}}{F_Q}\leqslant 1.10 \tag{3-19a}$$

$$B\geqslant 2.5\left(\frac{K_Q}{\sigma_y}\right)^2 \tag{3-19b}$$

则 $K_Q=K_{Ic}$。否则，选用厚度是原试样厚度 1.5 倍的试样再进行试验，一直到满足上述条件为止。

3.5.4　裂纹张开位移(COD)的原理和方法

线弹性断裂力学是把材料当作完全弹性体，运用弹性力学的理论方法研究裂纹的开裂和扩展规律。大多数工程材料由于其韧性较高(低温除外)，构件的裂纹尖端存在较大的塑性变形，尤其是在应力集中区以及焊接引起的残余应力区会发生全面屈服，属于弹塑性破坏。

同时对一般的中低强度钢，由于构件尺寸小，塑性区尺寸相对地就较大，在裂纹尖端附近会产生大范围或全面屈服，其断裂也属于弹塑性断裂。此时再采用线弹性力学明显就不合适了。即使是大截面中低强度钢，要测试平面应变断裂韧性 K_{Ic}，按照 $B \geqslant 2.5\left(\frac{K_Q}{\sigma_y}\right)^2$ 的要求，厚度 B 将很大，测试 K_{Ic} 费用较高。

对于弹塑性体材料，当它受力后，其裂纹尖端区产生大范围的屈服，此时变形发展较快而应力上升较慢，应力-应变不成线性关系，线弹性断裂力学明显不再适用，若此时采用变形或位移就比用应力方便、准确。COD 模型就是基于这样一种情况提出的。

1. 裂纹张开位移(COD)的原理

张开位移是指裂纹体受外载后，在裂纹的尖端沿垂直于裂纹方向所产生的位移，简称 COD，一般用 δ 表示。在裂纹失稳扩展的临界状态下，临界的 COD 用 δ_c 表示，也是材料的断裂韧性。

裂纹张开位移原理的基本思想是：把裂纹体受力后裂纹尖端的张开位移 δ 作为一个参量，把裂纹失稳扩展时的临界张开位移 δ_c 作为材料的断裂韧性指标，用 δ-δ_c 这个判据来确定材料在发生大范围屈服断裂时构件工作应力和裂纹尺寸间的关系。

COD 法中较权威的模型为 Dugdale 提出的 D-M 模型。图 3-25 是 D-M 模型的简图。一个受单向均匀拉伸的薄板中间开一个长度为 $2a$ 的穿透裂纹，裂纹两边的塑性区呈尖劈形向两边延伸，裂纹加塑性区的总长为 $2c$，在塑性区上下两个表面上作用有均匀的拉应力，其值为 σ_s。在长为 $2a$ 的裂纹面上不受力的作用，在 $(-c, -a)$ 和 (a, c) 之间的塑性区 ρ 上分布有均匀拉应力 σ_s，以防止两个表面分离。由于模型中塑性区周围仍为广大的弹性区所包围，因此 D-M 模型只适用于大屈服，而不适用于全屈服。

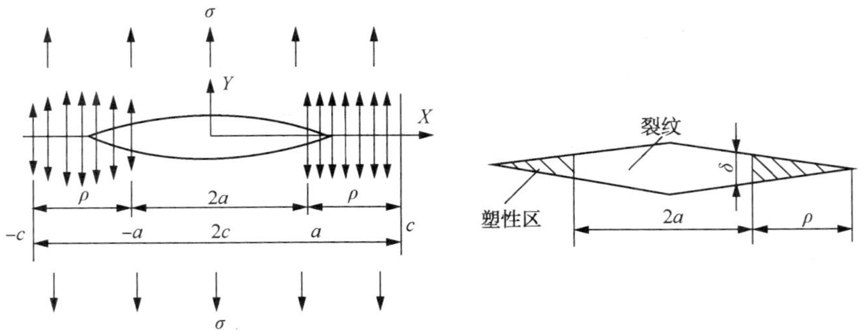

图 3-25　D-M 模型简图

平面应力条件下裂纹顶端张开位移 δ 为：

$$\delta = \frac{8\sigma_s a}{\pi E} \ln\sec\left(\frac{\pi\sigma}{2\sigma_s}\right) \tag{3-20}$$

式中　E——弹性模量。

在裂纹开始扩展的临界条件下：

$$\delta_c = \frac{8\sigma_s a_C}{\pi E} \ln\sec\left(\frac{\pi\sigma_C}{2\sigma_s}\right) \tag{3-21}$$

这就是 D-M 模型中的 COD 表达式。若将上式进行级数展开，只取第一项，则可得：

$$\delta = \frac{K_{\mathrm{I}}^2}{E\sigma_{\mathrm{s}}} \tag{3-22}$$

式中　K_{I}——Ⅰ型应力强度因子。

2. 裂纹张开位移(COD)的测试

δ_c的测试方法很多，有单试样法、多试样阻力曲线法等。此处对单试样法进行介绍，阻力曲线法可参考 GB 2358—1994《裂纹张开位移(COD)试验方法》进行。单试样法中δ_c的试样制备和测试装置与$K_{\mathrm{I}c}$相似，但要增加一套用于记录裂纹两侧电位变化的装置或记录声发射率变化的装置。

1）试样制备

测试δ_c也采用三点弯曲试样，由于它不强调平面应变状态，而仅强调尽可能反映构件的实际服役情况，所以试样厚度 B、长度 S、宽度 W、预制裂纹长度 a 之间的关系规定如下：

$W=2B$，B，$1.3B$；

$a=0.5W$，$0.3W$，$0.3W$；

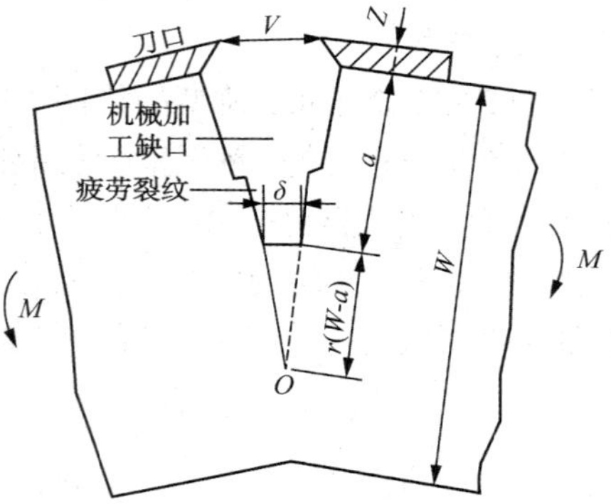

图 3-26　试样弯曲时 δ 和 V 的关系

$S=4W$

在预制疲劳裂纹时，循环应力应较低，其最大应力场强度因子 K_{max}不能大于 $0.5K_{\mathrm{I}c}$。

2）裂纹尖端张开位移δ_c的测量

由于测量裂纹尖端张开位移δ_c很困难，所以一般用夹式引伸计测量裂纹嘴的临界张开位移 V_C，再换算成δ_c。

当裂纹截面进入全面屈服时，裂纹的两个表面将围绕旋转中心 O 而张开，如图 3-26 所示。设旋转中心 O 在韧带区中，离裂纹尖端的距离为 $r(W-a)$，r 为旋转因子。根据几何关系可导出：

$$\delta = \frac{r(W-a)}{r(W-a)+a+Z} \cdot V \tag{3-23a}$$

式中，Z 为刀口厚度。

在临界状态下：

$$\delta_c = \frac{r(W-a)}{r(W-a)+a+Z} \cdot V_C \tag{3-23b}$$

只要测出 V_C，确定旋转因子 r，就可计算出δ_c。

V_C可通过 $F-V$ 曲线确定，如图 3-27 所示。

(1) F 随 V 呈线性增加，试样断裂前没有明显的裂纹亚临界扩展阶段。这时可取最大载荷 F_{max}作为开裂点载荷 F_C，与此对应的裂纹嘴张开位移作为 V_C，见图 3-27(a)。试样厚度很大或材料较脆时常出现这种情况。

(2) 在 $F-V$ 曲线上出现一个裂纹“突进”平台。通过平台后，曲线又继续上升。这时取开始突进处载荷为 F_C，与此对应的裂纹嘴张开位移作为 V_C[见图 3-27(b)]，当试样厚度为中等或材料韧性较差时常出现这种情况。

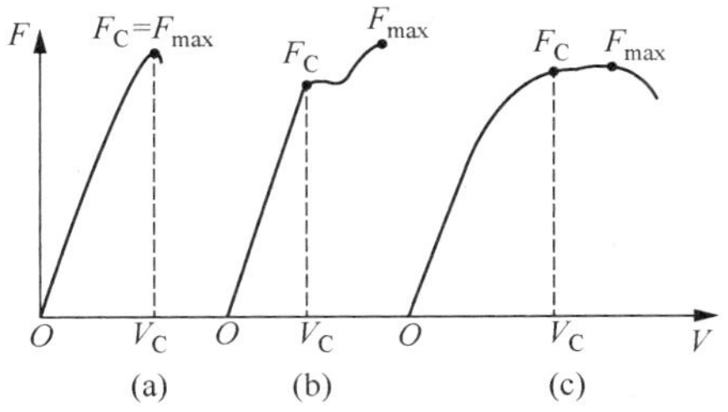

图 3-27　三种 $F-V$ 曲线上确定 V_C 的方法

（3）$F-V$ 曲线偏离直线后稳定上升到 F_{max}，随着 F 的下降，V 继续增大直到断裂，见图 3-27(c)。这说明材料有较长的裂纹亚临界扩展阶段。此时需要用电位法或声发射法辅助确定裂纹开裂点的载荷 F_C 及对应的 V_C，当试样较薄或材料韧性较好时常出现这种情况。

旋转因子 r 的确定比较困难，因为随着载荷增加(或 V 增大)，旋转中心 O 逐渐内移，即 r 不断增大。当 V 足够大时，r 就趋于稳定。一般规定当材料的 $\delta_c=0.0625\sim0.625$mm 时，取 $r=1/3$，由此产生的误差小于 20%。若材料的 δ_c 较小，则误差较大。

3.5.5　断裂韧性 J_{Ic} 的原理和方法

裂纹张开位移法在中低强度钢的设计和选材中广泛应用的实践证明，它是一种简单而有效的断裂判据，但并不是一个直接而严密的裂纹尖端弹塑性应力应变参量。J 积分是理论上较严密的应力应变场参量，试验测定简单可靠，理论计算有较满意的精度。

1. J 积分测试的基本原理

J 积分也称 Rice 积分。在线弹性条件下，Rice 积分结果显示裂纹顶端应力场是一个保守场，J 积分只与裂纹上下表面两点位置有关，而与路径无关。

在线弹性条件下可推导出：

$$J=\frac{K_I^2}{E}\quad（平面应力）\tag{3-24a}$$

$$J=\frac{(1-\nu^2)K_I^2}{E}（平面应变）\tag{3-24b}$$

在临界条件下：

$$J_c=\frac{K_{Ic}^2}{E}（平面应力）\tag{3-24c}$$

$$J_c=\frac{K_{Ic}^2}{E}(1-\nu^2)（平面应变）\tag{3-24d}$$

2. 断裂韧性 J_{Ic} 的测试

J_{Ic} 的测试方法有单试样法、多试样法和阻力曲线法等。阻力曲线法测试 J_{Ic} 是根据裂纹扩展阻力曲线 $R-\Delta a$ 的原理，将 R 作为 J 的函数，做出 $J_R-\Delta a$ 曲线，测定开裂点对应的 J_R 值作为 J_{Ic}。GB 2038—1991《利用 J_R 阻力曲线确定金属材料延性断裂韧度的试验方法》可作为测试依据。

1）试样的形状及尺寸

测试 J_{Ic} 的三点弯曲试样与测试 K_{Ic} 的试样相似，只是尺寸较小。其 B、W、S 三者间的比例为：$B:W:S=1:(1\sim1.2):(4\sim5)$；$a/W=0.5$。

此外，为了保证裂纹在平面应变条件下产生小范围屈服后开裂，试样厚度 B 和韧带尺寸 $(W-a)$ 应满足一下要求：

$$(W-a)\geqslant\alpha\left(\frac{J_{\mathrm{Ic}}}{\sigma_y}\right) \tag{3-25a}$$

$$\frac{B}{W-a}\geqslant\beta \tag{3-25b}$$

$$B\geqslant\alpha\beta\left(\frac{J_{\mathrm{Ic}}}{\sigma_y}\right) \tag{3-25c}$$

式中，α、β 为系数，试验表明，当 $\alpha=25\sim60$ 和 $\beta=1.5\sim2.5$ 时，所测 J_{Ic} 较为稳定。α 和 β 的选取视材料强度不同而异。对于高强度材料可取低限值；对于中、低强度钢及有色合金材料可取高限值。一般钢取 $\alpha\cdot\beta=50$，钛合金 $\alpha\cdot\beta=80$，铝合金 $\alpha\cdot\beta=120$。

2）临界点的确定

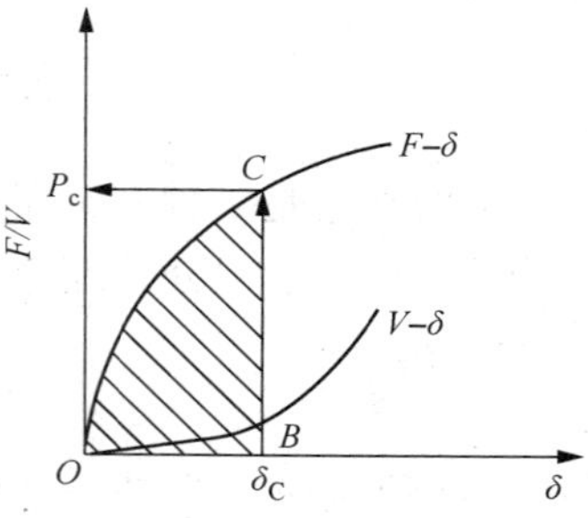

图 3-28　F–δ 曲线上临界点的确定

临界点的确定对 J_{Ic} 值的影响很大，一般认为采用裂纹开裂点作为临界点较为合适，因为这样规定比较符合 J_{Ic} 的定义。用小试样测中、低强度钢的断裂韧性时，由于裂纹扩展前其尖端会产生塑性变形，致使 F–δ 曲线上裂纹开始扩展点不明显，因而需要用电位法或声发射法辅助标定裂纹开裂点。图 3-28 是 X-Y 记录仪描绘出的 F–δ 曲线和 V–δ 曲线。通过电位曲线上的拐点 B，可以确定 F–δ 曲线上的 C 点为开裂点，从而定出 F_C 和 δ_c，曲线 OC 下的面积即为试样开裂时的形变功 U_c。

3）J 值的计算

已知形变功 U_c 和裂纹平均长度 a，采用下式就可以计算出 J_{Ic}。

$$J=\frac{2U}{B(W-a)} \tag{3-26}$$

3.6　金属的疲劳测试与分析

金属机件或构件在变动应力和应变长期作用下，由于累积损伤而引起的断裂为疲劳。在工程结构和机械设备中，疲劳破坏的现象极为广泛，它遍布每一个运动的零件，包括一些看上去是静止的零件，只要它承受反复作用的载荷，就会导致疲劳破坏。据统计，在机械零件失效中大约有 80%以上属于疲劳破坏。

3.6.1　金属的疲劳

1. 疲劳的力学特征

疲劳断裂与静载荷或冲击断裂相比，具有以下特点：

1）疲劳是低应力循环延时断裂

即具有寿命的断裂。其断裂水平往往低于材料抗拉强度，甚至屈服强度。

2）疲劳是脆性断裂

由于一般疲劳的应力水平比屈服强度低，所以不论是韧性材料还是脆性材料，在疲劳断裂前均不会发生塑性变形或变形预兆，它是长期累积损伤过程中，经裂纹萌生和缓慢扩展到临界尺寸时才突然发生的。

3）疲劳对缺陷十分敏感

由于疲劳损坏是从局部开始的，所以它对缺陷具有高度的选择性。缺口和裂纹因为应力集中增大对材料的损伤作用，组织缺陷降低材料的局部强度，三者都加快疲劳破坏的开始和发展。

2. 疲劳的断口特征

疲劳断口保留了材料断裂过程中的全部痕迹。典型疲劳断口一般包含三个形貌不同的区域：疲劳源区、疲劳区及瞬断区。疲劳源区是裂纹萌生的区域。疲劳源区一般位于机件表面，常和缺口、裂纹、刀痕、蚀坑等缺陷紧密相连。在一个疲劳断口中，疲劳源区可以不止一个，这主要取决于机件的应力状态和应力大小。疲劳区是疲劳裂纹亚稳态扩展所形成的断口区域，该区是判断疲劳断裂的重要证据。贝纹线是疲劳区的最大特征。瞬断区是裂纹最后失稳扩展所形成的断口区域。其断口比疲劳区粗糙，宏观特征同静载裂纹件的断口相似，随材料性质而变。

3. 疲劳破坏理论

疲劳的破坏过程可分为三个阶段，即疲劳裂纹的萌生、疲劳裂纹的扩展和瞬时断裂。

1）疲劳裂纹的萌生

微观裂纹成核和扩展是材料寿命演化的一个重要阶段，是材料疲劳寿命的一个主要部分，一般在高周疲劳中可达 90%。由于对微观结构检测困难，关于裂纹形核和微裂纹扩展，其定量信息是缺乏的，因此材料的这个阶段经常含糊的定义为裂纹萌生。工程中一般指达到可发现裂纹之前的部分。

关于裂纹形核机制，目前主要有以下几种观点：

(1) 表面裂纹形核：由于晶面滑移造成滑移带的入侵或挤出，或者由于氧化和腐蚀作用，或通过磨损形成的损伤裂纹。

(2) 表面下裂纹形核：在空洞或位错塞积处形成微裂纹。

(3) 界面裂纹形核：在晶界空穴处形成微裂纹。

2）裂纹的扩展

裂纹扩展可分为两个阶段(见图 3-29)，在扩展的第一阶段，裂纹沿最大剪应力方向扩展，随着向晶内的扩展，裂纹的方向逐渐转向和主应力方向垂直。da/dN 在 0.1nm 数量级，扩展深度很小，通常只有数个晶粒。在材料的全部疲劳

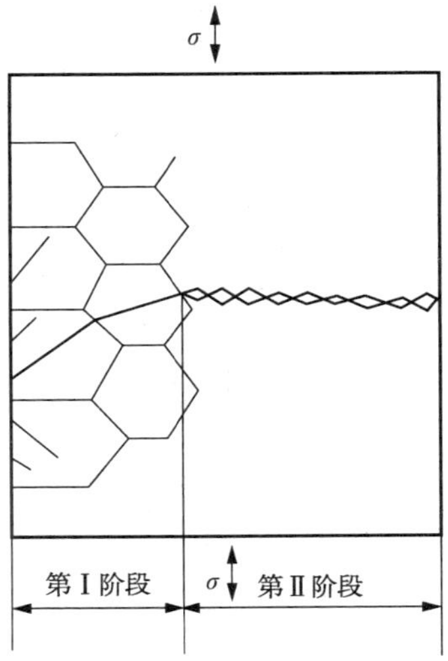

图 3-29　裂纹扩展的两个阶段

寿命中阶段Ⅰ所占的比例在一个很宽的范围内变化，短至 10%，长至 90%。在有应力集中的情况下，则不出现第Ⅰ阶段，直接进入第Ⅱ阶段。阶段Ⅰ的裂纹扩展具有明显的结晶性质。在裂纹扩展的第二阶段，裂纹扩展速率较快，da/dN 在微米数量级。裂纹宏观上是沿垂直于最大正应力方向上扩展，微观上则是不断变化的。大多数疲劳裂纹扩展都是穿晶的，然而也可能沿晶扩展，但很少见。

关于裂纹扩展理论，常见的有 P. Newman 模型和 Laird-Smith 模型。图 3-30 和图 3-31 给出了这两种理论的模型图。

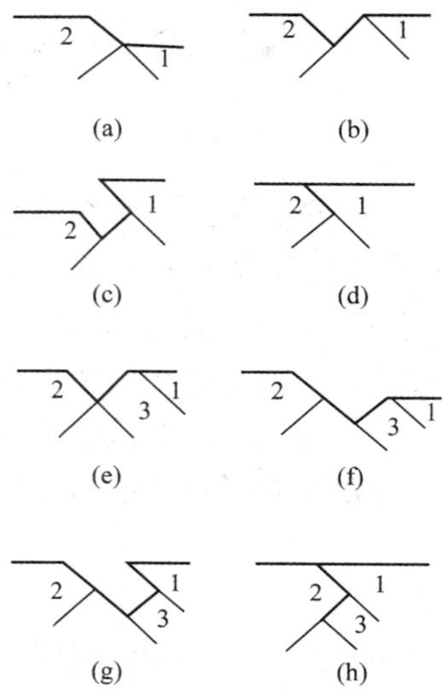

图 3-30　P. Newman 模型

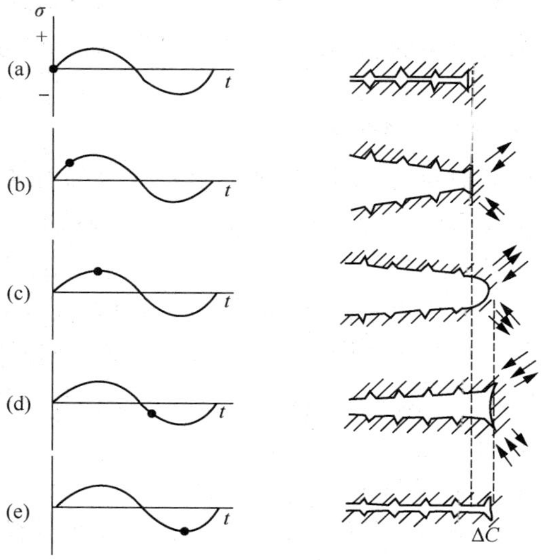

图 3-31　Laird-Smith 模型

P. Newman 模型包括裂纹的形成和扩展，与“侵入”和“挤出”模型类似，是由两个滑移平面的交叉滑移和硬化组合而成。该模型已在单晶体铜的拉伸-压缩试验中得到证实。

Laird-Smith 模型认为，在循环的拉伸行程中，作为与最大剪应力方向一致的多重滑移结果使裂纹张开[图 3-31(b)]，塑性区扩展，裂纹尖端钝化[图 3-31(c)]。在循环的压缩行程中，由于与前面滑移的方向相反的滑移的影响，使钝化消失，裂纹变尖锐。裂纹尖端的分叉反映了疲劳的条带结构。Laird-Smith 模型主要适应于大应力幅的情况。

3.6.2　疲劳指标

1. 传统疲劳指标

1）疲劳极限

材料承受无限次应力循环而不发生破坏的最大应力称为疲劳极限。用 σ_r 表示，它表示材料抵抗疲劳的能力。如果不加说明，材料的疲劳极限是指 $r=-1$ 时的最大应力，用 σ_{-1} 表示。在工程实际中，一般取足够大的有限循环数 N_c 代替无限次应力循环，N_c 一般取 10^7 左右。

某些金属和合金的疲劳极限的典型值已由试验测定出来，见表 3-5。

表3-5　某些材料的疲劳极限

材　　料	拉伸强度/MPa	疲劳极限/MPa
退火金	115	±46(10^8)
退火铜	216	±62(10^8)
冷作铜	310	±93(10^8)
退火黄铜	325	±100(10^8)
冷作黄铜	620	±140(10^8)
退火镍	495	±170(10^8)
冷作镍	830	±280(10^8)
镁	210	±70(10^8)
铝	108	±46(10^8)
4.5%铜-铝合金	465	±147(10^8)
5.5%锌-铝合金	540	±170(10^8)
片状石墨铸铁	310	±130
可锻铸铁	385	±185
磁性铁	294	±185
低碳钢	465	±230
铬-镍合金钢	1000	±510
高强钢	1700	±695(10^8)
钛	570	±340(10^7)

2）S-N曲线和P-S-N曲线

S-N曲线是疲劳应力与疲劳寿命的关系曲线，它是确定疲劳极限、建立疲劳应力判据的基础。采用若干个标准试样，在一定的平均应力 σ_m 不同的应力幅 σ_a 下进行疲劳试验，测试出试样断裂的循环次数 N，把实验结果画在以 σ_a 为纵坐标，以 N 为横坐标的图纸上，形成的一系列点的连线即S-N曲线。

S-N曲线一般存在两种形式，如图3-32所示，曲线 a 有一水平渐近线，它趋于一个极限值——疲劳极限 σ_{-1}，钢和部分金属的S-N曲线就如此。对于铝合金这类材料而言，其S-N曲线没有水平段，随着破坏循环次数的增加，试件所能承受的应力幅一直在降低，没有明显地疲劳极限。此时以认为规定的循环次数下的应力幅作为疲劳极限。

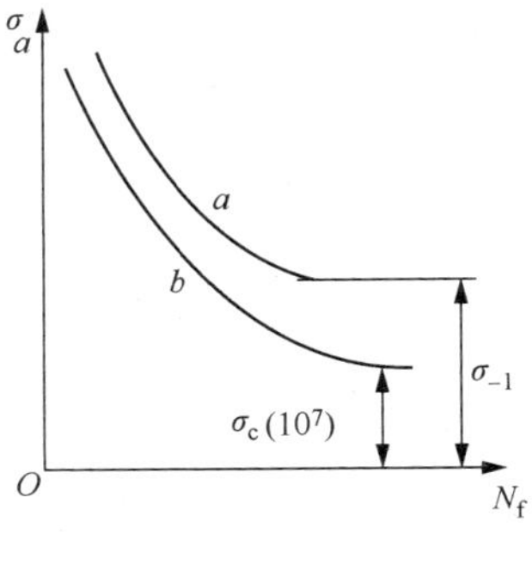

图3-32　S-N曲线示意图

由于试件材料的微观力学性能具有统计特征，加之加工工艺以及试验条件上的差异，即使在同一应力幅的作用下，试验所得的数据也会有一定的离散型和分布规律。试验表明，对一个应力幅而言，靠单根试件试验所得的疲劳寿命不能反映这种材料在该应力幅作用下的真正寿命。要获得具有代表性的数值，通常用一组试件在同一应力幅 σ_a 作用下试验，获得一组 N_f 的数据，再用概论统计的方法求出该数据组的概率分布，因此就构成了以不同概率整理出的曲线，即 P-S-N 曲线，如图 3-33 所示。正态分布时，曲线 AB 为破坏概率为 50%的疲劳曲线，CD 是破坏概率为 1%的疲劳曲线，EF 是破坏概率为 10%的疲劳曲线。工程上的 S-N 曲线，一般是指破坏概率为 50%时的疲劳曲线。

3）ε-N 曲线

一般材料在进入塑性变形后，应力变化幅度不大，应变变化较大，这时采用应变描述材料的疲劳寿命则更为合理，尤其对于缺口构件低周疲劳。采用 ε-N 曲线。

描述塑性应力幅 ε_{ap} 与破坏循环次数 N_f 的关系可用曼森-柯芬方程：

$$\varepsilon_{ap}=\varepsilon_f\ (2N_f)^c \tag{3-27}$$

式中 ε_f——疲劳延性系数，由曼森-柯芬曲线外推到第一个半循环（$2N_f=1$）的塑性应力幅；

c——疲劳延性指数，表示在双对数坐标中该曲线的斜率，一般 c 的值为 $-0.7 \sim -0.5$，工程中常取 $c=-0.6$ 进行估算。

图 3-34 为 11243 碳钢的 ε_{ap}-$2N_f$ 曲线，可以看出该材料的疲劳寿命范围为 $50 \sim 10^7$ 次循环。其中高循环疲劳区的结果由高频（80Hz）循环获得，低循环区的结果由低频循环获得。在 ε_{ap} 为 10^{-5} 量级附近存在一门槛值，该门槛值即为材料的应变疲劳极限。

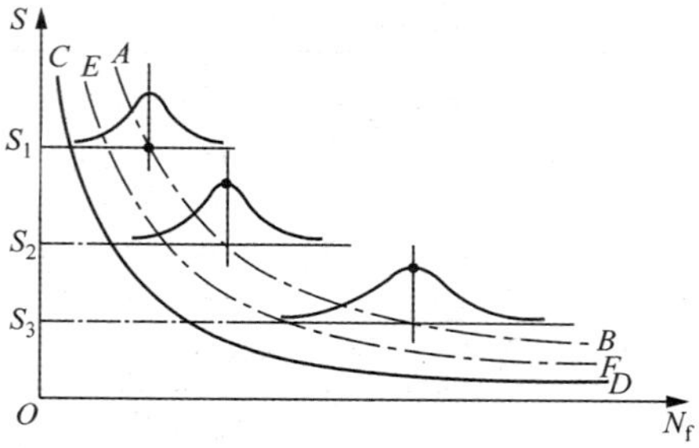

图 3-33 不同存活概率的 P-S-N 曲线

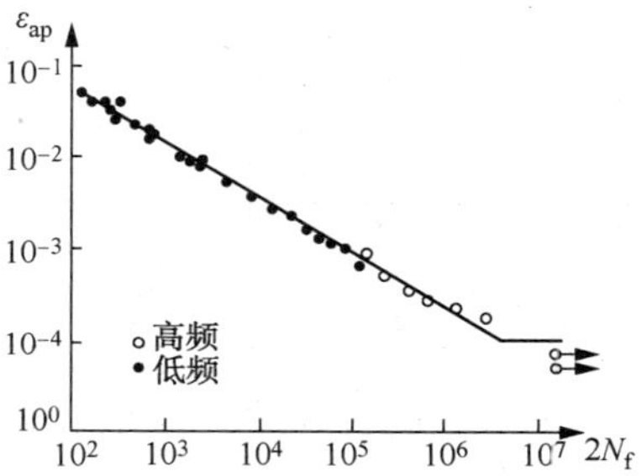

图 3-34 11243 碳钢的 ε_{ap}-$2N_f$ 曲线

2. 断裂疲劳指标

1）疲劳裂纹扩展门槛值

疲劳裂纹扩展门槛值 ΔK_{th} 是疲劳裂纹不发生扩展的 ΔK 临界值，它表示材料组织疲劳裂纹开始扩展的性能，其值越大，阻止疲劳裂纹开始扩展的能力就越大，材料就越好。

ΔK_{th} 与疲劳极限 σ_{-1} 既有联系又有区别。两者均表示无限寿命的疲劳性能，也都受材料成分和组织、载荷条件及环境因素等的影响；但 σ_{-1} 是光滑试样的无限寿命疲劳强度，用于传统的疲劳强度设计，而 ΔK_{th} 是裂纹试样的无限寿命疲劳性能，适于裂纹件的设计和校核。

2）疲劳裂纹扩展速率（da/dN）

亚临界扩展速率 da/dN 描述了裂纹长度 a 对应力循环次数 N 的变化率，代表了构件在交变载荷作用下每一次应力循环后裂纹的扩展量。影响裂纹扩展速率的因素很多，有应力场强度因子振幅、平均应力、加载频率、温度、热处理条件等，其中以应力场强度因子振幅 ΔK_1 的影响最为显著。ΔK_1 与 da/dN 间的关系可用 Pairs 公式表示，即：

$$\frac{da}{dN}=C\ (\Delta K_1)^m \tag{3-28}$$

其中，C 和 m 是与材料有关的两个常数，可由试验确定；

$$\Delta K_1=Y\sigma_{max}\sqrt{\pi a}-Y\sigma_{min}\sqrt{\pi a} \tag{3-29}$$

3.6.3 疲劳性能的测试

1. 疲劳曲线的测定

用升降法测定条件疲劳极限 σ_{-1}，用成组法测定高应力部分，然后将上述数据整理，拟合得疲劳曲线。

用升降法测定疲劳极限 σ_{-1}时，由于疲劳数据分散性较大，因此其有效试样一般在13根以上，试验一般取3~5级应力水平。每级应力增量一般为 σ_{-1}的3%~5%。第一根试样应力水平略高于 σ_{-1}，若无法预计 σ_{-1}，则对一般材料选取(0.45~0.50)σ_b，高强度钢取(0.30~0.40)σ_b。第二根试样的应力水平根据第一根试样试验结果决定。若第一根试样断裂，则对第二根试样施加的应力应降低3%~5%，反之，提高3%~5%。其余试样的应力值均按照此法确定，直到完成全部试验。首先出现一对结果相反之前的数据，如在以后数据的应力波动范围内，则可作为有效数据加以利用，否则舍去。见图3-35，图中3、4为首次出现结果相反的两点，1、2两点的结果不在以后应力波动范围内，应舍去。最后按照下式计算 σ_{-1}：

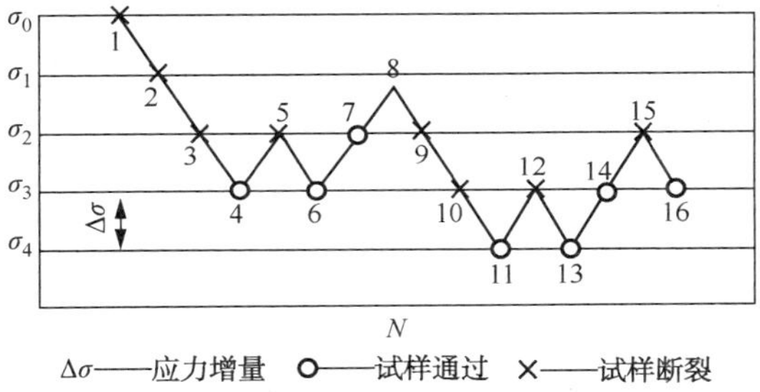

图3-35 升降法示意图

$$\sigma_{-1} = \frac{1}{m}\sum_{i=1}^{n} \nu_i \sigma_i \tag{3-30}$$

式中 m——有效试验的总次数；

n——试验应力水平级数；

σ_i——第 i 级应力水平，MPa；

ν_i——第 i 级应力水平下的试验次数。

疲劳曲线的高应力部分用成组试验法测定，即取3~4级较高应力水平，在每级应力水平下，测定5根左右试样的数据。

2. 疲劳裂纹扩展门槛值的测定

从理论上讲，疲劳裂纹扩展门槛值 ΔK_{th}是指裂纹扩展速率为零时的最大应力场强度因子，所以要准确测定 ΔK_{th}是不可能的。因此一般选取裂纹扩展速率 da/dN 在 10^{-8}~10^{-7}mm/次范围内所对应的 ΔK 值作为材料的 ΔK_{th}值。在实际测试中一般将 ΔK_{th}定为 $da/dN \leq 0.2\times10^{-8}$mm/次作为门槛值，也就是材料经历 10^8次循环下裂纹扩展量不超过0.2mm时的 ΔK 值作为材料的 ΔK_{th}。

3. 疲劳裂纹扩展速率的测定

国标GB 6398—2000中规定了裂纹扩展速率的测试要求。以三点弯曲试样为例，其测量基本过程如下：

(1) 试样处理　采用钼丝在试样上切割初裂纹 a，在韧带刻画等距离刻度线，一般间距在0.1～0.5mm，用以计量裂纹向前的扩展量；

(2) 载荷确定　在施加载荷过程中，一般固定载荷的最大值 F_{max} 和最小值 F_{min}，这两个载荷的确定要保证 da/dN 起始值在国家标准规定的范围内，一般根据经验确定或参考同类材料的 F_{max} 和 F_{min}。

(3) 建立 $a-N$ 曲线　开机后记录裂纹 a 长大到韧带上事先画出的刻度线上的循环次数 N，绘制 $a-N$ 曲线；

(4) 计算 $(da/dN)_i-(\Delta K_{I})_i$ 值　通过 $a-N$ 曲线可以确定 da/dN，$(da/dN)_i$ 可由 $\Delta a_i/\Delta N_i$ 得到，也可由几何方法求取该点切线斜率得到。

对于 $(\Delta K_{I})_i$，由于 $\Delta K_{I}=Y\sigma_{max}\sqrt{\pi a}-Y\sigma_{min}\sqrt{\pi a}$，对于三点弯曲试样，$(\Delta K_{I})_i$ 的表达式可转换为：

$$(\Delta K_{I})_i=\frac{\Delta PS}{BW^{3/2}}\cdot Y(a_i/W) \tag{3-31}$$

其中 B、W、S 为分别试件的厚度、宽度和长度，a 为初裂纹长度；$\Delta P=P_{max}-P_{min}$，$Y(a/W)$ 为一个与 a 有关的函数。在实验中 a 随着不断长大，ΔK_{I} 也在不断增长。

(5) C，m 的确定。根据 $a-N$ 曲线上获取的两组数据，$(da/dN)_i$ 和 $(\Delta K_{I})_i$，在对数坐标上画出 $\lg\frac{da}{dN}=\lg C+m\lg(\Delta K_{I})$ 的直线，C 为直线在坐标轴上的截距，m 为斜率。此外，也可采用线性回归求出 C，m。

3.7　材料高温力学性能的分析与检测

在高压蒸汽锅炉、汽轮机、燃气轮机、柴油机、化工炼油设备以及航空发动机中，很多机件是在高温下运转的。对于制造这类机件的金属材料，如果仅考虑常温短时静载下的力学性能，显然是不够的。高温下载荷持续时间对力学性能影响也很大，如蒸汽锅炉及化工设备中的一些高温高压管道，虽然所承受的应力小于该工作温度下材料的屈服强度，但在长期使用过程中会产生缓慢而连续的塑性变形(即蠕变现象)，使管径逐渐增大。如果设计、选材不当或使用中疏忽，将导致管道破裂。高温下钢的抗拉强度为320MPa，当试样承受300h便断裂了；如将应力降至115MPa，持续1000h也能使试样断裂。在高温短时载荷作用下，金属材料的塑性增加，但在高温长时载荷的作用下，塑性却显著降低，缺口敏感性增加，往往呈现脆性断裂现象。此外，高温和时间的联合作用还影响金属的断裂路径，一般随温度的升高，金属的断裂由常温下常见的穿晶断裂过渡到沿晶断裂。综上所述，金属材料在高温下的力学性能，不能只简单的用常温短时拉伸的应力-应变曲线来评定，还必须考虑温度与时间两个因素。

3.7.1　金属的高温力学行为

1. 蠕变

蠕变是指金属材料在恒温和恒应力作用下，即使应力小于屈服强度，也会缓慢产生塑性变形的行为。由于这种变形而导致材料最后的断裂称为蠕变断裂。蠕变在较低温度下也会发生，只是变形量大小的差别。只有当温度达到 $0.3T_m$ 左右（T_m 为金属熔点，以热力学温度表示），蠕变才能变得显著，这一温度称为蠕变温度。普通碳素钢、铸铁、低合金钢超过115~350℃会有蠕变行为，合金钢在 400~450℃以上，奥氏体合金钢及铁基高温合金在 540℃以上，镍基和钴基高温合金在 650℃以上，铝合金在 2050℃，金属陶瓷在 980℃，其他轻合金约在 150℃产生蠕变。对于一些低熔点金属，如铅、锡等，在室温下就会产生蠕变，对于高温合金，蠕变温度却要高得多。

2. 蠕变曲线和松弛曲线

蠕变过程可用蠕变曲线来描述。蠕变曲线是材料在一定温度和应力作用下，伸长率随时间变化的曲线，典型的金属蠕变曲线如图 3-36 所示。图中 aa' 段为瞬时应变，是由外加载荷引起的一般形变过程。蠕变曲线上任一点的斜率，表示该点的蠕变速度。按照蠕变速度的变化，可将蠕变曲线分成三段。ab 段为第一阶段，是减速蠕变阶段，也称Ⅰ期蠕变。这一阶段变形速率随时间增加而降低，所以也称起始蠕变阶段；bc 为恒速蠕变阶段，也称Ⅱ期蠕变。这一阶段蠕变曲线接近于直线，即蠕变速率接近于某一常数，这一阶段占整个蠕变曲线的主要部分。工程材料的工作部分主要为这一部分。cd 段是加速蠕变阶段，也称Ⅲ期蠕变。这一阶段由于试样出现颈缩或材料内部产生空洞、裂纹等，使蠕变速率急剧增加，直至最后断裂。同一材料蠕变曲线形状与温度高低、应力大小有很大关系，显然，温度高、应力大，蠕变速率增加，蠕变第三阶段提前。

金属在长时高温载荷下会产生蠕变，但对于在高温下工作，依靠原始弹性变形获得工作应力的机件，如高温管道内用的螺栓。当用螺栓把二个零件紧固在一起时，需转动螺帽使螺杆产生一定的弹性变形，这样相应地在螺杆中就产生了拉应力，而螺杆作用于螺帽的力就使二个零件连为一体了。高温下发现，经一段时间后，螺杆总应变没变，但拉应力却逐渐自行减小。这种在具有恒定总变形的零件中，随着时间的延长而应力减低的现象，称为应力松弛。应力松弛产生的原因归因于随时间延长，弹性变形不断转变为塑性变形，使得弹性应变不断减小，应力相应降低。因此应力松弛可以看成是应力不断减小条件下的蠕变过程。材料的应力松弛过程，可通过松弛曲线来描述。金属的松弛曲线是在给定温度 T 和总变形量不变条件下应力随时间而降低的曲线，如图 3-37 所示。

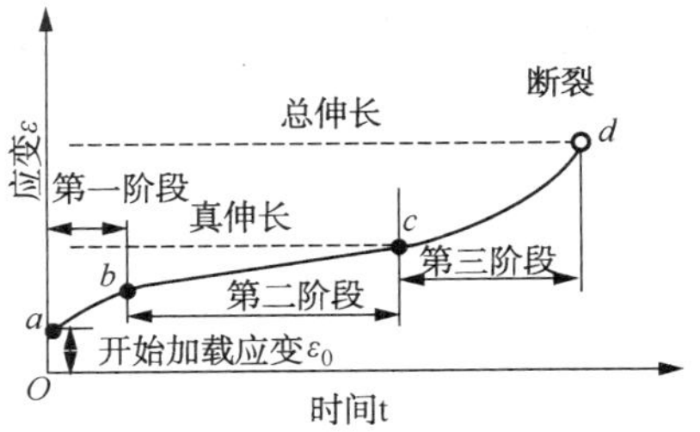

图 3-36　金属材料的蠕变曲线

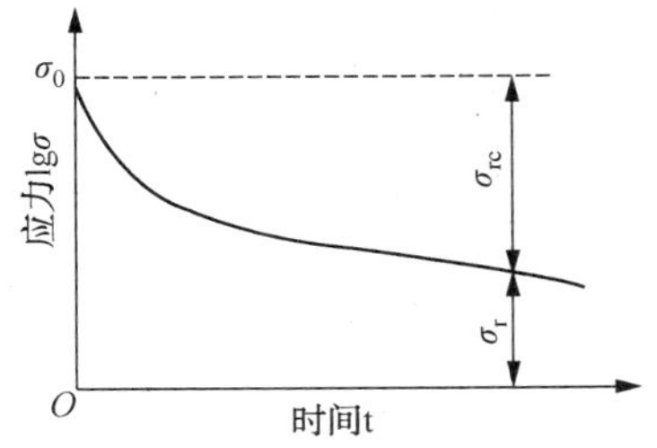

图 3-37　金属应力松弛曲线

应力松弛曲线可分为两段：第一段持续时间较短，应力随时间急剧降低，第二阶段持续时间较长，应力下降逐渐缓慢，趋于恒定。这是由于在第一段，蠕变中位错滑移和晶界滑移起主导作用，而第二阶段主要是扩散控制的位错攀移和畸变区扩散起主导作用的缘故，前者较快，后者较慢。

3.7.2 材料的高温力学性能指标

常用的高温力学性能指标有蠕变极限，持久强度及松弛曲线等。

1. 蠕变极限

蠕变极限是指高温长期负荷作用下，材料对塑性变形抗力的指标。有两种表示方法，一种是在给定温度(T)下，使试样产生规定蠕变速率的应力值，表示为σ_{ε}^{T}MPa。如一般电站锅炉、汽轮机和燃汽轮机中规定的蠕变速率为10^{-6}/小时，若在600℃时产生这个蠕变速率的应力值为60MPa，则蠕变极限为$\sigma_{10^{-6}}^{600}=60$MPa。另一种表示方法是在给定温度($T$)和规定时间($t$/h)内，使试样产生一个规定蠕变变形量($\delta$/%)的应力值，记作$\sigma_{\varepsilon/t}^{\ T}$。如$\sigma_{1\times10^{-5}}^{500}=$98MPa，表示材料在500℃温度下，$10^5$小时后变形量为1%的蠕变极限应力值为98MPa。这二种表示法从表面上看好像区别不大，因为ε/t表示的就是应变速率，但实际上不一样，第二种要求更具体，更可以适合机件的工作条件。这是由于第一种是用第二阶段蠕变速率来衡量的，而第二种是要求特定时间的应变量。

2. 持久强度

蠕变极限表征了金属材料在高温长期载荷作用下对塑性变形的抗力，但不能反映断裂时的强度与塑性。与常温下的情况一样，材料在高温下的变形抗力和断裂抗力是两种不同的性能指标。持久强度是表示材料在高温长期负荷作用下抵抗断裂的能力，用给定温度(T)下材料经过规定时间(t)发生断裂的应力值来表示的，记作$\sigma_{t}^{\ T}$MPa，如某种材料在700℃承受300MPa载荷，经1000h断裂，则持久强度为$\sigma_{1000}^{700}=300$MPa。材料的持久强度，对于设计某些在高温运转过程中不考虑变形的大小，只考虑承受给定应力下的使用寿命的机件是极其重要的。对于持久断裂的试样，还可进一步测量试样在断裂后的延伸率δ和断面收缩率ψ，以反映材料的持久塑性。持久塑性也是耐热材料的一个重要性能指标，过低的持久塑性会使材料在设计使用期间发生脆性断裂，对于制造汽轮机、燃气轮机紧固件用的低合金钢，一般希望$\delta\geqslant3\%\sim5\%$。

3. 剩余应力

材料抵抗松驰的性能，称为松驰稳定性。松驰稳定性评价指标有多种，可通过松弛曲线来评定，但更经常采用剩余应力来表征，即在一定温度(T)和一定初始应力σ_0作用下，经规定时间t后的“残余应力”σ来表示。对不同材料，在相同T和σ_0条件下，残余应力值越高的材料松驰稳定性越好。

3.7.3 材料高温力学性能指标的测定

1. 蠕变极限的测定

蠕变极限可通过蠕变试验测定。蠕变试验所用的试验装置如图3-38所示，试样7装卡在夹头8上，然后置于电炉6内加热。试样温度用捆在试样上的热电偶5测定，炉温用铂电阻2测控。通过杠杆3及砝码4对试样加载，使之承受一定大小的应力。试样的蠕变伸长则用安装于炉外的测长仪器1测量。

蠕变试验是一种长期的试验，所需时间常常是几百小时、几千小时甚至上万小时；所测总应变(不包括开始的弹性应变)为千分之几至百分之几，最小应变速率为$10^{-5}\sim10^{-4}$数量级，试验不需要做到试样断裂，测试基本步骤如下：

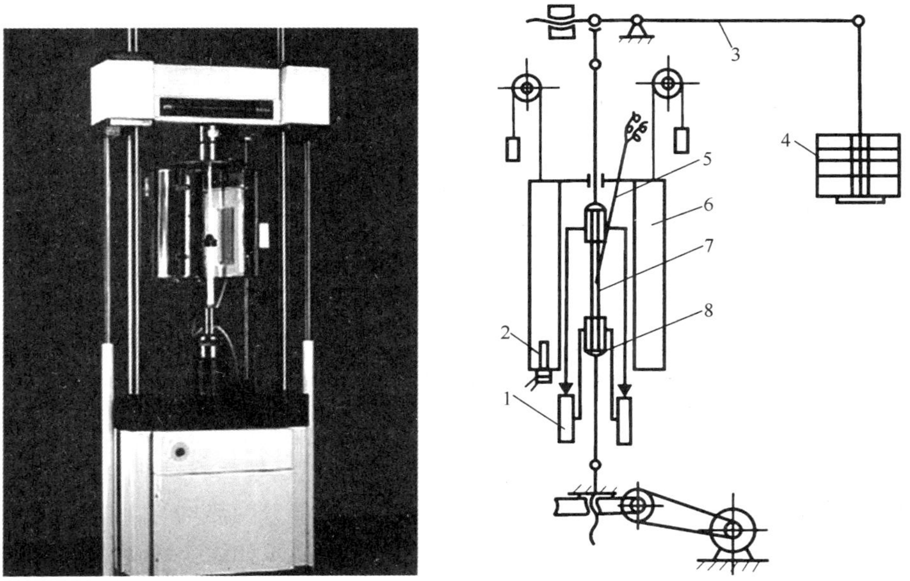

图 3-38　蠕变试验装置及简图

1—引伸计；2—铂电阻；3—杠杆；4—砝码；5—热电偶；6—电阻炉；7—试样；8—夹头

（1）在一定温度和不同应力条件下进行一组蠕变试验，每个试样的试验持续时间不小于 2000～3000h。根据所测得应变量和时间的关系，做出一组蠕变曲线；

（2）根据获得的不同应力 σ_1、σ_2、σ_3……和与之对应的ε_1、ε_2、ε_3……，在应力与蠕变速度的对数坐标上做出 $\sigma-\varepsilon$ 关系曲线。可采用较大的应力，在较短的试验时间内做出几条蠕变曲线；

（3）用内插法或外推法求蠕变极限。

图 3-39 为 12Cr1MoV 的应力-蠕变速率（$\sigma-\varepsilon$）曲线采用外推法延长至$\varepsilon=10^{-5}\%/h$，即得 12Cr1MoV 钢在 580℃稳态蠕变速率为 $10^{-5}\%/h$ 的蠕变极限为 41MPa。但应注意，用外推法求蠕变极限，其蠕变速率只能比最低试验点的数据低一个数量级，否则，外推值不可靠。

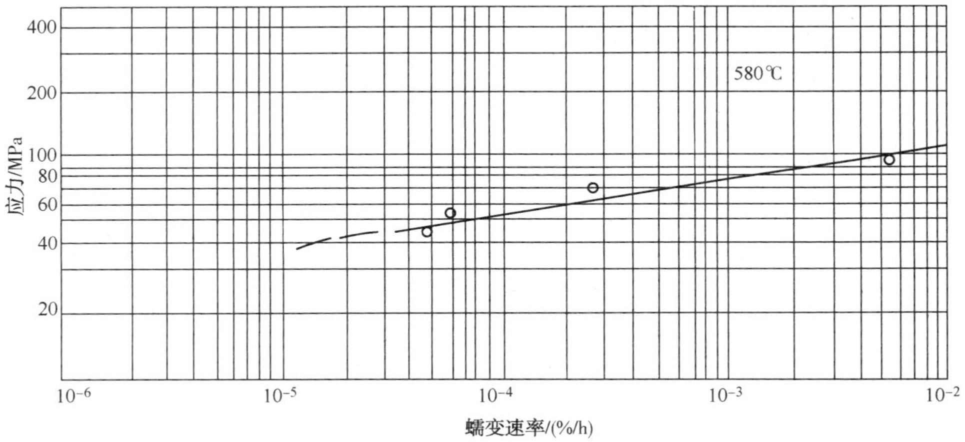

图 3-39　12Cr1MoV 钢 $\sigma-\varepsilon$ 曲线

在试验过程中应注意的事项如下：

（1）试样加工时，应注意不应使试样因受热或加工硬化而改变金属性能，圆形试样从头部到工作部分的过渡处应缓和光滑。图 3-40 给出了蠕变试验标准试样一种形状尺寸；

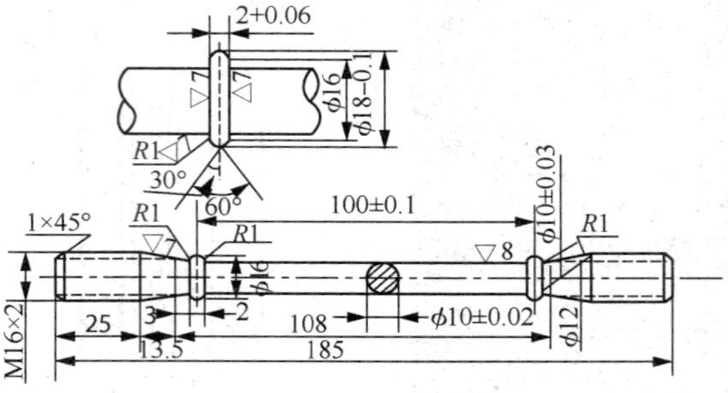

图 3-40　蠕变试验标准试样形状尺寸

（2）对于试验装置而言，试样加热炉应保证试样标距部分受热均匀，加热炉均热区不得小于试样计算长度的 1.5 倍。均热区温度波动和温度梯度要求如表 3-6；变形测量仪的最小分度值不低于 0.002mm，精度不低于 0.2%；

（3）在一定温度和不同应力条件下，每组试验的试样不少于三支；

（4）同样，用在不少于三种温度下绘制的求得的应力-蠕变速率曲线求取蠕变极限应力。

表 3-6　蠕变试验允许的温度波动和温度梯度

试验温度/℃	温度波动/℃	温度梯度/℃
≤600	±3	3
>600~900	±4	4
≥900~1200	±5	5

2. 持久强度测试

金属的持久强度是通过持久试验测定的。持久试验是测定金属在规定温度及恒定载荷作用下试样至断裂的持续时间的试验。

持久试验与蠕变试验相似，但较为简单，不需在试验中测量试样的伸长量，只要测定试样在给定温度和一定应力作用下的断裂时间。和蠕变极限测试相似，一般做出一些应力较大，断裂时间较短的试验数据，画在 $\lg t-\lg\sigma$ 坐标图上，找出 σ 与 t 之间的关系，用外推法求出数万小时至十万小时的持久强度。如图 3-41 所示为 12Cr1MoV 钢在 580℃及 600℃的持久强度曲线。试验最长时间为几千小时（实线部分），但用外推法（虚线部分）可得到一万至十万小时的持久强度值，故有 12Cr1MoV 钢在 580℃，10000h 的持久强度为 $\sigma_{10000}^{580}=$ 107.8MPa。外推法很粗略，为防止意外，一般限制外推时间不超过一个数量级。

在试验过程中应注意：

（1）如果需要测定持久强度极限与时间关系曲线，至少在五个应力水平测出持续时间，每个应力水平有效试样不少于三根。

（2）试验过程中，如发生意外情况必须暂停试验时，应将试样上的负荷卸掉。待排除故障后，升温达到试验温度后，保温 30~60min，再重新加上负荷，继续做试验。试样未受力

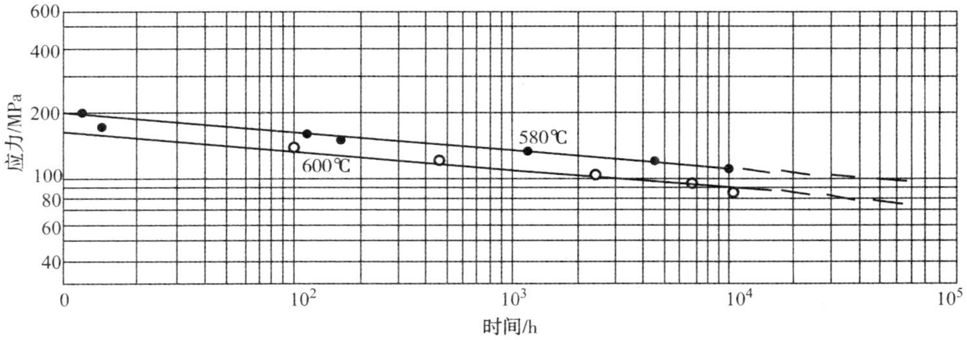

图 3-41　12Cr1MoV 钢的持久强度曲线

时间应从总的持续时间内减去，如果试验总的有效持续时间不低于材料技术条件要求，试验结果有效，否则试验结果作废。

（3）试验有下列情况之一者，结果作废：

a. 试样断在标记上或平行部分之外；

b. 断口处发现有冶金缺陷；

c. 试样过热，安装偏斜或受力不正常。

3. 应力松弛试验

应力松弛试验是指在规定温度下，受拉或受压的试样构件在总变形保持不变而随时间延续应力自行降低的试验。应力松弛试验通常有两种试验方法。

1）拉伸应力松弛试验

用圆柱形试样施加轴向载荷，保持其总变形不变，测定试样内剩余应力随时间的降低值。

2）弯曲松弛试验

采用半开口的环形试样，其工作部分设计成等强度。试验时，在开口处打入楔子，使工作部分保持恒定的弯曲变形，在试验过程中不同时刻测定试样的弹性张开位移 Δ，代入剩余应力计算公式 $\sigma = AE\Delta$，算出剩余应力。式中 A 为环形试样尺寸常数，标准试样的 A 值为 0.000583；E 为弹性模量。

第 4 章　材料的物理性能与检测

材料的发展日新月异，先进材料已经成为当代文明的主要支柱之一，对材料，尤其是先进材料的认知水平、掌握和应用能力，决定着一个国家的综合国力和文明进步速度。而大多数先进材料的性能主要体现在材料的物理性能方面，高性能的半导体材料促进了计算技术的飞速发展，耐高温的轻质材料推动了航天技术的发展。材料的物理性能主要包括热学性能、光学性能、电学性能、磁学性能等，衡量一种材料的物理性能是否先进，主要依赖于其物理性能指标，而准确的获得物理性能指标主要依赖于检测和表征材料的手段。本章主要介绍材料的各种物理性能指标及检测材料各种物理性能的方法，从而为发展更高性能的先进材料指明方向，为更好的使用材料奠定坚实的物理基础。

4.1　热学性能与检测

热学性能是材料最基本的特征，通常是指材料的比热容、热膨胀、热传导、热辐射、热电势和热稳定性等，其中包括的热学参数有：比热容、导热系数、导温系数、熔点、沸点、汽化热、溶解热、临界温度、临界压力、线膨胀系数与体膨胀系数、热辐射性质等，甚至还有的学者，将密度、黏度、扩散系数等传输性质、焓和熵等热力学参数也包含在热学性质的范围内。

材料的热学性质及其数据在工程技术中至关重要，几乎所有的技术领域都不可避免地涉及到热现象，例如，传热、燃烧、物态变化、相变等过程，对于能源动力、化工、建筑、冶金、制冷、航空、航天等领域内，材料诸多热学参数的精确度和准确度，将直接影响材料的服役寿命。工程上在许多不同的场合下，对材料的热学性能提出了不同的要求：例如，精密天平、标准尺以及标准电容等使用的材料，要求具有低的热膨胀系数；而各种热敏元件则要求尽可能高的热膨胀系数；工业炉衬、建筑材料及航天飞行器在重返大气层时要求具有优良的绝热性能，而燃气轮机叶片和晶体管散热器等则要求具有良好的导热性能。此外，在某些工程领域中，材料的热学性质往往成为技术关键，例如：

(1) 材料的热膨胀行为会产生热形变或热应力，对于精密机械，例如，光学仪器或计量仪器等，热形变会引起设备性能的降低；此外，当工件从高温发生淬火和回火时，热应力变得更为重要，这就要求设计者必须对材料的热膨胀系数要有详细深入的了解。

(2) 接触热传导表征了固体接触界面的传热能力，为了精确地计算传热问题，必须对接触热导面的热导系数进行精确地测量。

(3) 现代空间科学技术要求材料在变温条件、甚至在极端温度条件下能稳定、可靠地工作。如空间飞行器从发射、入轨以后的轨道飞行、直到再返回地球的过程中，都会考虑在超高温和极低温条件之下的热学问题，必须要有“有效的隔热与防热措施”。这依赖于对其热过程进行热学分析和热学设计。导热系数(λ)、比热容(C_V 或 C_P)、导温系数(即热扩散)、热膨胀系数 α 等则是热学计算和热学设计的关键参数，也是研制、评价和优选所用隔热和防热材料的主要技术依据。

4.1.1　材料比热容的检测

比热容是材料重要的物理参数，比热容的测量是研究材料相变过程的重要手段。很多工程结构的设计都需要考虑材料的比热容。以热处理炉为例，炉体机构的比热容大，则升温与降温比较困难，但炉温的稳定性容易保证；反之，炉体机构的比热容小，升降温容易，温度控制灵敏度高，但炉温的稳定性较差。在金属材料的研究中，比热容的测定具有非常广泛的用途，例如，由于淬火钢在回火过程中各个阶段组织转变的热效应不同，因此可通过对其比热容进行测定，来研究各个转变阶段的情况。

1. 材料比热容的用途和重要性

材料是由晶体和非晶体组成的，材料各种热学性能的物理本质，均与其晶格热振动有关。晶体点阵中的质点(原子、离子)总是围绕着平衡位置附近做微小的振动，称为晶格热振动。晶格振动是三维的，可以在空间上将其分解为三个方向上的线性振动。在一维单原子链模型中，设每个质点的质量为 m，在某一时刻，第 n 个质点在 x 方向上偏离其平衡位置的位移为 $u_n(x, t)$，相邻的第 $n-1$ 个和第 $n+1$ 个质点的位移为 $u_{n-1}(x, t)$ 和 $u_{n+1}(x, t)$。如果只考虑最近邻位置的影响，根据牛顿第二定律可知，第 n 个质点的运动方程如公式(4-1)所示：

$$m\frac{\partial^2 u_n}{\partial t^2}=\beta(\mu_{n+1}+\mu_{n-1}-2\mu_n) \tag{4-1}$$

式中　β——弹簧振动时的劲度系数。

众所周知，固体的比热容源于受热后点阵离子的振动加剧和体积膨胀对外做功，根据原子和离子热振动的特点，从理论上阐明了比热容的本质，并建立了比热容随温度变化的定量关系，主要内容包括经典比热容理论、爱因斯坦的量子比热容理论及德拜的量子比热容理论。

2. 比热容的基本理论

1）比热容的概念

当物体受热时，它的温度将会升高，不同的物体升高到相同的温度时，吸收的热量是不相同的。在不发生相变和化学反应时，材料温度升高 1K 时所需要的热量 Q，称为材料的热容。在温度 T 时，材料热容的表达式如公式(4-2)所示：

$$C_T=\frac{\Delta Q}{\Delta T} \tag{4-2}$$

工程上所用的平均热容是指材料从温度 T_1 到温度 T_2 所吸收的热量的平均值，表达式为：

$$C_T=\frac{\Delta Q}{T_2-T_1} \tag{4-3}$$

因此，不同温度下材料的热容是不同的。比热容与材料物质的量的多少有关，单位质量的热容叫比热容，简称比热，以 $J \cdot K^{-1} \cdot kg^{-1}$ 为单位；单位摩尔物质的热容叫摩尔热容，单位为 $J \cdot K^{-1} \cdot mol^{-1}$。

对于一个具体的工件来说，升高 1K 所需要的热量并不是确定的，还与发生的热过程有关，因此热容是一个过程量，分为等(定)压热容 C_P 和等(定)容热容 C_V。其表达式分别为式(4-4)和式(4-5)所示。

定压热容： $C_P=\left(\frac{\Delta Q}{\Delta T}\right)_P=\left(\frac{\Delta U+P\Delta V}{\Delta T}\right)_P=\frac{\Delta U}{\Delta T}+P\frac{\Delta V}{\Delta T}=\left(\frac{\partial H}{\partial T}\right)_P$ （4-4）

定容热容： $C_V=\left(\frac{\Delta Q}{\Delta T}\right)_V=\left(\frac{\Delta U+P\Delta V}{\Delta T}\right)_V=\left(\frac{\partial U}{\partial T}\right)_V$ （4-5）

式中 H——体系的焓，J；

U——内能，J；

$H=U+PV$，J。

由于体系在恒压加热过程中，除了升高温度之外，还对外做功。根据热力学第二定律的相关知识，定压摩尔热容和定容摩尔热容之间的关系为：

$$C_{P,m}-C_{V,m}=\alpha^2 V_m T/K \qquad (4-6)$$

式中 α——体积膨胀系数；

V_m——摩尔体积；

K——三向静力压缩系数。

事实上，测得定压摩尔热容 $C_{P,m}$之后，可根据公式(4-6)来计算出 $C_{V,m}$的值。

热容是随着温度而变化的，在不发生相变的条件下，多数物质的摩尔热容测量结果表明，定压摩尔热容和定容摩尔热容随温度变化具有类似的规律，如图 4-1所示。从图中可以看出，在低温区，二者的差别很小，随着温度的增加，二者相差也逐渐增大。

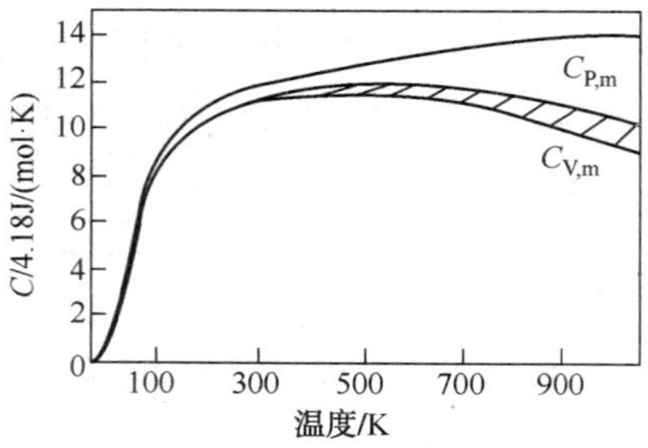

图 4-1 NaCl 的热容随温度变化曲线

2）比热容的性质

（1）元素的热容定律 19 世纪，人们发现了元素的热容定律，又称杜隆-珀替定律：恒压下元素原子的摩尔热容大小为 3R(单位为 J · K^{-1} · mol^{-1})，根据热容的定义可知，$C_V=\left(\frac{\partial E}{\partial T}\right)_V=3R\approx 25$J/mol · K。事实上，除了一些轻元素的热容比上述值要小些外，大部分元素的原子热容都接近该值，尤其是在高温的情况下更是如此。一些轻元素的热容值如表 4-1 所示。

表 4-1 部分轻元素的等压摩尔热容值 $C_{P,m}$ J · K^{-1} · mol^{-1}

元素	H	B	C	O	F	Si	P	S	Cl
$C_{P,m}$	9.6	11.3	7.5	16.7	20.9	15.9	22.5	22.5	20.4

（2）化合物的热容定律 又称柯普定律：化合物分子的摩尔热容等于构成该化合物中各元素原子的摩尔热容之和。

（3）在整个温度区间内，材料的热容满足以下规律：材料在低温时，比热容随温度降低而减小，在接近 0K 时，比热容按 T^3的规律趋于零(已经验证的关系是：$C_{V,m}=AT^3$，其中 A 是一个与温度无关的参数)；只有在温度高于某一数值时，材料的热容才趋于定值，即 3R，如图 4-2 所示。对应于热容为 3R 的临界温度称为德拜温度 θ_D。表 4-2、

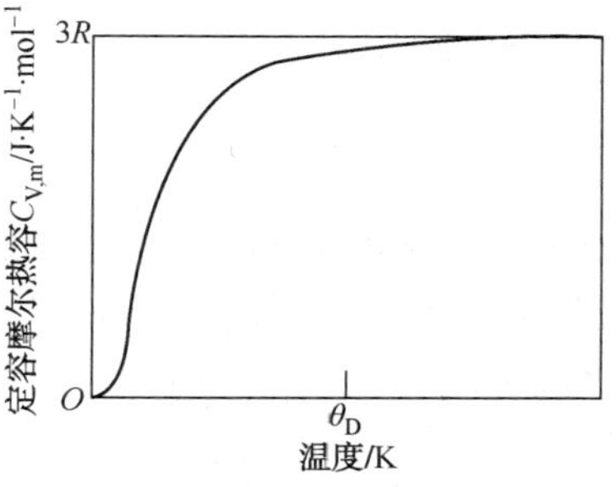

图 4-2 金属铜的定容摩尔热容随温度变化曲线

表 4-3 列出了部分金属材料的实测恒压摩尔热容和比热容。

表 4-2　部分金属材料的恒压摩尔热容 $C_{P,m}$　　$J \cdot K^{-1} \cdot mol^{-1}$

温度/K	W	Ta	Mo	Nb	Pt
1000					30.03
1300		28.14	30.66	27.68	31.67
1600	29.32	28.98	32.59	29.23	34.06
1900	30.95	29.85	35.11	30.91	37.93
2200	32.59	30.87	39.69	33.43	
2500	34.57	32.08	48.3	37.08	
2800	37.84	34.06			
3100	43.26				
3400	53.13				
3600	63				

表 4-3　部分钢的比热容 C　　$\times 10^{-3}/J \cdot K^{-1} \cdot kg^{-1}$

钢　号	温度/℃										
	100	200	300	400	500	600	700	800	900	1000	1100
20	0.51	0.52	0.54	0.57	0.63	0.74		0.70	0.61	0.62	0.63
35	0.48	0.51	0.56	0.61	0.66	0.71	1.26	0.83	0.66	0.62	0.65
40Cr	0.49	0.52	0.55	0.59	0.65	0.75		0.61	0.62	0.62	0.63
9Cr2SiMo	0.46	0.50	0.56	0.62	0.68	0.74		0.83	0.70	0.71	0.72
30CrNi3Mo2V	0.48	0.53	0.55	0.59	0.66	0.75	0.92	0.66	0.66	0.67	0.67
3Cr13	0.43	0.48	0.55	0.63	0.70	0.78	0.93	0.74	0.69	0.70	0.72

3. 比热容的检测方式及原理

比热容的测试方法很多，如混合法和电热比热容测量法等；但没有统一标准，这里仅介绍最常用的两种测量方法。

1）混合法测量固体材料的比热容

（1）测试原理　测试仪器量热器示意图如图 4-3 所示，在与外界没有热交换的条件下（即绝热条件下），温度不同的物体进行混合，最终将达到均匀稳定的平衡温度时，高温物体放出的热量等于低温物体所吸收的热量。

（2）测试方法　将质量为 m、温度为 T_2 的试样投入到盛放有质量为 m_0，比热容为 c_0，温度为 T_1 的水的绝热杯中，量热器的比热容为 q，热平衡后的混合温度为 T_3。在忽略量热器与外界热交换的情况下，可按照下式(4-7)求出试样的比热容：

$$c=\frac{(m_0c_0+q)(T_3-T_1)}{m(T_2-T_3)} \tag{4-7}$$

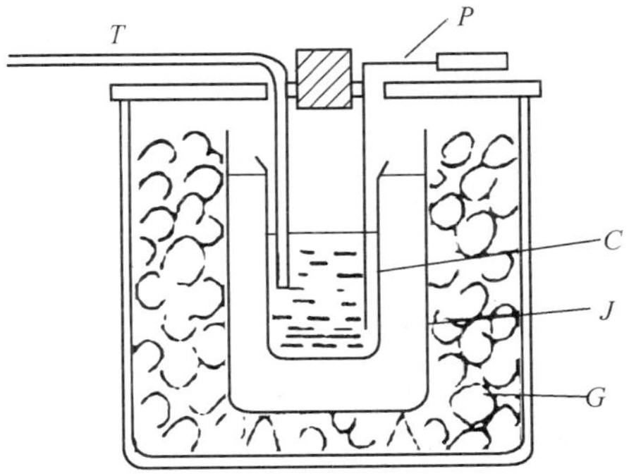

图 4-3　量热器示意图

采用混合法测量比热容是在假定量热器与外界环境没有热交换的理想情况下的结论，实际上只要存在温差，就必然存在热交换，因此，必须考虑如何防止或者降低热量的散失。

2）电热法测量固体的比热容

电热法测量固体的比热容测试仪器如图 4-4 所示。通过电热功的测量，即可换算出比热容。具体换算方法如公式(4-8)和式(4-9)所示。

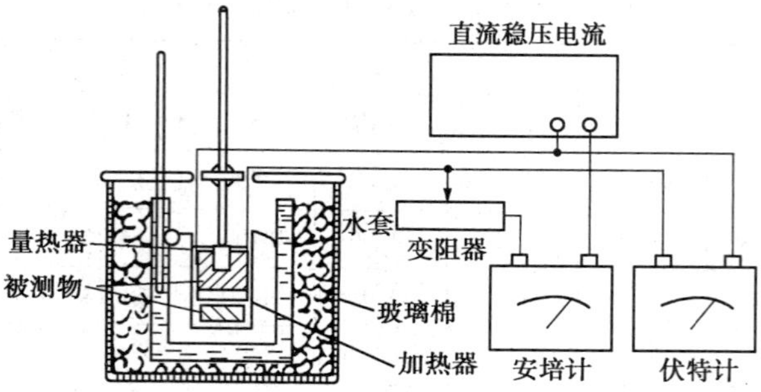

图 4-4　用电热法测定比热容的装置示意图

3）测量方法

当加热器两端的电压为 V、电流强度为 I，τ 秒后量热器的温度从 T_1 升高至 T_2 时，电热功为 $VI\tau$ 焦耳。在量热器与外界环境无热交换的条件下，如公式(4-8)所示：

$$VI\tau=(mc+m_0c_0+m_1c_1+q_1+q_2)\cdot(T_2-T_1) \tag{4-8}$$

式中　m——样品质量，g；

c——样品比热容，$J\cdot K^{-1}\cdot kg^{-1}$；

m_0——量热器中水的质量，g；

c_0——水的比热容，$J\cdot K^{-1}\cdot kg^{-1}$；

m_1——量热器的质量，g；

c_1——量热器的比热容，$J\cdot K^{-1}\cdot kg^{-1}$；

q_1——加热器的比热容，$J\cdot K^{-1}\cdot kg^{-1}$；

q_2——温度计插入水中部分的比热容，$J\cdot K^{-1}\cdot kg^{-1}$。

变换上式(4-8)可得到被测固体的比热容为：

$$c=\frac{1}{m}\left(\frac{VI\tau}{T_2-T_1}-m_0c_0-m_1c_1-q_1-q_2\right) \tag{4-9}$$

4）影响材料比热容的因素

对于固体材料而言，比热容与材料本身结构的关系不大。一般情况下，影响比热容的因素主要有 2 个：

（1）相变　当金属或者合金发生相变时，比热容将出现突变，而且还会产生附加的热效应，使材料的热焓和比热容发生异常变化，相变对比热容的影响可分为三种情况：第一，一级相变：如固态的多构型转变、珠光体转变等相变过程。在临界点 T_C 附近，热焓曲线将出现阶跃，导致比热容曲线出现不连续变化，比热容为无限大；第二，二级相变：如磁性转变等相变过程。在一定的温度范围内逐步完成，热焓无突变，仅在靠近转变点的狭窄温度区间内，有明显的增大，导致比热容增大；在转变点附近，热焓达到最大值，比热容也相应的达到最大值；随后，随着温度的增大，比热容曲线迅速下降，然后逐渐降低回复到正常值。第三，不可逆转变：如回火转变等相变过程，该过程中产生的热效应具有不可逆性。其中，一级相变和二级相变时焓变与比热容变化的曲线如图 4-5 所示。

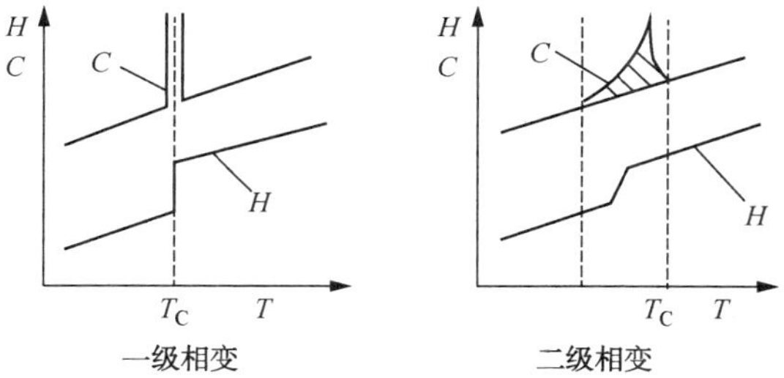

图 4-5　一级相变和二级相变的焓和比热容与温度之间的变化

（2）温度　材料的热容与温度的关系可由实验来精确的测定，根据某些实验的结果可整理得到如下材料恒压摩尔热容和温度的经验公式：

$$C_{P,m}=a+bT+cT^2+\cdots \quad (4-10)$$

由公式(4-10)可知，当温度的范围增大时，恒压摩尔热容并不是与温度呈现简单的线性关系。

4. 比热容的应用

通过固体在加热或冷却过程中出现的各种热效应，例如固态相变、熔化、凝固、分解和聚合等过程中产生的放热或者吸热效应进行物质鉴定是非常重要的材料研究手段。在金属材料的研究中，比热容有广泛的用途。例如，根据钢在回火过程各个阶段组织转变热效应的不同，通过对比其比热容的大小，来研究各个过程中的组织转变的情况。图 4-6 为采用撒克司法测得的含碳量为 0.74%钢在回火时比热容的变化曲线。从图中曲线 1 可以看出，材料若无组织转变，比热容通常应呈直线变化，但含碳量为 0.74%的淬火钢在加热过程中存在组织转变，在不同的温度区间产生 3 种不同的热效应。其中热效应Ⅰ对应于淬火马氏体转变为回火马氏体，此时，马氏体的正方度减小，并从固溶体中析出 ε 碳化物相；热效应Ⅱ由残余奥氏体分解引起，即由残余奥氏体转变为回火马氏体并析出碳化物；热效应Ⅲ是由碳化物转变为渗碳体及位错的大量减少引起的。因此根据加热过程中比热容的变化即可获得组织变化的信息。

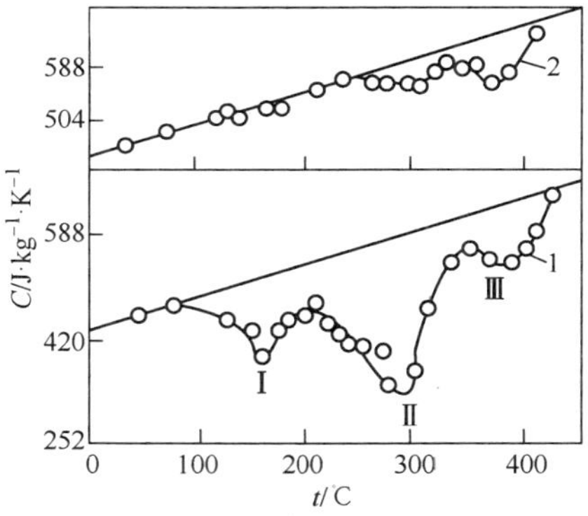

1—淬火态样品；2—250℃时回火 2h 的样品

图 4-6　$\omega(C)=0.74\%$的碳钢淬火后加热温度与比热容之间的关系

如果预先将试样在 250℃回火 2 小时，使残余奥氏体发生分解，再采用上述方法测量比热容，则会得到图 4-6 所示的比热容曲线 2。由图可知，热效应Ⅰ已经完全消失，表明马氏体已转变为回火索氏体；热效应Ⅱ显著减少，意味着 250℃回火已使部分残余奥氏体产生分解，尚未分解的继续分解为铁素体和碳化物；与曲线 1 相同的热效应Ⅲ表明，250℃回火对碳化物转变为渗碳体不产生影响。

4.1.2　材料热膨胀性能的检测

1. 材料热膨胀性能的用途和重要性

热膨胀系数是固体材料的一项重要的热学性能，材料的膨胀分析也是一种非常重要的检测手段。例如，钢组织转变产生的体积效应会引起材料的膨胀与收缩，并叠加在加热或冷却过程中单纯因温度改变引起的膨胀与收缩。因此，在组织转变的温度范围内，由于附加的膨胀效应，导致膨胀曲线偏离一般规律，致使在组织转变的开始和终了时，曲线出现拐折，拐折点即对应着转变时的开始与终结温度。因此，通过膨胀曲线的分析，可以测定相变温度和相变动力学曲线。

2. 材料热膨胀性能的理论

物体的长度或体积随温度的升高而增大的现象称为热膨胀，可分别用线膨胀系数与体膨胀系数来表示。

线(体)膨胀系数指温度升高 1K 时，物体的长度(体积)的相对增加。表达式为：

$$线膨胀系数：\alpha_L=\frac{dL}{LdT} \tag{4-11}$$

$$体膨胀系数：\alpha_V=\frac{dV}{VdT} \tag{4-12}$$

式中　L、V——表示材料在温度 T 时的长度和体积。

通常采用平均膨胀系数表示，即：

$$平均线膨胀系数：\overline{\alpha_l}=\frac{\Delta L}{L_0\Delta T}=\frac{L_T-L_0}{L_0(T-T_0)} \tag{4-13}$$

$$平均体膨胀系数：\overline{\alpha_V}=\frac{\Delta V}{V_0\Delta T}=\frac{V_T-V_0}{V_0(T-T_0)} \tag{4-14}$$

这样，材料在温度 T 时的长度和体积为：

$$L_T=L_0(1+\overline{\alpha_l}\Delta T) \tag{4-15}$$

$$V_T=V_0(1+\overline{\alpha_V}\Delta T) \tag{4-16}$$

式中　L_0、V_0、L_T、V_T——材料在温度 T_0、T 时的长度和体积。

在使用平均膨胀系数时，要特别注意温度范围。无机非金属材料的线膨胀系数一般较小，约为 $10^{-5}\sim10^{-6}K^{-1}$。各种金属和合金在 0～100℃ 的线膨胀系数也为 $10^{-5}\sim10^{-6}K^{-1}$，钢的线膨胀系数多在 $(10\sim20)\times10^{-6}K^{-1}$ 范围。一般隔热用耐火材料的线膨胀系数，常指 20～1000℃ 范围内的平均热膨胀系数。实际上，固体材料的热膨胀系数值并不是一个常数，而是随温度变化而变化，通常随温度升高而加大，如图 4-7 所示。

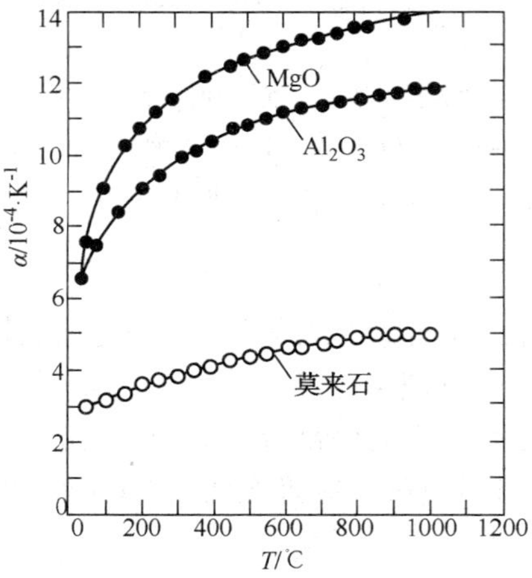

图 4-7　某些无机材料的热膨胀系数随温度变化曲线

固体材料热膨胀的本质，归因于点阵结构中质点间平均距离随温度升高而增大。在晶格振动中，曾近似地认为质点的热振动是简谐振动。对于简谐振动，升高温度只能增大振幅，而不会改变平衡位置，因此质点间平均距离不会因温度升高而改变。热量变化不能改变晶体的大小和形状，也就不会有热膨胀，这显然是不符合实际的。

实际上，在晶格振动中相邻质点间的作用力是非线性的，即作用力并不简单地与位移成正比，这种效应称为晶格振动的非(简)谐效应。图 4-8 为晶体中两个原子互作用势能的非谐效应与简谐效应曲线。

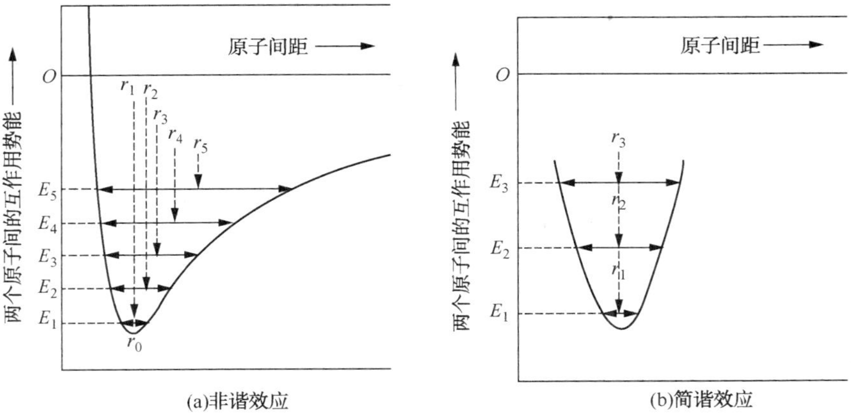

图 4-8　晶体热膨胀的非谐效应与简谐效应曲线

从图 4-8 中图(a)可以看出，质点在平衡位置两侧时，受力并不对称。在质点平衡位置 r_0 的两侧，合力曲线的斜率是不等的。当 $r<r_0$ 时，斥力随位移变小增大得很快；$r>r_0$ 时，引力随位移变大增大得慢些。

比较图 4-8 中图(a)与(b)可以看出，在这样受力情况下，质点振动时的平衡位置就不在 r_0 处，而要向右移。因此，相邻质点间的平均距离增加。当温度越高，振幅越大。质点在 r_0 受力不对称情况越显著，平衡位置向右移动越多，相邻质点间平均距离就增加得越多，从而导致晶体膨胀。

3. 材料热膨胀性能的检测方法及原理

热膨胀是衡量材料热稳定性优劣的一个重要指标。绝大多数物质都具有“热胀冷缩”的特性，这是由于物体内部分子热运动加剧或减弱造成的。目前，测定材料线膨胀系数的方法很多，有示差法(或称“石英膨胀计法”)、双线法、光干涉法等。在这些测试方法中，示差法具有广泛的实用意义。示差法测试热膨胀系数的原理如下。

当物体的温度从 T_1 上升到 T_2 时，其体积也从 V_1 变化为 V_2，则该物体在 $T_1\sim T_2$ 的温度变化范围内，温度每上升一个单位，单位体积物体的平均增长量为平均体膨胀系数。从测试技术来说，测体膨胀系数较为复杂。因此，在讨论材料的热膨胀系数时，常常采用线膨胀系数，其意义是温度升高 1℃时单位长度上所增加的长度，单位为 $cm \cdot ℃^{-1}$。将试样装在装样管内用顶杆压住试样，顶杆与位移传感器接触，在加热炉中，通过精密温度控制仪控制，按规定的升温速率加热试样到试验最终温度，并经位移传感器测量加热过程中试样的线膨胀情况。

材料的线膨胀是材料受热膨胀时，在一维方向上的伸长。线胀系数是选用材料的一项重要指标。经验表明，在一定的温度变化范围内，原长为 L 的物体，受热后其伸长量 ΔL 与其温度的增加量 Δt 近似成正比，与原长 L 亦成正比，即

$$\Delta L=\alpha L\Delta t \tag{4-17}$$

式中的比例系数 α 称为固体的线膨胀系数(简称线胀系数)。大量实验表明，不同材料的线

胀系数不同，塑料的线胀系数最大，金属次之，钢、石英的线胀系数很小。在温度变化不大的范围内，通常材料线胀系数可认为是一常量。为了测量线胀系数，可将材料做成条状或杆状。由式(4-17)可知，测量出温度 t_1 时杆长 L、受热后温度达 t_2 时的伸长量 ΔL 和受热前后的温度 t_1 及 t_2，则该材料在(t_1，t_2)温区的线胀系数为：

$$\alpha=\frac{\Delta L}{L(t_2-t_1)} \tag{4-18}$$

其物理意义是固体材料在(t_1，t_2)温区内，温度每升高1℃时材料的相对伸长量，其单位为(℃)$^{-1}$。测量线胀系数的关键问题在于如何测伸长量 ΔL。先粗估算出 ΔL 的大小，若 $L\approx250$mm，温度变化(t_2-t_1)≈100℃，金属的 α 数量级为 10^{-5}(℃)$^{-1}$，则可估算出 $\Delta L\approx$ 0.25mm。对于这么微小的伸长量，用普通量具如钢尺或游标卡尺是测不准的，可采用千分表(分度值为0.001mm)、读数显微镜、光杠杆放大法、光学干涉法等测量。

4.1.3 材料热传导性能的检测

1. 材料热传导性能的用途和重要性

当固体材料一端的温度比另一端高时，热量会自发地从温度较高的一端传向温度较低的一端，这个现象称之为热传导。不同材料在导热性能上有很大的差异，有些材料是极为优良的绝热材料，而有些材料则是热的良导体。例如，在核反应堆中，燃料元件的最高使用温度直接与这些元件的导热系数有关，热电动力堆的效率是加热元件导热系数的函数；在航空航天应用方面，所遭遇到的极端环境温度，燃料的低温储存和火箭头部再入烧蚀等均需要准确地测量材料的导热系数；在电子信息材料的研究中，寻找高导热、低膨胀系数的材料也是一个重要的课题。

2. 材料热传导性能的理论

1）傅立叶导热定律

对于各向同性的物质，当在 x 轴方向存在温度梯度 $\mathrm{d}T/\mathrm{d}x$、且各点温度不随时间变化(稳定传热)时，则在 Δt 时间内沿 x 轴方向传过横截面积 A 的热量 Q，由傅立叶定律求得：

$$Q=-\lambda\frac{\mathrm{d}T}{\mathrm{d}x}A\Delta t \tag{4-19}$$

式中：负号表示表示热流逆着温度梯度方向，λ 为热导率或导热系数，反映了材料的导热能力，单位为 $\mathrm{W\cdot m^{-1}\cdot K^{-1}}$ 或 $\mathrm{J\cdot m^{-1}\cdot K^{-1}\cdot s^{-1}}$。其物理意义为：单位温度梯度下，单位时间内通过单位横截面的热量。

不同材料的导热能力具有很大的差异，如金属的导热系数 λ 为 $2.3\sim417.6\mathrm{W\cdot m^{-1}\cdot K^{-1}}$，通常将 $\lambda<0.22\mathrm{W\cdot m^{-1}\cdot K^{-1}}$ 的材料称为隔热材料。需要注意的是傅立叶定律适用条件为稳定传热过程即物体内温度分布不随时间改变。

2）热扩散率(导温系数)

对于非稳定传热过程，即物体内各处温度分布随时间而变化，例如一个与外界无热交换，本身存在温度梯度的物体，随着时间的推移，存在着热端温度不断降低和冷端温度不断升高，最终达到一致的平衡温度，即是一个 $\mathrm{d}T/\mathrm{d}x\to0$ 的过程。该物体内单位面积上温度随时间变化率为：

$$\frac{\partial T}{\partial t}=\frac{\lambda}{\rho C_{\mathrm{P}}}\cdot\frac{\partial^2 T}{\partial x^2} \tag{4-20}$$

式中　ρ——密度；

C_{P}——等压比热容。

如果定义：

$$a=\frac{\lambda}{\rho C_{\mathrm{P}}} \tag{4-21}$$

式中，a 称为导温系数或热扩散率，表征材料在温度变化时，材料内部温度趋于均匀的能力。在相同加热或冷却条件下，a 越大，物体各处温差越小，越有利于热稳定性。

3. 固体材料热传导的微观机理

不同类型物质的导热机构不同。例如，气体传递热能方式是依靠质点间的直接碰撞来传递热量；固体中的导热机构主要是由晶格振动的格波和自由电子的运动来实现的。金属中有大量自由电子且电子质量很轻，能迅速实现热量传递，因而主要靠自由电子传热，晶格振动是次要的，因此金属的导热系数较大，在 2.3~417.6$\mathrm{W\cdot m^{-1}\cdot K^{-1}}$；非金属晶体，如一般离子晶体晶格中，自由电子是很少的，因此，晶格振动是这类材料的主要导热机构。

对于纯金属，导热主要靠自由电子，而合金导热过程则要同时考虑声子导热的贡献。由金属自由电子论可知，金属中大量的自由电子可视为自由电子气，借用理想气体的热导率公式来描述自由电子热导率，是一种合理的近似。理想气体热导率的表达式为：

$$\lambda=\frac{1}{3}C_{\mathrm{V}}vl \tag{4-22}$$

式中　C_{V}——单位体积气体比热容；

v——分子平均运动速度；

l——分子运动平均自由程。

将自由电子气的相关数据代入式(4-22)，即可求得自由电子的导热系数 λ_e。

4. 实验原理及测试方法

热导率表征了物质热传导的能力，其数值等于两相距单位长度的平行平面上、当温度相差一个单位时、在单位时间内垂直通过单位面积所流过的热量。根据此定义设计测试方法如下。该方法主要针对热的不良导体，试样加工为规定尺寸的圆盘形状。如图 4-9 所示，测试热导率时在支架上先放上散热铜盘 B，在 B 的上面放上待测试样 C，再把带发热器的圆铜盘 A 放在 C 上。发热器通电后，热量从 A 盘传到 C 盘，再传到 B 盘，由于 A、B 盘都是良导体，其温度即可以代表 C 盘上、下表面的温度 T_1 和 T_2，T_1、T_2 分别由插入 A、B 盘边缘小孔的热电偶来测量，热电偶的冷端则浸在杜瓦瓶 G 中的冰水混合物，通过传感器切换开关 K_1 切换 A、

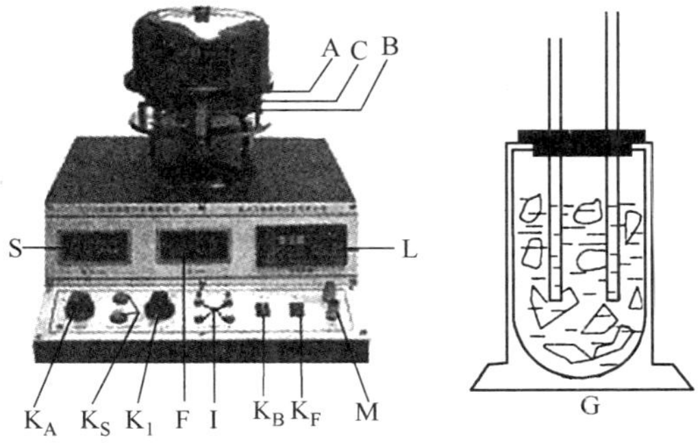

图 4-9　TC-3 型热导率测定试样热导率示意图

A—加热铜盘；B—散热铜盘；C—待测样品；F—毫伏表；G—杜瓦瓶；L—PID 表；M—外接；I—传感器插孔；S—计时表；K_A—加热选择；K_B—风扇开关；K_F—电源开关；K_S—计时按钮；K_1—传感器切换

B 盘中的热电偶 I_{I}、I_{II} 与数字电压表 F 的连接回路。由热传导方程可知，单位时间内通过待测试样盘 C 任一圆截面的热流量 $\Delta Q/\Delta t$ 为：

$$\frac{\Delta Q}{\Delta t}=\lambda\frac{T_1-T_2}{h_C}\pi R_C^2 \tag{4-23}$$

式中 R_C——样品的半径，cm；

h_C——样品的厚度，cm。

当热传导达到稳定状态时，T_1 和 T_2 的值不变，于是通过试样盘 C 上表面的热流量与由散热铜盘 B 向周围环境散热的速率相等，因此，可通过铜盘 B 在稳定温度 T_2 时的散热速率来求出热流量 $\Delta Q/\Delta t$。实验过程中，当 T_1、T_2 稳定后，即可将 C 盘移去，而使盘 A 的底面与铜盘 B 直接接触。当盘 B 的温度上升到高于稳定时的值 T_2 若干摄氏度后，再将圆盘 A 移开，让铜盘 B 自然冷却。观察温度 T_2 随时间 t 变化情况，求出铜盘 B 在 T_2 的冷却速率 $\frac{\Delta T}{\Delta t}\Big|_{T=T_2}$，而 $\frac{\Delta Q}{\Delta t}=m_Bc\frac{\Delta T}{\Delta t}\Big|_{T=T_2}$（其中 m_B 为紫铜盘 B 的质量，c 为铜材的比热容），即为紫铜盘 B 在温度为 T_2 时的散热速率。但要注意：这样求出的 $\frac{\Delta T}{\Delta t}\Big|_{T=T_2}$ 是紫铜盘 B 的全部表面暴露于空气中的冷却速度，其散热表面积为 $2\pi R_B^2+2\pi R_Bh_B$（其中 R_B 和 h_B 分别为紫铜盘 B 的半径与厚度）。然而，在观察测试试样 C 的稳态传热时，B 盘的上表面（面积为 πR_B^2）是被样品覆盖着的。考虑到物体的冷却速率与它的表面积成正比，则稳态时铜盘 B 散热速率的表达式应做如下修正：

$$\frac{\Delta Q}{\Delta t}=m_Bc\frac{\Delta T}{\Delta t}\Big|_{T=T_2}\times\frac{(\pi R_B^2+2\pi R_Bh_B)}{(2\pi R_B^2+2\pi R_Bh_B)} \tag{4-24}$$

将式(4-24)代入式(4-23)得：

$$\lambda=m_Bc\frac{\Delta T}{\Delta t}\Big|_{T=T_2}\frac{R_B+2h_B}{(2R_B+2h_B)(T_1-T_2)}\frac{h_C}{\pi R_C^2} \tag{4-25}$$

式中 m_B——散热铜盘 B 的质量，kg；

c——铜的比热容，J/kg · K；

$\frac{\Delta T}{\Delta t}\Big|_{T=T_2}$——散热盘在 T_2 温度下的散热速率，mV/s；

R_B——散热盘 B 的半径，cm；

h_B——散热盘 B 的厚度，cm；

R_C——硅胶 C 的半径，cm；

h_C——硅胶 C 的厚度，cm；

T_1——硅胶上端温度，mV；

T_2——硅胶下端温度，mV。

通过式(4-25)即可获得试样的热导率。

4.1.4　材料热稳定性能的检测

1. 材料热稳定性能的用途和重要性

1）热稳定性

热稳定性是指材料承受温度的急剧变化而不致破坏的能力，又称为抗热震性。热稳定性是无机非金属材料的重要的工程物理性能。表征抗热冲击断裂性能的参量主要有三个，分别是第一热应力断裂抵抗因子 R、第二热应力断裂抵抗因子 R' 和第三热应力断裂抵抗因子 R''。它们分别从材料所能承受的最大热应力值、应力分布、材料的特性(塑性、均匀性、驰豫性等)及材料所允许的最大冷却速率等方面，描述了材料的热稳定性能。

无机材料热稳定性较差。其热冲击损坏有两种类型：一种是材料发生瞬时断裂，抵抗这类破坏的性能称为抗热冲击断裂性；另一种是材料在热冲击循环作用下，材料表面开裂、剥落，并不断发展，最终碎裂或变质，抵抗这类破坏的性能称为抗热冲击损伤性。对于脆性或低延性材料抗热冲击断裂性尤其重要。对于一些高延性材料，热疲劳是主要的问题，此时，虽然温度的变化不如热冲击时剧烈，但是其热应力水平也可能接近于材料的屈服强度，且这种温度变化反复地发生，最终导致疲劳破坏。由温度变化而引起的应力称为热应力。热应力可以导致材料热冲击破坏或热疲劳破坏。因而，了解热应力的产生及性质，对于尽可能地防止和消除热应力的负面作用具有重要意义。

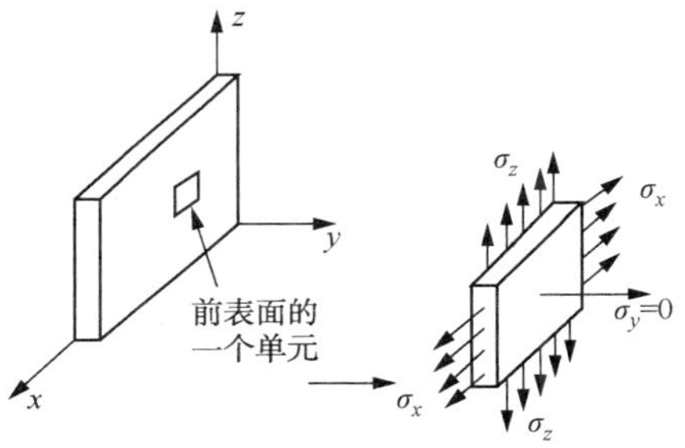

图 4-10　平面陶瓷薄板的热应力示意图

2）热应力的计算

在图 4-10 中，陶瓷薄板在 y 方向的厚度较小，当材料突然冷却的瞬间，垂直于 y 轴的各平面上的温度是一致的，但在 x 轴和 z 轴方向上，陶瓷体的表面和内部的温度有差异。外表面温度低、中间温度高，约束着前后两个表面的收缩($\varepsilon_x=\varepsilon_z=0$)，因而产生内应力$+\sigma_x$ 和$+\sigma_z$。由于在 y 方向可以自由膨胀，因而 $\sigma_y=0$。根据广义虎克定律有：

$$\text{不允许 } x \text{ 方向涨缩：}\varepsilon_x=\frac{\sigma_x}{E}-\mu\left(\frac{\sigma_y}{E}+\frac{\sigma_z}{E}\right)-\alpha_1\Delta T=0 \tag{4-26}$$

$$\text{不允许 } z \text{ 方向涨缩：}\varepsilon_z=\frac{\sigma_z}{E}-\mu\left(\frac{\sigma_x}{E}+\frac{\sigma_y}{E}\right)-\alpha_1\Delta T=0 \tag{4-27}$$

$$\varepsilon_y=\frac{\sigma_y}{E}-\mu\left(\frac{\sigma_x}{E}+\frac{\sigma_z}{E}\right)-\alpha_1\Delta T \tag{4-28}$$

解之可得：

$$\sigma_x=\sigma_z=\frac{\alpha_1 E}{1-\mu}\Delta T \tag{4-29}$$

式中：μ 为泊松比。在 $t=0$ 的瞬间，$\sigma_x=\sigma_z=\sigma_{max}$，如果恰好达到材料的极限抗拉强度 σ_f，则前后两表面将开裂破坏，代入上式可知材料所能承受的最大温度差为：

$$\Delta T_{max}=\frac{\sigma_f(1-\mu)}{\alpha_f E} \tag{4-30}$$

对于其他非平面薄板状材料制品，引入形状因子 S，则有

$$\Delta T_{max}=S\times\frac{\sigma_f(1-\mu)}{\alpha E} \tag{4-31}$$

根据上式可计算出材料骤冷时所允许的最大温差，第一热应力断裂抵抗因子 R、第二热应力断裂抵抗因子 R'和第三热应力断裂抵抗因子 R''均受到了最大温差 ΔT_{max}的影响。公式(4-30)与式(4-31)中仅包含材料的几个本征性能参数，并不包括形状尺寸数据，因而可以推广用于一般形态的陶瓷材料及制品。

2. 抗热冲击断裂性能

在三个热应力断裂抵抗因子中，第一热应力断裂抵抗因子 R 和第二热应力断裂抵抗因子 R'应用的较为普遍。

1）第一热应力断裂抵抗因子 R

根据上述的分析，只要材料中最大热应力值 σ_{max}(一般在表面或中心部位)不超过材料的强度极限 σ_f，材料就不会损坏。显然，ΔT_{max}值愈大，说明材料能承受的温度变化愈大，即热稳定性愈好，所以定义表征材料热稳定性的第一热应力断裂抵抗因子或第一热应力因子为：

$$R=\frac{\sigma_f(1-\mu)}{\alpha_1 E} \tag{4-32}$$

表 4-4 列出了一些材料的 R 的经验值。

表 4-4　常见材料的第一热应力断裂抵抗因子 *R* 的经验值

材料	σ_f/MPa	μ	$\alpha_1\times10^6$/K^{-1}	E/GPa	R/℃
Al_2O_3	325	0.22	7.4	379	96
SiC	414	0.17	3.8	400	226
RSSN①	310	0.24	2.5	172	547
HPSN②	690	0.27	3.2	310	500
LAS4③	138	0.27	1.0	70	1460

注：①烧结 Si_3N_4；②热压烧结 Si_3N_4；③锂辉石($LiOAl_2O_3\cdot 4SiO_2$)。

2）第二热应力断裂抵抗因子 R'

实际上材料是否出现热应力断裂，除了与最大热应力 σ_{max}密切相关外，还与材料中应力的分布情况、应力产生的速率和应力持续时间；材料的特性(塑性、均匀性、驰豫性等)以及存在的裂纹、缺陷等有关。因而第一热应力因子 R 虽然在一定程度上反映了材料抗热冲击性的优劣，但并不能简单地认为，材料允许承受的最大温度差 ΔT_{max}与 R 有一定的关系。热应力引起材料断裂破坏，还涉及到材料的散热问题(散热使热应力得以缓解)。与此有关的因素包括：

(1) 材料的热导率 λ。λ 越大，传热越快，热应力持续一定时间后很快缓解，所以对热稳定有利。

(2) 热的途径。这与材料或制品的厚薄程度有关，薄的制品传热通道短，很快使温度均匀。

(3) 材料表面散热速率。如果材料表面向外散热快(例如，吹风等)，材料内、外温差

变大，热应力也大。如窑内进风会使降温的制品炸裂。

对陶瓷制品，窑内进风使温度降低的最大值超过公式(4-33)所示时，将会破裂。

$$\Delta T_{\max}=\frac{\lambda\sigma_{\mathrm{f}}(1-\mu)}{\alpha_{1}E}\times\frac{1}{0.31r_{\mathrm{m}}h} \tag{4-33}$$

如果定义：

$$R'=\frac{\lambda\sigma_{\mathrm{f}}(1-\mu)}{\alpha_{1}E} \tag{4-34}$$

R'为第二热应力断裂抵抗因子，单位为 $\mathrm{J\cdot m^{-1}\cdot S^{-1}}$。则

$$\Delta T_{\max}=R'S\times\frac{1}{0.31r_{\mathrm{m}}h} \tag{4-35}$$

式中：S 为形状因子，对于无限平板 $S=1$；其他形状的 S 可通过查阅相关资料获得。

3. 材料热稳定性能的检测方法

1）陶瓷热稳定性测定方法

通常把试样加热到一定的温度，接着放入适当温度的水中，判定方法为：

（1）根据试样出现裂纹或损坏到一定程度时，所经受的热变换次数来表征热稳定性；

（2）通过一定次数的热冷变换后机械强度降低的程度来表征热稳定性；

（3）试样出现裂纹时经受的热冷最大温差来表征试样的热稳定性，温差愈大，热稳定性愈好。

2）不同材料热稳定性能的测试方法具有显著的不同，相比之下，陶瓷材料的热稳定性能测试方法最有代表性。常见例子如下：

（1）日用瓷热稳定性表示：以一定规格的试样，加热到一定温度，然后立即置于室温的流动水中急冷，并逐次提高温度和重复急冷，直至观测到试样发生龟裂，则以产生龟裂的前一次加热温度来表征其热稳定性。

（2）普通耐火材料热稳定性表示：将试样一端加热到 850℃并保温 40min，然后置于 0～10℃的流动水中 3min 或在空气中 5～10min。重复操作，直至试样失重 20%为止，以这样操作的次数来表征材料的热稳定性。

（3）某些高温陶瓷材料是以加热到一定温度后，在水中急冷，然后测其抗折强度的损失率来评定它的热稳定性。

（4）用于红外窗口的热压 ZnS，要求样品具有经受从 165℃保温 1h 后立即取出投入 19℃水中，保持 10min，在 150 倍显微镜下观察不能有裂纹，同时其红外透过率不应有变化。

4.2　材料的光学性能及其检测

光学性能是材料物理性能中非常重要的一个方面，光学材料是功能材料的重要组成部分之一。光从本质上来说是一种电磁波，材料的光学性能是材料和电磁波相互作用的结果。电磁辐射与物质之间相互作用的方式与电磁波的波长有着密切的关系。材料光学参数中最具代表性的参数是折射率 n，它决定于光在介质中的传播速度。本章将探讨固体物质中光学参数的物理意义及其检测方法。

4.2.1 材料反射率与折射率的检测

1. 光反射率与光折射率测试的目的和意义

光反射与折射均是发生在材料的表面或者界面上，因此，反射与材料表面的性质、材料的折射率和材料组成等关系密切，也与镜面反射、漫反射以及全反射的机理相关。例如，利用全反射的机理，阿贝折射仪中的三棱镜实现了对各种材料折射率的测定，此外，光纤实现对信号的传输也采用了全反射的原理，具有通信量大、不受电磁场干扰、保密性能好以及信号衰减低等特点。

折射率不仅是固体材料进行光学系统计算时的基本参量，而且也能表征液体的纯度、浓度以及化学反应过程等方面的信息。因此，在材料科学的研究和制备过程中，折射率的测定具有非常重要的地位。

2. 材料反射与折射的原理

当光从一种介质进入另一种介质时(例如，从空气进入玻璃时)，一部分光透过介质，一部分光被吸收，一部分光在两种介质的界面上被反射，还有一部分被散射。

设入射到材料表面上的光辐射能流率为 φ_0，透过、吸收、反射和散射的光辐射能流率分别为 φ_τ，φ_A，φ_R和 φ_σ。则：

$$\varphi_0=\varphi_\tau+\varphi_A+\varphi_R+\varphi_\sigma \tag{4-36}$$

式中，光辐射能流率的单位为 W/m^2，其物理意义表示单位时间内通过单位面积(与光传播方向垂直的面积)内的能量。若以 φ_0除以式(4-36)两端，得到：

$$T+\alpha+R+\sigma=1 \tag{4-37}$$

式中 T——透射系数；

α——吸收系数；

R——反射系数；

σ——散射系数。

光子与固体介质界面之间的相互作用如图 4-11 形象的描述。

当光线依次通过两种不同的介质时，光的行进方向会发生改变，称为光的“折射”，折射现象的本质是介质密度不同所致。介质对光的折射性质用材料的折射率 n 表示。光的折射与反射的示意图如图 4-12 所示。对折射率的定义主要有两种定义方式：

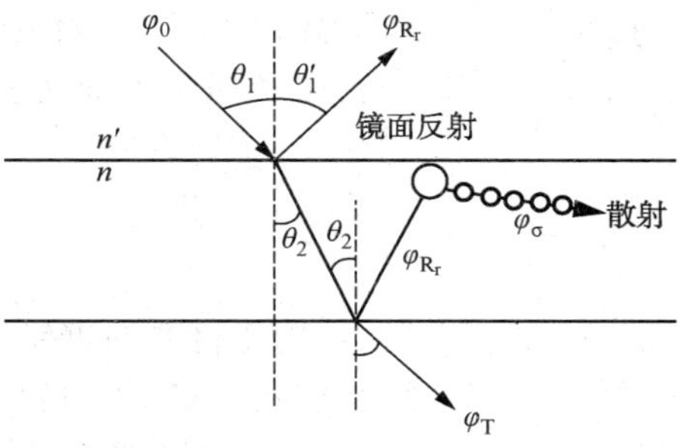

图 4-11 光与介质界面的相互作用示意图

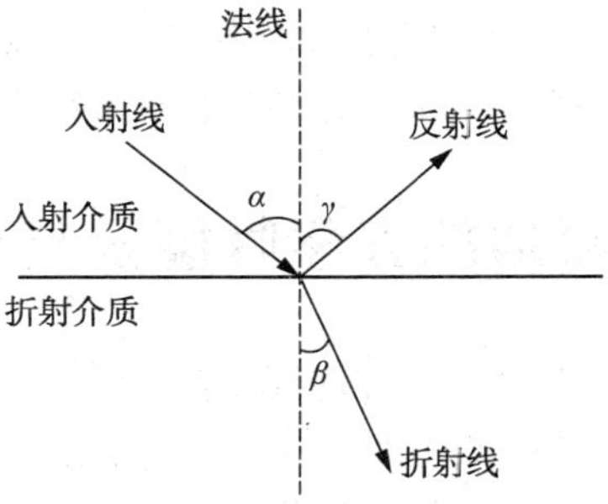

图 4-12 光的折射与反射示意图

(1) 光从真空进入介质材料时，速度降低，两者的速度之比即为材料的绝对折射率，即：

$$n=\frac{c}{v_m} \tag{4-38}$$

式中 c——光在真空中的传播速度；

v_m——光在材料中的传播速度。

（2）如果光从材料 1 通过界面进入材料 2，则与界面法线所形成的入射角 α、折射角 β 与两种材料的折射率 n_1 和 n_2 有如下的关系：

$$\frac{\sin\alpha}{\sin\beta}=\frac{n_2}{n_1}=\frac{v_1}{v_2}=n_{21} \tag{4-39}$$

式中，v_1 和 v_2 分别为光在材料 1 和材料 2 中的传播速度；n_1 和 n_2 分别为材料 1 和材料 2 的绝对折射率；n_{21} 为材料 2 相对于材料 1 的相对折射率。由于光在真空中的速度最快，因此，介质的折射率是大于 1 的常数。如空气的折射率 $n=1.0003$。常见固体物质的折射率见表 4-5 所示。

表 4-5 常见固体物质的折射率

玻璃	平均折射率	双折射	晶体	平均折射率	双折射
正长石（$KAlSi_3O_8$）组成的玻璃	1.51		氟化钠（NaF）	1.326	
钠长石（$NaAlSi_3O_8$）组成的玻璃	1.49		刚玉（Al_2O_3）	1.76	0.008
霞石正长岩组成的玻璃	1.50		尖晶石（$MgAl_2O_4$）	1.72	
氧化硅玻璃（SiO_2）	1.458		锆英石（$ZrSiO_4$）	1.95	0.055
高钙硅酸盐玻璃	1.51~1.52		钠长石（$NaAlSi_3O_8$）	1.529	0.008
硼硅酸盐玻璃	1.47		莫来石（$3Al_2O_3\cdot 2SiO_2$）	1.64	0.008
重火石光学玻璃	1.6~1.7		金红石（TiO_2）	2.71	0.287
硫化砷玻璃（As_2S_3）	2.66		碳化硅（SiC）	2.68	0.043

3. 材料折射率的检测方法

光子与固体介质的相互作用，实际上是光子与固体材料中的原子、离子、电子等相互作用的结果。具有两种重要的方式，其一是电子极化：电磁辐射的电场分量，在可见光的频率范围内，与传播过程中的每一个原子都将发生作用，引起电子极化，即造成了电子云和原子核电荷的重心发生相对位移。当光线通过介质时，一部分能量被吸收，同时光的传播速度被减小，导致了折射现象的发生。其二是电子能态转变：原子物理的理论认为，光子的吸收与发射，都可能涉及到固体中电子能态的转变，这种转变表现为原子吸收了光子的能量后，可能会将低能级上的电子激发到能量更高的能级上去。

1）折射率的测量方法分类

折射率的测量方法主要有以下四大类：

（1）测角法 直接利用光的折射定律，测出光束通过待测介质的偏转角来测定折射率。该法的特点是，测试简单，易于实现。缺点是需要经过细节的改造，使测量的入射角和折射角更加准确。例如，测角法还可以进一步的分为最小偏向角法、自准直法、V 棱镜法和全反射法。主要的测试仪器有精密测角仪、V 棱镜折射仪和阿贝折射仪等。

（2）浸液法 以已知折射率的液体为参照介质来测定折射率。这类方法又可分为傅科法、安德逊浸液法和贝克线法等。

（3）干涉法 该方法利用折射率与光程差之间的关系，以干涉条纹的变化来实现折射率的测量。这类方法又可分为干涉光谱法、F-P 干涉法和全息干涉法。主要采用的仪器有马赫-曾德干涉仪和瑞利干涉仪等。

（4）阴影法　主要采用透明介质折射率的分布来测量折射率之间的微差。

折射率的测定方法多种多样，每一种测试方法中可供选用的测试仪器也较多，但不同的测试方法或者测试仪器的测量范围和测试精度均有差异。因此，在选用时，首先要考虑的是测量范围和测试精度上的要求，其次是实验室的测试条件与设备。通常状况下，一般采用钠谱线作为测量折射率的光源，折射率则用 n_D 来表示。

2）常用检测方法

以下两种方法应用较为广泛，操作简单。

（1）阿贝折射仪法　阿贝折射仪是根据全反射原理来测定介质的折射率。其测试原理如图 4-13 所示。AB 面以上为待测试样，其折射率为 n_1，AB 面以下为标准折射棱镜，其折射率为 n_2。当光线以不同的角度入射 AB 面时，其折射角均大于 i_c，如果采用望远镜在 AC 方向观察时，就可以看到一半为明一半为暗的视场，明暗分界处即为临界角光线在 BC 面上的出射方向。根据图 4-13 的情况，可由折射定律得：

$$n_1 = \sin\varphi\sqrt{n_2^2 - \sin^2 i_c} - \cos\varphi \sin i_c \tag{4-40}$$

当 φ 角和 n_2 为已知时，测得 i_c 角，就可以计算出被测材料的折射率 n_1。

（2）浸液法　采用浸液法测定介质的折射率时，一般采用贝克线法。将粉末试样浸入液体中，当光线照射到试样和液体时，试样边缘对光线的作用就像棱镜一样，使出射光线总是折向折射率较高的物质一边，因而会在折射率较高的物质边缘上形成了一道窄细的亮带，这道亮带被称为贝克线，如图 4-14 所示。采用显微镜来观察液体和试样，当光线从显微镜的下端向上照射时，如果两者的折射率不同，就会形成贝克线，此时，液体中的试样是可见的。如果试样与液体的折射率相同，光线照射时就没有贝克线形成。换而言之，在试样周边没有亮带，显微镜下观测时，试样是看不见的，这就是浸液法测量介质折射率的基本原理。

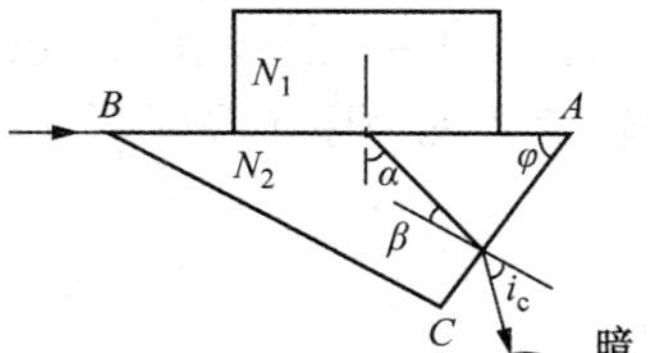

图 4-13　阿贝折射仪测量原理图

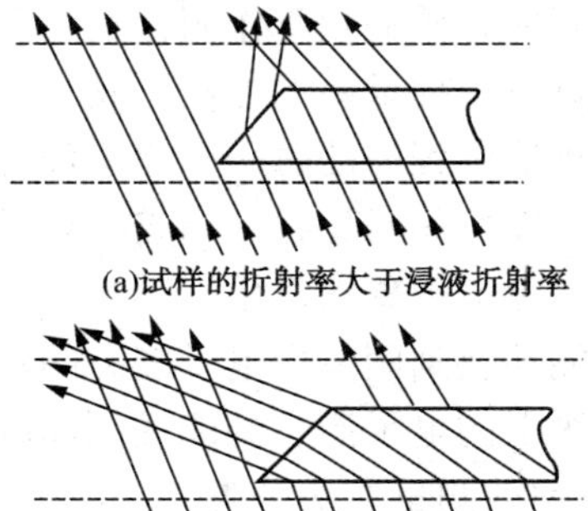
(a)试样的折射率大于浸液折射率

(b)试样的折射率小于浸液折射率

图 4-14　贝克线形成示意图

由于贝克线是光在试样和浸液这两种相邻的、折射率不同的介质接触时发生折射与全反射而产生，因此，无论这两种介质如何接触，在单偏光镜上观察时，贝克线的移动规律总是不变的。例如，当提升显微镜的镜筒时，贝克线向折射率较大的方向移动；当下降显微镜的镜筒时，贝克线向折射率较小的方向移动。人们根据贝克线的这种移动规律，就可以判断哪种介质的折射率大，哪种介质的折射率小。如果把已知折射率的一系列浸液依次与待测的玻璃试样进行比较，当贝克线消除时，所采用的浸液的折射率就是当前试样的折射率。

几种常见的折射率测试仪器的比较列于表 4-6。

表 4-6　几种常见的折射率测试仪器的比较

仪器与方法	测量精度	优　点	缺　点
V 棱镜折射仪	$\pm 2.0\times10^{-5}$	1）测量精度高，可满足一般光学材料生产和设计的需要，样品小，无需抛光，使用浸液即可；2）测量范围较宽，一般为 $n_0\pm0.25$、$n_D=1.30\sim1.95$	1）折射率测定范围受 n_0 的限制；2）对浸液的折射率要求较高，而且多数浸液有毒
精密测角仪（最小偏向角法）	$\pm 3.0\times10^{-6}$	1）测量精度高；2）折射率和色散测量范围不受限制；3）可实现折射率的绝对测量，不需要标准块	1）对仪器精度要求高，操作复杂；2）样品体积大且需要精密抛光
两种阿贝折射仪（全反射法）	$\pm 1.0\times10^{-3}$	1）不需要单色光源，采用普通的白光即可测量透明、半透明液体或者固体的 n_D 和 n_F-n_C；2）操作方便，检测速度快，设备简单，价格低廉	1）需要高折射率标准玻璃棱镜，所测量 n_D 必须小于 n_0，且 $n_D=1.300\sim1.700$；2）测量精度低；3）待测样品需要抛光
贝克线法	$\pm 2.0\times10^{-3}$	1）样品的尺寸不宜过大，只要少数的细颗粒和粉末试样就可测定；2）测量范围不受棱镜折射率 n_0 的限制，对于 n_D 在 1.9 以上高折射率和超高折射率也可测定；3）操作方便，设备简单，价格低廉	测量精度低，某些浸液有毒

4. 材料折射率的影响因素

材料的折射率主要与入射光的波长、温度、压力，材料的组成、结构、密度以及材料中的残余应力等因素密切相关。

固体材料的折射率 n 与介质的极化密切相关。在一般情况下，离子的极化率越大，折射率 n 也越大。因此，人们首先可以采用大离子得到高折射率的固体材料，例如 PbS 的折射率为 3.912；用小离子得到较低的折射率，例如 $SiCl_4$ 的折射率为 1.412。其次，研究发现，固态材料在沿着密堆积的方向上具有最高的折射率。在同质异构材料中，高温时的晶型折射率较低；而低温时的折射率较高。再次，相同化学组成的玻璃比晶体的折射率低，例如，对于 SiO_2，玻璃的折射率为 1.46，石英的折射率为 1.55。最后，采用折射率还可以对材料的应力状况作出表征。研究表明，对各向同性的材料施加拉应力时，在垂直于应力的方向上折射率增加；而沿着应力的方向上折射率减小。在单向压缩情况下，折射率的变化规律则相反。此外，折射率的变化直接与所施加的应力成比例，因此，在不同方向上折射率的差别可以用来测量和表征应力。

4.2.2　材料对光的吸收的检测

1. 材料吸收系数检测的用途、目的和意义

光作为一种连续的能量流，在穿过介质时，引起介质内部价电子的跃迁，或者使原子的振动发生改变而消耗能量。此外，介质中的价电子由于吸收了光子的能量而受到激发，当尚未退激时，也可以与其他的分子发生散射，电子的能量也可以转化为分子的动能，即热能，从而造成了光能的衰减。此外，即使在对光不发生散射的透明介质中，如玻璃、水溶液中，光的能量也会发生损失，这就是产生光吸收的原因。物质对光吸收的定量关系很早就受到了科学家的关注并进行研究。皮埃尔·布格和约翰·海因里希·朗伯分别在1729年和1760年阐明了物质对光的吸收率与介质厚度之间的关系；1852年奥古斯特·比尔又提出光的吸收率与吸光物质浓度也具有类似关系。将以上两方面结合起来，得到有关光吸收的基本定律，即比尔-朗伯定律。比尔-朗伯定律是光吸收的基本定律，适用于所有的电磁辐射和所有的吸光物质，包括气体、固体、液体、分子、原子和离子等。

2. 材料吸收系数检测的原理

当一束强度为 I_0 的平行单色光(入射光)垂直照射到一块各向同性的均匀介质表面时，通过厚度为 x 的吸收层(光程)后，由于吸收层中质点对光的吸收，使入射光的强度降低至 I，称为透射光强度。假设强度为 I 的入射光照射到该薄层上后，光强度减弱了 dI。dI 是在小薄层中光被吸收的度量，即 $-dI=\alpha I dx$，负号表示光的强度因吸收而减弱，α 为比例系数。经整理得公式(4-41)：

$$-\frac{dI}{I}=\alpha dx \tag{4-41}$$

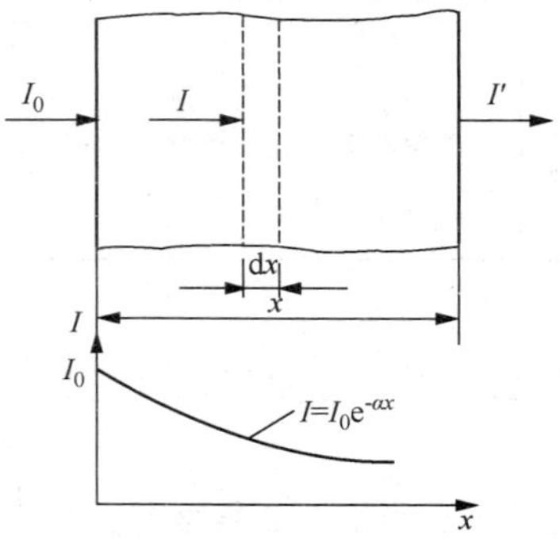

图 4-15　光的吸收示意图

对上式进行定积分，则有：

$$-\int_{I_0}^{I}\frac{dI}{I}=\int_0^x \alpha dx \tag{4-42}$$

即：

$$\ln\frac{I}{I_0}=-\alpha x \tag{4-43}$$

或者：

$$I=I_0e^{-\alpha x}$$

上式即为光的吸收定律。光的吸收示意图如图4-15所示。空气的吸收系数为 $10^{-5}cm^{-1}$；玻璃为 $10^{-2}cm^{-1}$；金属的吸收系数一般可达到数万甚至于几十万 cm^{-1}。

3. 材料吸收系数的检测方法

材料吸收系数的检测，一般是根据光通过透明介质时强度衰减规律实现的。当光线通过透明介质时，其光通量是随着光线在介质中通过的光程的增加而减小的。当光线以垂直的方向入射时，吸收系数 α 为：

$$\alpha=\frac{1}{d}[2\ln(1-R_c)+\ln(1-R_c^2)-\ln T_c] \tag{4-44}$$

其中 R_c 为材料的反射系数；T_c 为透射系数；d 为穿透深度，单位为cm。

如果不考虑二次反射，可通过采用公式(4-45)来计算吸收系数 α：

$$\alpha=\frac{1}{d}\{2\ln[1-(n-1)^2/(n+1)^2]-\ln T\}=\frac{1}{d}[2\ln(1-R_c)-\ln T_c] \tag{4-45}$$

其中 n 为材料的折射率；R_c 为反射系数；T_c 为透射系数；d 为穿透深度，单位为cm。

从公式(4-44)和式(4-45)可知，只要测量透射系数和反射系数，即可计算出材料的吸收系数 α。因此，吸收系数的测量实际上是透射系数和反射系数的测量。

1）材料反射系数 R_c 的测量

如果不考虑材料对光的吸收，那么当光照射到材料表面时，入射光的一部分就会在两种介质的界面处发生折射，而另一部分光束则会在界面处返回到入射介质，这一物理现象称之为光的反射现象。当材料表面光滑时，材料对光的反射遵循反射定律，如图 4-12 所示。固体材料反射系数的表征一般采用反射率来表示，二者之间的关系是反射率等于反射系数的平方，即 $R=r^2$。按照能量守恒的原则，当入射角为 α，折射角为 β 时，采用菲涅耳公式，可得公式(4-46)：

$$R_S=\frac{\sin^2(\alpha-\beta)}{\sin^2(\alpha+\beta)},\quad R_P=\frac{\tan^2(\alpha-\beta)}{\tan^2(\alpha+\beta)} \tag{4-46}$$

式中　R_S——光的电矢量平行于入射面分量的反射率，一般以 S 光称之；

R_P——光的电矢量垂直于入射面分量的反射率，一般以 P 光称之。

根据公式(4-46)的分析，当 $\alpha+\beta=90°$时，R_P 为零。此时，入射角称为布罗斯特角 α_B，根据折射定律可知入射角计算如下：

$$\alpha_B=\arctan(n_2/n_1) \tag{4-47}$$

其中，n_1和 n_2分别为入射介质和反射介质的折射率。由上式可知，当光线从空气或者真空中入射到材料上时，$\alpha_B=\arctan(n)$。由于自然光在各个方向上的振动几率均等，因此它的反射率 R 为：

$$R=\frac{1}{2}(R_S^2+R_P^2)=\frac{1}{2}\left(\frac{\sin^2(\alpha-\beta)}{\sin^2(\alpha+\beta)}+\frac{\tan^2(\alpha-\beta)}{\tan^2(\alpha+\beta)}\right) \tag{4-48}$$

反射率的测量可以分为漫反射率测量 R_d 和规则反射率 R_m 的测量。它们在光学工业、半导体技术、太阳能电池制造领域以及材料表面与界面的性质等方面具有重要的应用价值。在金属材料学科领域内，反射率既是光学性质，与金属表面的化学稳定性密切相关。

采用积分球法测量漫反射率的原理示意图如图 4-16 所示。将待测样品与反射率标样依次放在积分球的同一窗口上，当先后采用同一入射光束照射积分球时，被样品或者标样反射的光通量可由积分球来收集，并由探测器接收，光阱则起到了消除规则反射分量的作用，经过上述过程能够测量出样品相对于标样的信号比 k。由于标样的绝对反射率 R_0 是已知的，因此样品的漫反射率 R_d 可通过公式(4-49)计算：

$$R_d=kR_0 \tag{4-49}$$

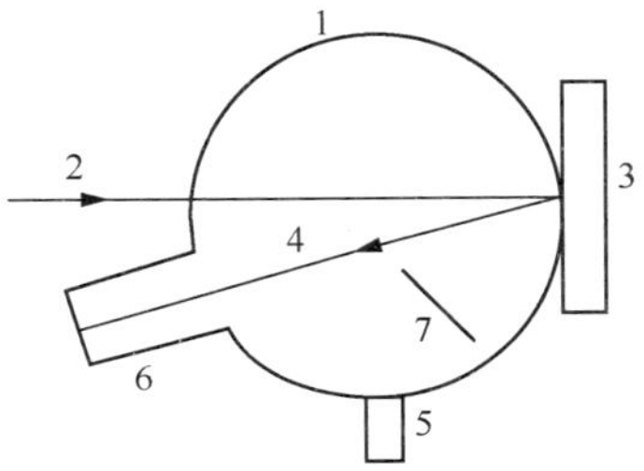

图 4-16　采用积分球法测量漫反射率的原理示意图

1—积分球；2—入射光；3—样品或者标样(脚窗口的位置)；4—规则反射分量；5—探测器；6—光阱；7—挡屏

测量规则反射率 R_m 较为简单的方法是利用积分球法将混合反射率 R_{md}与漫反射率 R_d 求出。其中的规则反射率为 $R_m=R_{md}-R_d$，式中 R_{md}为混合反射率。

对于只具有规则反射的样品，除了采用积分球法测量其反射率之外，还可以采用辅助反射镜法进行测量。图 4-17 展示了测试原理示意图。将样品放在样品架上，并把辅助反射镜放至于 A 处，如 4-16(a)图所示，测量出通量 Φ_1，然后取出样品，把辅助反射镜放至于 B 处，如 4-16(b)图所示，测量出通量 Φ_2。则反射率 R 为：

$$R=\frac{\Phi_1}{\Phi_2} \tag{4-50}$$

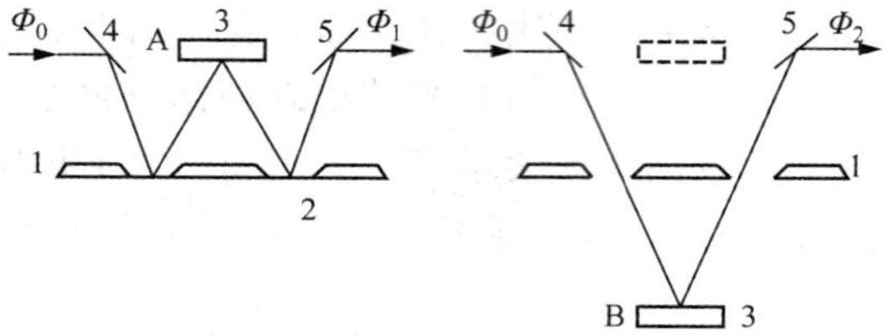

(a)辅助反射镜在A位置　(b)辅助反射镜在B位置

图 4-17　采用辅助镜法测量反射率示意图

1—样品架；2—样品；3—辅助反射镜；4、5—反射镜

2）材料透射系数的测量

固体材料透射系数的表征一般采用透射率、介质折射率、入射角及折射角来表示，关系如下式所示：

$$T=\frac{n_2\cos\theta_2}{n_1\cos\theta_1}t^2 \tag{4-51}$$

式中　T——透射率；

n_1，n_2——介质折射率；

θ_1，θ_2——入射介质和反射介质的折射率；

t——透射系数。

材料对光透射性能的测试方法与反射率的测量方法基本相同，所采用的测量仪器也相同。下文着重对双电路法的测量原理做简单的介绍。图 4-18 是采用双电路比较法测量透射率的示意图。

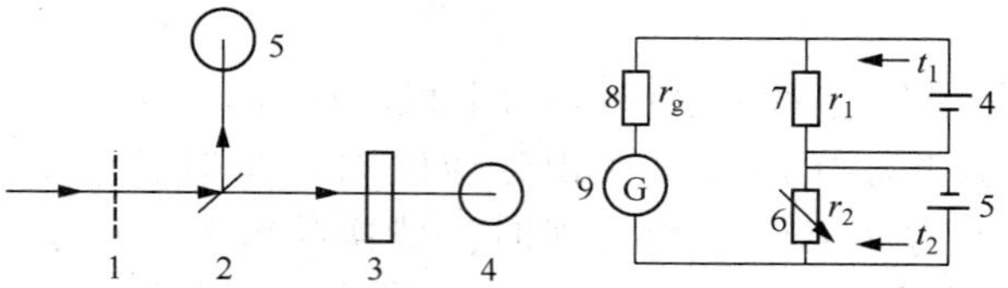

(a)光路图　(b)电路图

图 4-18　双电路比较法测量透射率的示意图

1—光阑；2—分光镜；3—样品；4—A 硅光电池；5—B 硅光电池；

6—可调取样电阻；7—取样电阻；8—固定电阻；9—检流计

从图中可以看出，来自于光源的光束被分光镜分为测量光和参照光两部分。每一束光都采用相同型号的 Si 光电池接收，光电流 i_1 和 i_2 分别流过取样点电阻 r_1 和 r_2，并分别产生压降。测量时，在测量光束中放置样品前后两次调节可变取样电阻 r_2，使 r_1 和 r_2 两个电阻上的压降两次达到平衡。根据电路原理，两次平衡时对应的可变取样电阻值之比即是透射率。即：

$$T=\frac{r_2'}{r_2} \tag{4-52}$$

式中　r_2'——放入样品且电路平衡时可变取样电阻值；

r_2——未放入样品且电路平衡时可变取样电阻值。

4. 材料吸收系数的影响因素

满足比尔-朗伯定律的条件：

(1) 入射光为平行单色光且垂直照射；
(2) 吸光物质为均匀非散射体系；
(3) 吸光质点之间无相互作用；
(4) 辐射与物质之间的作用仅限于光吸收过程，无荧光和光化学现象发生。

4.3　材料的电学性能及其分析与检测

电学性能的应用非常广泛，常见的电学材料主要包括：导体材料、电阻材料、热电材料、光电材料、半导体材料、超导材料和电介质材料等。其中，半导体材料是 20 世纪的十大发明之一，极大地促进了大规模集成电路、电子计算机技术与信息时代的进步。材料的电学性能主要包括导电性能和介电性能，电导率是材料电学性能的主要参数之一。不同类型的材料体系，其导电性能相差很大，这是由材料导电的微观机制决定的，受材料结构、组织和成分等因素的影响。本章主要讨论材料的导电机理、介电机理，影响材料导电和介电性能的主要因素以及导电、介电性能参数的测量和应用。

4.3.1　材料电导率和电阻率测试的目的和意义

1. 电导率和电阻率

材料电学性能的表征参量主要有电导率和电阻率。电流是电荷的定向运动，电荷的载体称为载流子(可以是电子、空穴，也可以是正离子、负离子等，电介质除外)；迁移数 t_x 表征了材料导电载流子种类对导电发热贡献，也称为输运数。如公式(4-53)所示。

$$t_x = \frac{\sigma_x}{\sigma_T} \tag{4-53}$$

式中　σ_x——各种载流子输运电荷的电导率；

σ_T——各种载流子输运电荷形成的总电导率。

电导率是指单位时间内通过垂直于外加电场单位面积内的电子数，其定义由微分欧姆定律给出，即当施加的电场产生电流时，电流密度 J 正比于电场强度 E，其比例常数 σ 即为电导率，即：

$$J = \sigma E \tag{4-54}$$

电导率的单位是 S/m。在实际应用中，经常采用电阻 R 来表示材料的导电性能，电阻 R 与导体的长度成正比，与导体的截面积成反比。如公式(4-55)所示。

$$R = \rho \frac{L}{S} \tag{4-55}$$

其中，L，S 分别为导体的长度和截面积；R 与 ρ 分别为导体的电阻与电阻率。

2. 电导率与电阻率的关系

电阻率 ρ 与材料的本质密切相关，是表征材料导电性能的重要参数，电阻率的单位是 Ω · m，电导率的单位是 S/m。电导率与电阻率之间的关系为：

$$\sigma = \frac{1}{\rho} \tag{4-56}$$

根据电阻率的优劣，将材料分为三类：

1）导体：$\rho<10^{-8}\Omega\cdot m$；

2）半导体：$10^{-4}\sim10^{-7}\Omega\cdot m$；

3）绝缘体：$10^{12}\sim10^{20}\Omega\cdot m$。

3. 金属的导电性及导电机理

目前，解释金属导电机理的理论主要有两种，一种是经典的自由电子理论，另一种是量子自由电子理论，分述如下：

1）经典的自由电子理论

假设所有的电子都对金属的电导率做出了贡献，则：

$$\sigma=\frac{ne^2l}{2m\bar{v}} \tag{4-57}$$

式中 m——电子质量，kg；

$\bar{v}$——电子运动的平均速度，m/s；

n——电子浓度，cm^{-3}；

e——电子电量，C；

l——平均自由程，m。

2）量子自由电子理论

量子力学的理论认为，只有在费米能级附近的电子才对金属的导电作出了贡献。根据能带理论计算出严格的电导率表达式为：

$$\sigma=\frac{n_{\text{eff}}e^2l_{\text{F}}}{m^*v_{\text{F}}} \tag{4-58}$$

与经典的自由电子理论相比较，上式中的变化主要有两点：

（1）$n\rightarrow n_{\text{eff}}$：表示单位体积内实际参与导电过程的电子数；

（2）$m\rightarrow m^*$：表示以电子的有效质量替代了自由电子的质量。实际上，这样的处理方式综合考虑了金属中晶体点阵对电场作用的结果。

量子力学可以证明，在绝对温度0K时，当电子波函数通过一个完美的晶体点阵时，将不会受到散射，而将毫无阻碍的传播，此时电阻率$\rho=0$。而只有在晶体点阵的完整性遭到破坏的地方，例如，缺陷、位错和其他杂质原子，电子的波函数才受到了散射的作用，因而产生电阻。由温度诱发的点阵粒子的振动、晶体中的异类原子、点缺陷和位错的存在，都会使完美晶体的点阵周期性遭到破坏，因此，电阻波函数将在这些地方发生散射而产生各自的附加电阻，从而降低了导电性。

理想金属中的电阻对应着两种散射机制，分别为声子散射和电子散射，可以将它们看做是金属中的基本电阻，这个电阻在绝对温度0K时降低为零。实际金属与理想金属相比，不仅存在着合金元素和杂质元素，而且还存在着晶体缺陷。因此，与理想金属相比，实际金属中还存在着第三种机制，即电子与杂质和缺陷的散射。相比较于理想的金属，当有缺陷的金属晶体在绝对温度0K时测量到的金属残余电阻，实际上代表了金属的纯度与完整性。

马基申和沃格特认为，在金属固溶体中溶质原子的浓度较小，当可以忽略它们之间的相互影响时，可以把固溶体的电阻看成是由金属的基本电阻$\rho(T)$和残余电阻$\rho(r)$组成。在一级近似的情况下，不同散射机制对电阻的贡献可以通过分量加和的形式得到。马基申原则的数学表达式为：

$$\rho = \sum \rho_i = \rho(T) + \rho(r) \tag{4-59}$$

式中，$\rho(T)$是与温度有关的金属电阻率，即溶剂金属（纯金属）的电阻；$\rho(r)$是决定于化学缺陷和物理缺陷，而与温度无关的残余电阻。从马基申定则可以看出，在高温时金属的电阻基本上决定于$\rho(T)$；而在低温时则决定于$\rho(r)$。

4. 金属电导率的检测方法

电导率的测量通常分为两类。一类是溶液的电导率测量，另一类则是固体导体电导率的测量。前者是对电解质溶液中的电导率进行测量，通常采用交流信号作用于电寻池的两个电极板，将相互平行且距离为 L 的两块极板（或圆柱电极），放到被测溶液中，在极板的两端加上一定的电势（为了避免溶液电解，通常为正弦波电压信号，频率范围为 1～3kHz）。然后通过电导仪测量极板间电导。溶液的电导用参数 G 表示，溶液的几何参数为 K。电导可以通过电流、电压的测量得到。根据关系式 $\sigma = K \times G$ 可以得到电导率 σ 的数值。电导率的测量需要两方面信息，由测量到的电导池常数 K 和两电极板之间的电导 G 而求得电导率 σ。后者的测量可以通过欧姆定律和电阻定律来获得。电导率测量中最早采用的是交流电桥法，可直接测量到电导值。

1）金属电导率的检测

金属具有较高的电导率，通常采用电桥法（单电桥，双电桥-克服附加电阻）和直流电位差计测量法来对其电导率进行检测，直流电位差计法测量原理如图 4-19 所示。

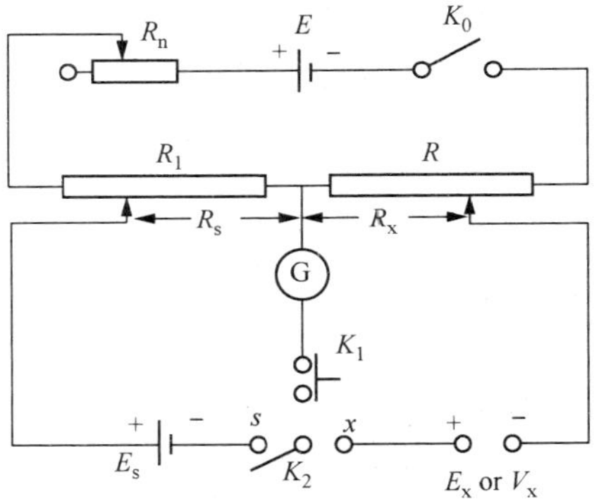

图 4-19　直流电位差计线路原理图

测试过程如下：

（1）工作电流标准化（K_2到 s 导通）：

$$I = \frac{E_s}{R_s} \tag{4-60}$$

（2）求待测电动势（K_2到 x 导通）：

$$E_x = IR_x = E_s \frac{R}{R_s} \tag{4-61}$$

（3）求待测电阻 R_x：

$$R_x = \frac{R_s E_x}{E_s} \tag{4-62}$$

然后根据样品的长度和直径，根据公式（4-55）即可求得金属的电阻率。

采用直流电位差计测量法测量电导率的优点是消除了连线电阻和接触电阻，从而降低了测量的误差。

2）四点探针法的电阻率测量原理

当所测量的电阻较小时，通常采用四探针微电阻测量的方法，以降低测量中的误差。采用四点探针电阻测量原理见图 4-20。前端精磨成针尖状的 1、2、3、4 号金属细棒中，1、4 号和高精度的直流稳流电源相联，2、3 号与高精度（精确到 0.1μV）数字电压表或电位差计相联。四根探针有两种排列方式，一是四根针排列成一条直线［见图 4-20（a）］，探针间可以是等距离的也可以是非等距离；二是四根探针呈正方形或矩形排列［见图 4-20（b）］。对于大块状或板状试样（尺寸远大于探针间距），两种探针排布方式都可以使用；对于细条状或细棒状试样，使用第二种方式更为有利。当稳流源通过 1、4 探针提供给试样一个稳定的电流时，在 2、3 探针上测得一个电压值 V_{23}。采用第一种探针排布形式，其等效电路图见图 4-21。

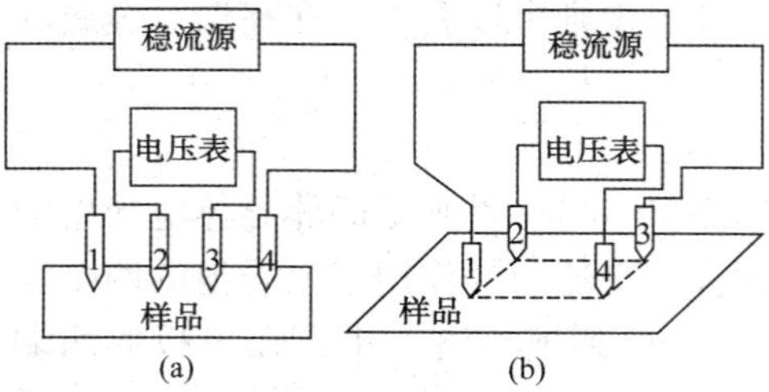

图 4-20　四点探针电阻测量原理示意图

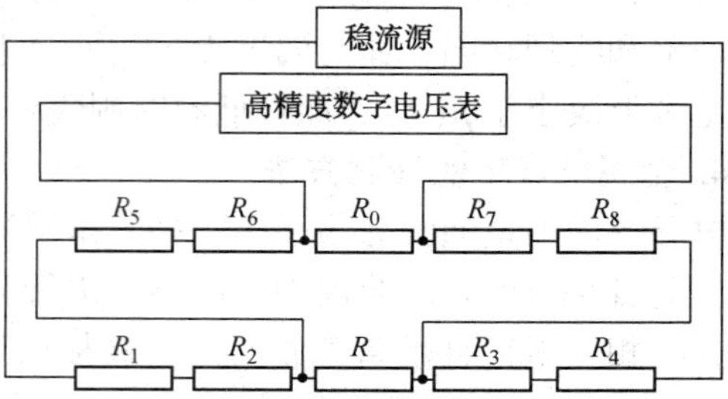

图 4-21　四点探针电阻测量等效电路图

R_1、R_4、R_5、R_8 为导线电阻，R_2、R_3、R_6、R_7 为接触电阻，R_0 为数字电压表内阻，R 为待测电阻

对于如图 4-20 所示的系统中，显然稳流电路中的导线电阻(R_1、R_4)和探针与样品的接触电阻(R_2、R_3)与被测电阻(R)串联在稳流电路中，不会影响测量的结果。

在测量回路中，R_5、R_6、R_7、R_8和数字电压表内阻 R_0 串联，其总电阻 $R'=R_5+R_6+R_7+R_8+R_0$。在电路中与被测电阻 R 并联，其总的电阻为：

$$R=\frac{R(R_0+R_5+R_6+R_7+R_8)}{R+R_0+R_5+R_6+R_7+R_8} \tag{4-63}$$

当被测电阻很小(例如小于 1Ω)，而电压表内阻很大时，R_5、R_6、R_7、R_8 和 R_0 对实验结果的影响在有效数字以外，测量结果足够精确。

采用四点探针法测量的电阻率与材料的真值间的误差较小，一般不超过 3%，另一个重要特点是测量系统与试样的连接非常简便，只需将探头压在样品表面确保探针与样品接触良好即可，无需将导线焊接在试样表面，具有无需破坏试样表面等优势。因此，在半导体薄膜和器件电阻率的测试中，四探针法具有非常重要的意义。

5. 金属电阻率的影响因素

影响金属电阻率的因素有多种，分别如下：

1）原子序数对金属电阻率的影响

例如，碱金属等原子序数较低的金属，电阻率越小。

2）温度对金属电阻率的影响

温度是影响材料诸多物理性能的外部因素，由于加热时晶格点阵振动特征和振幅的变化，进而引起了电子的散射。

如前所述，在绝对零度时，完美理想的金属，其电阻为零，随着温度的升高，金属的电阻率增加。若以 ρ_0 和 ρ_t 分别表示金属在 0℃ 和 t℃ 下的电阻率，则电阻与温度之间的关系可以表示为：

$$\rho_t=\rho_0(1+\alpha t) \tag{4-64}$$

式中，α——电阻温度系数。上式在高温时对于大多数金属是适用的。根据公式(4-64)可知，在一定温度范围内的平均电阻温度系数的表达式为：

$$\bar{\alpha}=\frac{\rho_t-\rho_0}{\rho_0 T} \tag{4-65}$$

3）应力和冷加工对金属电阻率的影响

此外，在弹性范围内的单向拉应力能使原子之间的间距增大，点阵的畸变增大，从而导致金属的电阻增大。通常来讲，室温下经冷加工变形后纯金属的电阻率要比未经变形纯金属的电阻率要大。其实，冷加工引起金属电阻率的增大，与晶格的畸变(位错和空位)有关。冷加工引起金属晶格畸变也像原子热振动一样，增加了电子散射的几率，同时也引起了金属晶体原子间结合性质的改变，导致了原子间距的改变。

4）电阻的尺寸效应

当金属试样的尺寸与电子的平均自由程可以相比拟时，金属的电阻率将依赖于样品的尺寸和形状，这种现象称为电阻的尺寸效应。

材料的纯度越高，外界温度越低，电阻的尺寸效应越明显。采用公式可表示为：

$$\rho_d=\rho_\infty\left(1+\frac{L}{d}\right) \tag{4-66}$$

式中，ρ_∞ 为大块样品的电阻率；ρ_d 为薄样品的电阻率；d 为样品厚度；L 为平均自由程。

6. 电解质溶液电导率的测定

电解质溶液的电导率是通过电阻的测定来实现的，测试在电导池中进行。测量溶液电导率时，必须掌握电极面积及电极之间的距离，一般使用 Pt 或者铂黑等惰性物质来做电极。几种常见的电导池如图 4-22 所示。如果采用直流电压进行电阻测定，将产生电解或者使电极表面发生变化。因而，在测试时应使用一定频率的交流电，一般以 1kHz 左右为宜。

测试方法如图 4-23 所示，在电桥回路构成的测试系统中，通过一定频率的交流电，调节可变电阻 R_1、R_2、R_3以及可变电容 C，达到平衡时，检流计 G 的电流为 0。这时电导池的电阻 $R=R_1R_3/R_2$。注意，在电导率的测试过程中，配置溶液用水的纯度要求很高，一般是离子交换水经过 2~3 次蒸馏后才能使用；其次，电导率常数的测试一般使用 KCl 水溶液做标准溶液。这样，把经过充分干燥的 KCl 晶体溶解于精制过的水中，按照所需的浓度配成电解液，并注入电解池中，在指定温度下测量其电阻，标准 KCl 水溶液的电导率列于表 4-7 所示。

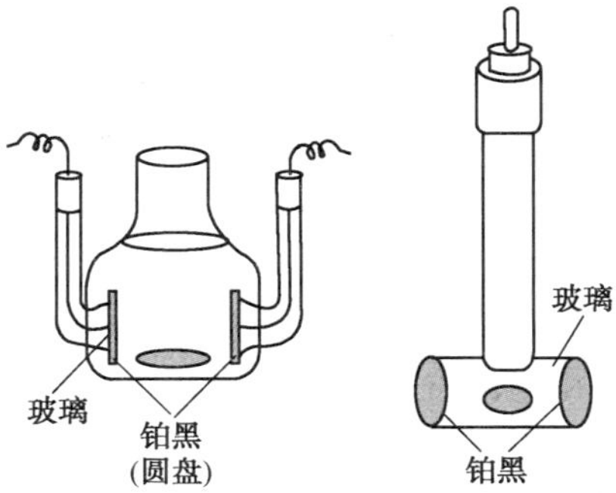

图 4-22　电解质的电导率测试槽

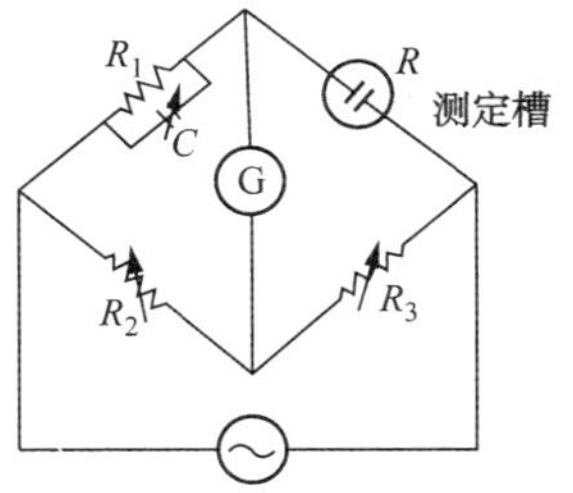

图 4-23　电导率测试示意图

如果标准溶液的电导率为 κ_S，此时溶液的实测电阻为 R_S，则可通过式(4-67)获得电导池常数 a：

$$a=\kappa_S R_S \tag{4-67}$$

当试样电解液的实测电阻为 R_X 时，则可通过式(4-68)获得试验溶液的电导率 κ_X：

$$\kappa_X=a/R_X \tag{4-68}$$

表 4-7　KCl 水溶液的电导率 κ　　　$10^{-2}\Omega^{-1}\cdot cm^{-1}$

温度/℃	浓度/(mol/L)			
	0.01	0.02	0.1	1.0
0	0.0776	0.1521	0.715	6.541
5	0.0896	0.1752	0.822	7.414
10	0.1020	0.1994	0.933	8.319
20	0.1278	0.2501	1.167	10.207
25	0.1413	0.2765	1.288	11.180

4.3.2　材料的介电特性及其检测

1. 电介质极化的目的和意义

固体材料中电子、离子的不同输运行为导致了材料的各种导电特性，对于禁带宽度较大的绝缘体材料而言，电子和离子的各种电极化过程往往起到重要的作用。因此，固体材料具有各种介电特性，这类物质被称之为介电体或者电介质材料。从分子的角度出发，电介质材料是由大量电中性的分子组成的绝缘体。电介质不导电，但是能够产生一些特殊的效应，其原因在于，在电介质材料中，离子处于相对确定的位置，即使在电场的作用下，离子也不会发生明显的长程迁移，因而不参与导电过程。在电场的作用下，材料中的正负电荷偏离了原来的平衡位置，或者在平衡位置附近的微弱改变，产生了电偶极矩，从而使电介质材料表现出一系列特殊的物理性质。

2. 电介质极化的测试原理

在一个真空平行板电容器的电极极板间嵌入一块电介质时，如果在电极之间施加外电场，则在介质的表面出现感应电荷：在正极板附近的介质表面上感应出了负电荷，而在负极板附近的介质表面上感应出了正电荷。这种表面电荷称为感应电荷，也称为束缚电荷，与自由电荷的区别在于束缚电荷不会形成电流。电介质在电场作用下产生感应电荷的现象，称为电介质的极化。

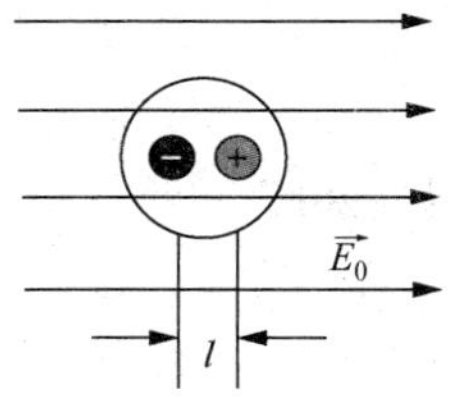

图 4-24　电子极化示意图

如图 4-24 所示，当外电场作用时，正电荷将沿着电场的方向移动，负电荷将沿着逆电场的方向移动，形成电偶极子。设正电荷与负电荷的位移矢量为 l，定义该偶极子的电偶极矩 $\mu=ql$，并规定其方向是从负电荷指向正电荷。因此，电偶极矩的方向与外电场的方向 E 是一致的。当材料被极化后，电偶极子的方向都沿着外加电场的方向，在电介质的表面上出现正负束缚电荷。外电场越强时，每个粒子的正负电荷的距离也越大，因而离子的电偶极矩也越大；当外电场取消时，粒子的正负电荷中心又趋于重合，束缚电荷也随之消失。

固体中原子、离子极化的机制主要有三种：第一，电子极化；第二，离子位移极化；第三，偶极子的取向极化。分别如下：

(1) 电子极化。又称为原子极化，是指在外电场的作用下，由电子云的电荷中心相对于原子核的位移所引起的极化，这种极化建立的时间或者消除的时间极短，约为 $10^{-16}\sim10^{-15}$s。

(2) 离子位移极化。卤族元素与碱金属族元素形成的晶体一般无固有电偶极矩，但在电场的作用下，离子间的相对位置发生变化时也可以导致极化，即离子位移极化。例如，在

NaCl 晶体中，Na^+和 Cl^-的反向位移导致离子位移极化。

（3）偶极子取向极化。偶极子极化是指在电场作用下，组成介质的分子的固有偶极矩将沿着电场方向排列，所有偶极矩的矢量和不为零，介质产生宏观极化强度。

基于以上的三种极化作用，电介质的电偶极矩(电荷与电荷间距离的乘积)总和为：

$$P = P_e + P_o + P_i \tag{4-69}$$

式中　P_e——电子极化的分量；

P_o——离子位移极化的分量；

P_i——偶极子取向极化的分量。

3. 极化强度和介电常数

不同的电介质在不同频率外加电场的作用下，极化的机制也不尽相同，介电常数是极化机制的综合反映。其定义分别如下：

（1）极化强度

电偶极子排列的有序程度在一定程度上反映了介质被极化的程度，排列越有序说明极化越剧烈。电介质材料在电场作用下的极化程度用极化强度矢量 P 表示，它表示介质内单位体积中的感生电偶极矩，简称电矩。极化强度是描述介质材料极化强弱的物理量，定义为：

$$P = n_0 \bar{\mu} \tag{4-70}$$

其中，n_0 表示单位体积中的偶极子数；$\bar{\mu}$ 是偶极子的平均电偶极矩。由于材料极化后，靠近极板的材料表面极化电荷密度在数值上等于极化强度 P 的负值。

（2）介电常数

如前文所述，介电常数 ε 综合反映电介质材料的极化行为，是一个重要的宏观物理参量，它表示两个极板之间的电容器在有电介质时的电容与在真空状态(即无电介质)时的电容增长倍数。为了更加形象地理解，假设在平行板电容器的两个极板上填充一定量的自由电荷，当两个极板之间存在电解质时，两极板之间的电位差总是比没有电介质存在时(即真空)低，这是由于介质的极化作用，在极板的表面上存在感应电荷，感应电荷产生的静电场部分抵消了外加电场。在真空状态时，极板上的电位移 D 与外加电场 E 的关系为：

$$D = \varepsilon_0 E \tag{4-71}$$

其中，ε_0 称为真空介电常数，在 SI 单位制中 $\varepsilon_0 = 8.85 \times 10^{-12}$ F/m。

当两极板之间充以均匀的电介质时，由于电介质的极化作用，电位移 D 为：

$$D = \varepsilon_0 E + P \tag{4-72}$$

实验表明，对于各向同性的电介质，极化强度 P 与外加电场强度 E 成正比，并且方向相同：

$$P = \chi \varepsilon_0 E \tag{4-73}$$

上式中，χ 为电介质材料的极化率；对于均匀的电介质材料，χ 是个常数，它定量地表示了材料被电场极化的能力，是材料宏观极化参量之一。

将上式带入公式(4-72)可知，

$$D = \varepsilon_0 E + \chi \varepsilon_0 E = (1+\chi) \varepsilon_0 E \tag{4-74}$$

令

$$(1+\chi) \varepsilon_0 = \varepsilon$$

$$(\varepsilon_r = \varepsilon / \varepsilon_0)$$

其中，ε 和 ε_r 分别为电介质材料的介电常数和相对介电常数，二者均为描述电介质材料极化性能的基本参量，它们是材料极化性能的平均值。对于均匀介质，ε 和 ε_r 都是常数，而且，ε_r 恒大于 1。

4. 材料介电性能的检测

介电性能是介电材料的重要性能之一，通常采用介电常数和损耗角正切 $\tan\delta$ 来描述。对于不同的介电材料，在不同条件下应用时，介电常数的测量方法也不相同。

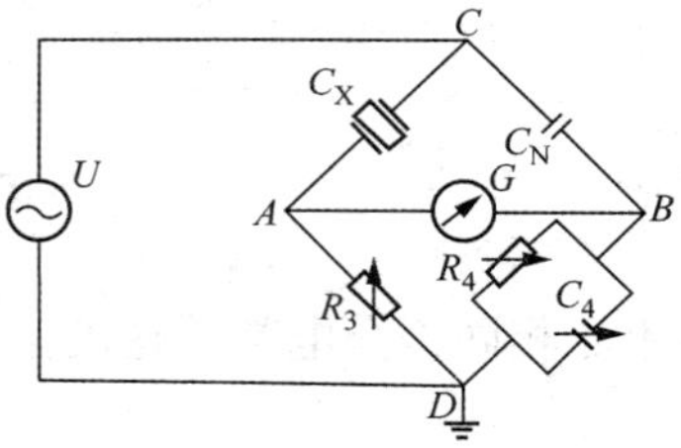

图 4-25　采用高压西林电桥法测量介电常数原理图

国标 GB 3389. 7—1986 规定了压电陶瓷材料在强交变电场作用下介电性能的测量方法。该标准采用 1kHz 高压西林电桥进行测量，测试原理如图 4-25 所示。其中，U 为 1kHz 高压信号源；C_X 为被测试样的电容量；C_N 为标准电容器；R_3 与 R_4 均为高频可变电阻箱；C_4 为可变电容器箱；G 为零值指示器。

根据电桥平衡原理可知，当西林电桥达到平衡时，有：

$$C_X = \frac{C_N R_4}{R_3} \frac{1}{1+\tan^2\delta} \tag{4-75}$$

$$\tan\delta = \omega C_4 R_4 \tag{4-76}$$

式中，C_X 为被测试样的电容量；C_N 为标准电容器的电容量；R_3 与 R_4 为电阻箱的电阻值；C_4 为电容箱的电容值；ω 为角频率。

当 $\tan\delta \leqslant 0.1$ 时，公式(4-75)可改写为

$$C_X = C_N \frac{R_4}{R_3} \tag{4-77}$$

一般取 $\omega = 2\pi \times 1000\text{rad/s}$，$R_4 = \frac{1000}{2\pi} = 159.2\Omega$，则有：

$$C_X = C_N \frac{159.2}{R_3} \tag{4-78}$$

$$\tan\delta = C_4 \times 10^6 \tag{4-79}$$

根据平行极板间的性质可得：

$$\varepsilon = C_X \frac{t}{\varepsilon_0 A} = C_N \frac{159.2t}{R_3 \varepsilon_0 A} \tag{4-80}$$

上式中，ε——相对介电常数；

ε_0——真空介电常数；

t——试样的厚度；

A——试样的电极面积。

根据上式即可计算出材料的相对介电常数。

4.4　材料的磁性能分析与检测

磁性是物质在磁场中因磁场与物质相互作用而显示的特性。从微观粒子到宏观物体，以至宇宙天体，无不具有某种程度的磁性，只是其强弱程度不同而已。物质的磁性并不是恒定不变的，同一种物质，在不同的环境温度条件下，可以具有不同的磁性。例如，铁磁性物质在居里温度以下是铁磁性的，到达居里温度则转变为顺磁性；重稀土金属在低温下是强磁性

的，在室温或高温下却变成了顺磁性。磁性能分析就是对物质的各种磁性参数进行测量、对各种磁性现象和效应进行试验研究。

4.4.1　磁场测量

磁场测量不仅在磁性测量工作中是必不可少的，而且在其它领域中也有着日益广泛的需求。由于所测量的磁场在性质和强度上差别很大，因而测量方法也是多种多样的。测量磁场的常用方法主要有磁通法、霍尔效应法、磁共振法、磁光效应法等。

1. 磁通测量法

磁通测量法可测定磁场、磁感应强度、磁化曲线及磁滞回线等，不仅可以测量恒磁场，还可以测量交变磁场及脉冲磁场，分辨率可达 10^{-8}T，是磁性测量中较为通用的方法。

1）磁通测量法的原理

磁通测量法以法拉第电磁感应定律为基础。把一个圈数为 N，截面积为 S 的探测线圈置于磁场 H 中，线圈轴线与磁场夹角为 Φ，如图 4-26 所示。

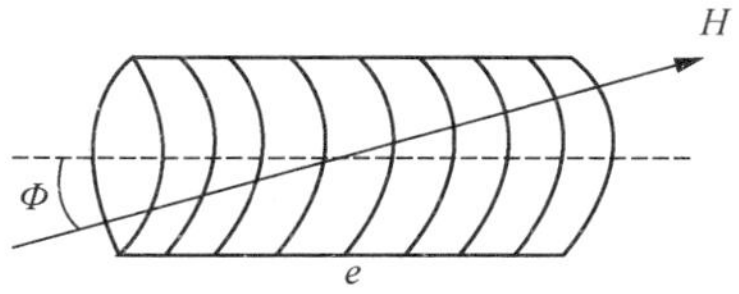

图 4-26　测量线圈示意图

当线圈相对磁场移动或改变磁场时，线圈中的磁通量 Φ 发生改变。于是在线圈的引线之间产生感应电动势 e：

$$e=-\frac{\mathrm{d}\phi}{\mathrm{d}t} \tag{4-81a}$$

将上式对时间积分，得到：

$$\Delta\Phi=\int e\mathrm{d}t \tag{4-81b}$$

$\Delta\Phi$ 为磁通量的改变量，与被测磁场有关，因此，只要测出感应电动势 e 对时间的积分，便可求出 $\Delta\Phi$。

2）磁通测量方法

测量磁通改变量的方法有冲击法、磁通计法和电子积分器法等。

（1）冲击法　常作为计量标准使用，所用仪器主要为冲击电流计，仪器结构如图 4-27 所示。在永久磁铁的两极间，用固定有小镜 M 的悬线挂一绕成方框形的线圈 B，线框中有一圆柱形软磁芯 C。软磁芯的作用是使空隙中的磁场呈径向分布。图 4-28 是冲击法测量磁场的电路，图中 R_1、R_2为电阻箱，G 为冲击电流计。

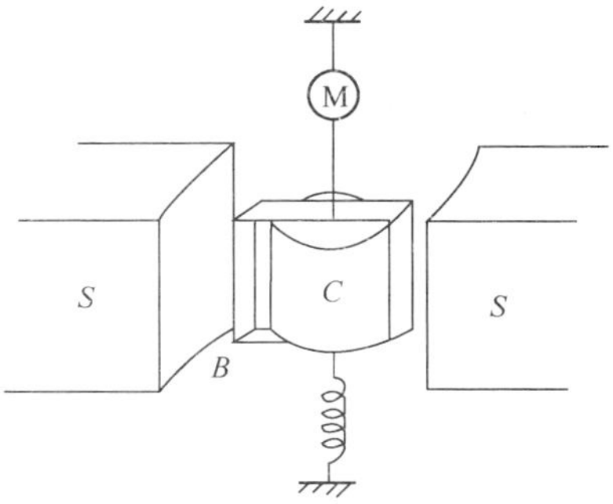

图 4-27　冲击电流计的结构图

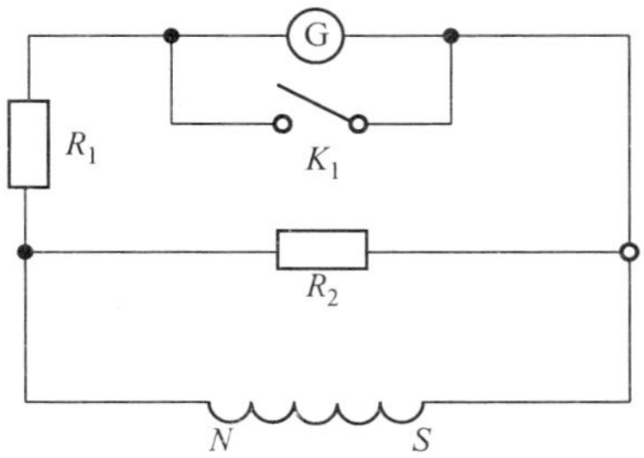

图 4-28　冲击法测磁场电路图

当脉冲电流通过 G 时，冲击电流计产生最大偏转。将探测线圈与冲击电流计 G 串联，线圈中磁通量的瞬时变化 $\Delta\Phi$ 使冲击电流计产生的最大冲击偏转 d_m与 $\Delta\Phi$ 成正比：

$$\Delta\Phi = C_{\Phi} d_{m} \tag{4-82}$$

式中 C_{Φ}——为冲击常数。

冲击常数 C_{Φ} 可利用已知磁通校准得到，一般为 $10^{-5} \sim 10^{-4}$ Wb/m。因此，根据公式(4-82)及冲击电流计 G 产生的最大冲击偏转 d_{m}，即可求出线圈中磁通量的瞬时变化 $\Delta\Phi$。为减小冲击电流计的测量误差，要求磁通量的变化时间比冲击电流计的自由运动周期小得多。

冲击法由于测量装置简单，灵敏度及测量精度高，在实际工程中应用普遍。

(2) 电子积分器法　对于弱磁性材料，多采用电子积分器法进行测量，即利用电子积分器对变化磁场在线圈中产生的感生电动势进行积分，得到与磁场变化量成正比的输出信号，从而推算出被测样品的磁特性。电子积分器法可测量随时间变化的磁场，测量灵敏度可达 $10^{-14} \sim 10^{-12}$ Wb，在交直流磁性测量中应用广泛。

电子积分器的工作原理如下：与冲击法原理相似，磁通量 Φ 的变化在积分器的感应线圈中产生感生电动势 e_1：

$$e_1 = -N\frac{\mathrm{d}\phi}{\mathrm{d}t} \tag{4-83}$$

由于感生电动势过于微弱，所以采用放大器对其进行放大 K 倍，放大后的信号采用积分电路对感生电动势进行积分，在 $0-T_1$ 时间段内：

$$e_2 = -\frac{1}{RC}\int_0^{T_1} Ke_1\,\mathrm{d}t \tag{4-84}$$

将式(4-83)代入式(4-84)内，可以得出积分电路输出的电压 e_2 与磁通变化量 $\Delta\Phi$ 成正比：

$$e_2 = -\frac{1}{RC}\int_0^{T_1}\left(-KN\frac{\mathrm{d}\phi}{\mathrm{d}t}\right)\mathrm{d}t = \frac{K}{RC}N\Delta\phi \tag{4-85}$$

式中 $\Delta\Phi$ 是指在 $0-T_1$ 时间内线圈磁通变化量，只要确定 RC，就可以通过输出电压 e_2 计算出磁通变化量。

除了上述的两种方法外，还有转动线圈法和振动线圈法。即利用相对于试样或磁场转动或振动的探测线圈中产生的感应电动势，积分后得到相应的磁通量。

2. 霍尔效应法

霍尔效应法是一种使用十分方便的中等强度磁场测量法，测量精度一般为 1%~5%。它不仅可测量直流磁场(霍尔元件用直流或交流供电)，也可测量交变磁场(霍尔元件用直流供电)。

霍尔效应法测试磁场的基本原理为：将一块金属或半导体放在磁场 B 中，在垂直于磁场的方向上通以电流 I，则在与这二者相垂直的方向上产生电动势 U_h，称为霍尔电动势，其表达式为：

$$U_h = R_h IB/d \tag{4-86a}$$

式中 R_h 为材料的霍尔系数，d 为磁场方向上试样厚度。当样品的磁化率比 1 小得多时，可以用 H 代替 B。若已知某物质的霍尔系数，可利用上述关系式在给定电流 I 的情况下，通过测量霍尔电动势来测定磁场 H。

$$H = \frac{d}{\mu_0 R_h I}\cdot U_h \tag{4-86b}$$

式中 μ_0——真空磁导率，$4\pi\times10^{-7}$ H/m。

3. 磁共振法

原子核、电子等粒子都具有本征磁矩，若将这些粒子构成的系统置于恒磁场 H_z 中，则该系统的基态能级分裂为若干超精细能级，这就是塞曼效应。由于相邻两个超精细能级之差 ΔE 对应一个光子的能量 $h\omega_0$（h 为普朗克常数，ω_0 为电磁波的频率），ΔE 与磁场 H_z 及粒子的旋磁比 γ 有关。这时如果在垂直于恒磁场 H_z 的方向上加射频场，调节其频率，当频率恰好为 $\omega=\omega_0$ 时，则系统处于低能级的粒子就从射频场中吸收能量，跃迁到相邻的高能级上。这个现象称为磁共振。共振频率为 $\omega_0=|\gamma|H_z$。对于大多数粒子，它们的磁旋比已被准确测定了，因此只要测出共振时射频场的频率 ω_0 就可以求出被测磁场 H_z。

依据磁共振原理设计的测量仪器有以下两种：

1）核磁共振磁强计

核磁共振磁强计是最常用的磁场测量仪，它基于质子（氢核）系统的磁共振，探头采用水、甘油等含氢核的材料。质子的旋磁比为 $3.3618\times10^2 \mathrm{m}\cdot\mathrm{A}^{-1}\cdot\mathrm{S}^{-1}$，对于中等强度的磁场，核磁共振频率在射频范围内。在目前磁场测量中，该仪器精度在射频范围内，精度最高可达 1×10^{-5} 以上，但它要求磁场均匀，目前已成为公认的磁场测量的校准装置。

2）电子顺磁共振磁强计

电子顺磁共振磁强计基于电子系统的磁共振，由于电子的旋磁比约为质子旋磁比的 660 倍，因此对于相同共振频率范围，可测量较弱的磁场，该磁强计的探头材料多用 DPPH（二苯基-间三苯-环次联氨基），因为它含有大量不配对电子的自由基。测量较强磁场时，频率在微波范围。由于探头的弛豫时间很短，该仪器可用来测量随时间变化的磁场。磁共振法也可用来测量弱磁场，如质子自由进动式磁强计、光泵共振式磁强计等可以测量 $10^{-3}\sim10^{-11}$ T 的磁场。

4. 法拉第效应法

法拉第效应是一种磁光效应，它是引起磁场中的物质使通过磁场的线偏振光的偏振面发生旋转的一种物理现象。法拉第旋转角 α 与材料的性质、长度 l 及磁感应强度 B 有关。它们间的关系式可表达为：

$$\alpha=\rho lB \tag{4-87}$$

式中　ρ——费尔德常数。

利用这个关系，可以根据测定通过光的偏振面旋转角 α 来测定磁场。材料一般用铅玻璃，其 ρ 值为 3×10^{-5} 度/埃·奥斯特，α 是相当小的。在这种情况下，α 与通过的光成正比，即透射光的强度正比于磁场强度。图 4-29 是利用法拉第效应测量磁场的原理。

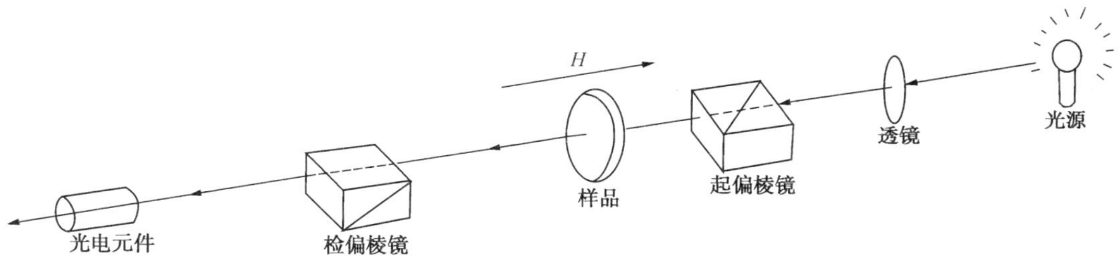

图 4-29　法拉第效应测量磁场的装置

用法拉第效应可以测量较强的磁场，由于ρ数值小，不能对较弱磁场进行测量。然而如果使用铁磁或亚铁磁样品，则ρ会大大增加，并可用在微波范围，用于检测磁畴的存在及运动。

4.4.2　磁化强度与磁化率的测量

任何物质在磁场的作用下都将被磁化，并显示一定特征的磁性，这种磁性不仅仅与磁化强度有关，还与外磁场的变化有关。磁学中采用磁化率(x)这一概念对这种特性进行表征，即$x=\frac{M}{H}$，其中M为磁化强度，H为磁场强度。磁化率是顺磁、抗磁、反铁磁、自旋玻璃、弱铁磁性等各种磁性物质的一个重要参数。测量磁化率及其与温度的依赖关系是研究各种磁相变的一个十分有效的方法。

1. 磁秤法

磁秤法是通过测量试样在非均匀磁场中所受的力来测定磁矩，从而得到试样的饱和磁化强度或磁化率的装置。若配备高、低温装置，可在不同温度下进行测量，获得磁相变温度(居里温度、奈尔温度等)。

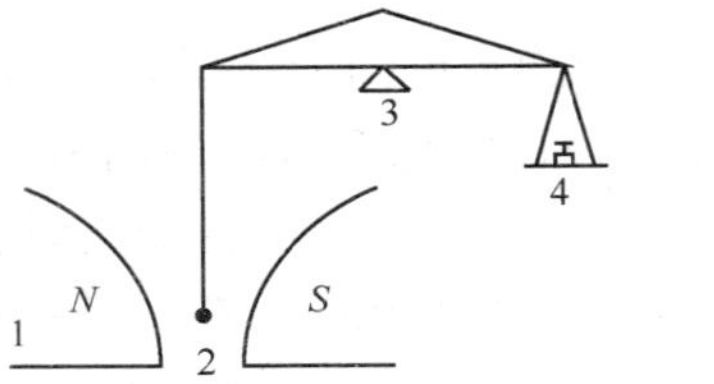

图 4-30　磁秤结构示意图

1—磁场；2—样品；3—天平支点；4—砝码

磁秤主要由非均匀磁场和测量试样受力的装置两部分构成(如图 4-30 所示)。在电磁铁极间产生非均匀磁场有两种方法：一种是利用特殊形状的磁极，另一种是利用各种附加电流线圈产生的非均匀磁场叠加到均匀磁场上得到，在螺线管磁场中产生非均匀磁场则采用附加电流线圈。

测量试样受力的方法很多，最简单的是用分析天平直接测量。为了提高测量灵敏度及精度，可采用各种形式的变换器，将试样受力转变为其他物理量进行间接测量。常用的磁秤有电磁秤、萨克斯密斯环秤、振簧式磁秤、古依磁秤等。

(1) 电磁秤　利用光电器件或差分变压器将试样受力转变为电信号进行测量。其优点是可采用补偿法进行测量(这时磁秤作为指零器)，减小了由于磁场梯度不均匀带来的误差，并可对电信号加以放大，因而大大提高了磁秤的灵敏度，可达到10^{-9}A · m^2。

(2) 萨克斯密斯环秤　试样杆与弹性圆环相连接，试样在梯度磁场中受力将引起弹性圆环形变。在弹性圆环上固定若干小平面镜，用光杠杆法将该形变放大，在圆环形变较小情况下，它引起的光点位移与试样受力成正比。

(3) 振簧式磁秤　可用来测量尺寸为微米量级的试样。试样被粘在细弹性丝(振簧)的自由端，弹性丝的另一端固定在一个压电元件上。电磁铁极头之间磁场梯度线圈用交流电源供电，频率为振簧的固有频率。在这种交变的梯度磁场作用下，试样振动并传递至压电元件上产生交变信号，该信号经锁相放大检测，它与试样的磁化强度成正比。

2. 交流互感电桥法

测量低场交流磁化率通常用交流互感电桥法。这种仪器的特点是结构简单，易于获得较高的灵敏度。如果附加低温杜瓦瓶及变温、控温装置，则可以测量磁化率随温度的变化。

交流互感电桥的原理电路如图 4-31(a)所示，互感线圈结构如图 4-31(b)所示。它包括一个初级线圈Ⅲ及两个次级线圈Ⅰ及Ⅱ。初级线圈Ⅲ连接低频振荡器，次级线圈与一个比例电感器构成桥路。在比例电感器的抽头与线圈Ⅰ、Ⅱ的中间是一个指零仪器，一般用锁相放大器。

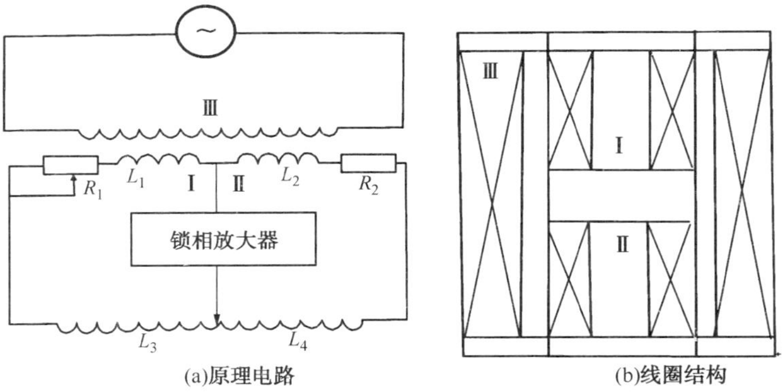

图 4-31　交流互感电路示意图

在不放样品的情况下，先调比例电感器的抽头位置及电阻 R_1，使电桥平衡。这时，比例电感器两臂电感分别为 L_3 及 L_4。设它们的电阻 R_3、R_4 很小，$R_3 \ll \omega L_3$，$R_4 \ll \omega L_4$，因此 R_3、R_4 可以忽略不计。次级线圈的电感分别为 L_1、L_2（当低频振荡器的输出阻抗很低时，可以认为 L_1、L_2 包括它们的自感及与初级线圈间的互感），它们的电阻分别为 R_1、R_2（R_1 中还包括一个与线圈Ⅰ串联的可变电阻）。根据电桥平衡，有：

$$L_1L_4 = L_2L_3 \tag{4-88}$$

$$R_1L_4 = R_2L_3 \tag{4-89}$$

当样品置于线圈Ⅱ中时，有：

$$\Delta L_X = \frac{(L_1+L_2)\Delta L}{L_3-\Delta L} \tag{4-90}$$

$$\Delta R_X = \frac{L_4\Delta R_1+(R_1+R_2)\Delta L+\Delta R_1\Delta L}{L_3-\Delta L} \tag{4-91}$$

根据带芯线圈的串联等效阻抗与复数磁导率的关系，可推出：

$$X' = \frac{L_1+L_2}{\mu_0 KA}\Delta A_1 \tag{4-92}$$

$$X'' = \frac{R_1+R_2}{\mu_0 \omega KA}\Delta A + \frac{1-A}{\mu_0 \omega KA}\Delta R_1 \tag{4-93}$$

只要测出 ΔA、ΔR_1，便可求出复数磁导率的实数部分和虚数部分。

如果用已知磁化率的标准样品校正标准互感电桥，则可以直接用 ΔA 和 ΔR_1 来量度 X 和 X''。

4.4.3　磁化曲线或磁滞回线的测量

铁磁材料除了具有高的磁导率外，另一重要的特性是磁滞现象，即磁介质的磁化状态变化落后于磁场的变化。当铁磁材料磁化时，磁感应强度 B 不仅与当时的磁场强度 H 有关，还与磁化的历史有关，如图 4-32 所示。曲线 OA 表示铁磁材料从没有磁性开始磁化，B 随 H

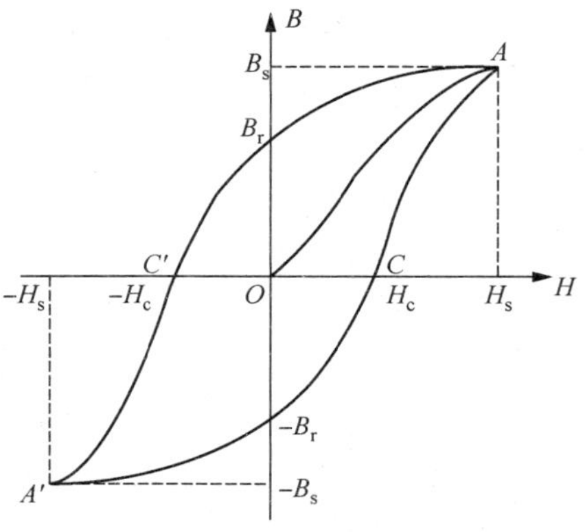

图 4-32 磁化曲线和磁滞回线

的增加而增加，称为磁化曲线。当 H 达到某一值 H_s 时，B 值几乎不再增加，磁化趋于饱和。如使得 H 减小，B 将不再沿着原路返回，而是沿另一条曲线 AC′A′ 下降，当 H 从 $-H_s$ 增加时，B 将沿着 A′CA 曲线到达 A 形成一闭合曲线。其中当 $H=0$ 时，$|B|=B_r$，B_r 称为剩余磁感应强度。要使得 B_r 为零，就必须加一反向磁场，当反向磁场强度增加大 $H=-H_c$ 时，磁感应强度 B 为零，达到退磁，H_c 称为矫顽力。

磁滞回线是铁磁材料的基本属性之一，是变压器等电气产品和电力设备设计和选材的重要依据。测量磁滞回线的方法有多种，下面主要介绍冲击测量法。

1. 冲击测量法

冲击测量法可分为闭路试样的冲击测量法和开路试样的冲击测量法。闭路试样的冲击测量法，由于靠螺线环不能产生强磁场，所以只适合于测定软磁材料；对于硬磁材料，需要在较强的外磁场条件下才能磁化到饱和，一般可采用开路样品的冲击法测量硬磁材料的饱和磁化强度。

1）冲击法测定闭路样品的磁化曲线

闭路样品是指具有闭合磁路的样品，它是由螺绕环产生的磁场来磁化的。闭路样品的特点是磁化时，没有漏磁通，因而样品所表现的磁性就是物质的磁性；以及在低场下就能饱和磁化的材料(如旋磁材料、矩磁材料等)。

螺绕环产生的磁场可以通过测量磁化电流，用简单的公式计算出来。因此，测量闭路样品的磁化曲线和磁滞回线就归结为测量各磁化电流下的磁感应强度 B。

具体测量线路图如图 4-33 所示。将绕在样品上匝数为 N_2 的探测线圈(也称次级线圈)与冲击电流计串联，当磁化电流改变 Δi 时，相应的磁化场改变 ΔH，此时样品的磁感强度改变 ΔB，它在探测线圈中产生磁通量的变化为 $\Delta\Phi=\Delta BN_2S$(其中 S 为样品的横截面积)。根据冲击电流计的工作原理，$\Delta\Phi$ 将引起冲击电流计线框一个冲击偏转，它们的关系为：

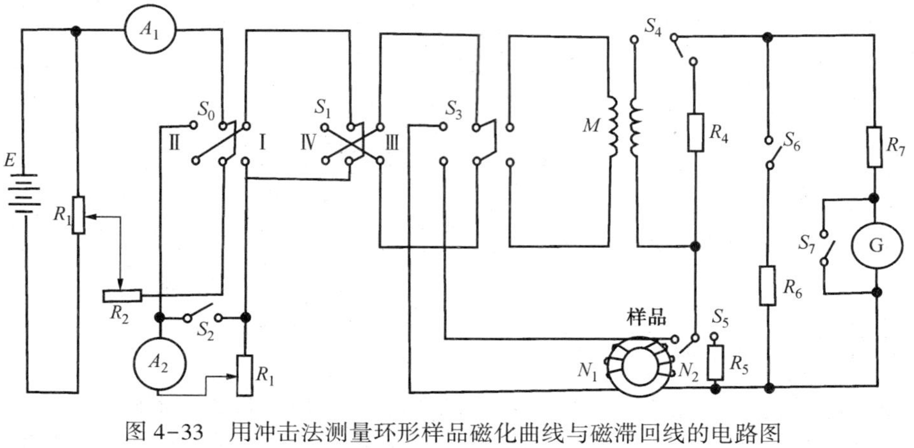

图 4-33 用冲击法测量环形样品磁化曲线与磁滞回线的电路图

(其中 R_4、R_5 分别为互感器次级线圈及样品次级线圈的等值电阻)

$$\Delta B=\frac{C_{\phi}}{N_2S}\alpha \tag{4-94}$$

式中　ΔB——磁感应强度；

α——冲击偏转量；

C_{ϕ}——冲击常数。

测量冲击偏转量，根据公式(4-94)即可计算出 ΔB。如果改变一系列磁化电流，获得一系列 ΔH，就会得到一组 ΔB(通过校准，测得冲击常数 C_{Φ})，根据它们之间的关系($\Delta H-\Delta B$)，可以测得磁化曲线及磁滞回线。

(1) 基本磁化曲线的测量及峰值磁导率的确定　基本磁化曲线就是振幅不同的磁滞回线端点的轨迹，基本测量步骤为：

首先将 S_2合上，S_0合向Ⅱ，S_3合向左边，S_1合向任一方向，调节 R_1、R_2，使初级电流等于这次测量所用的最大磁化电流。S_5合向 N_2这边，S_4合向 R_4，利用 S_1倒向，使冲击电流偏转，调节 R_6、R_7，使冲击电流计有合适的灵敏度。再将样品从这一电流退磁，然后开始测量。测量开始时，调节 R_1、R_2，得到一组小磁化电流。利用 S_1进行磁锻炼，然后倒向 S_1得到一冲击偏转角 α_m，这就是基本磁化曲线上的一个点。顺序增加磁化电流，重复同样的步骤，得到一组 α_m，从而计算出一组 B 值。根据磁化曲线 $B-H$，绘制出 $\mu-H\left(\mu=\frac{B}{H}\right)$ 曲线求出峰值磁导率 μ_m。

(2) 起始磁导率 μ_0的测定　起始磁导率是许多软磁材料的一个重要静态磁性参数，是判定这些材料性质的一个重要依据。

由于在瑞利区内，铁磁体的磁导率 μ 与磁化场 H 之间存在着线性关系：$\mu=\mu_0+\gamma H$，因此只要画出 $\mu-H$ 曲线，将曲线外推至 $H=0$，其截距就是 μ_0。

(3) 磁滞回线的测量　磁滞回线是铁磁物质的重要特性曲线，由此可以确定材料的剩磁 B_r、矫顽力 H_c等参数。基本测量步骤如下：

① 测定 B_m：合上开关 S_2，调节 R_1、R_2，使 A_1指示为饱和磁化电流 i_m，用 S_1进行磁锻炼。测量磁化电流 i_m变化至$-i_m$时冲击电流计的偏转 α_m，求出 B_m。

② 测定 B_r：断开磁化电流，使 i_m变为 0。得到冲击电流计偏转为 α_r，这时磁化状态由 $B_m\rightarrow B_r\left(B_r=B_m-\frac{C_{\phi}}{N_2S}\alpha_r\right)$。

③ 测定磁滞回线上第Ⅰ及第Ⅱ、Ⅲ象限的点：将 S_0打向Ⅱ，S_1打向Ⅳ，首先打开 S_2，调节 R_3得到一个小电流 i_1(对应磁场 H_1)，然后合上 S_2，在 i_m 下磁锻炼，然后打开 S_2，记下冲击电流计的偏转 α_1，求出 B_1。然后将 S_1倒向合上，记下冲击电流计的偏转 α_1'，求出 B_1'。依同样的步骤，改变不同的磁化电流 i_1、$i_2\cdots$，就得到Ⅰ及第Ⅱ、Ⅲ象限的点。

为测定矫顽力 H_c，可在第Ⅱ、Ⅲ象限内，靠近 H_c 附近，多测一些数据，将测量结果画成磁滞回线，此曲线与 H 轴的交点就是矫顽力 H_c。

2）冲击法测定开路样品的磁性

由于螺绕环不能产生高磁场，并且磁化绕组和样品的制造也很繁难，因此，需要采用非闭合磁路的样品(即开路样品)来测量。主要测量的对象是永磁材料。其测量电路如图 4-34 所示。

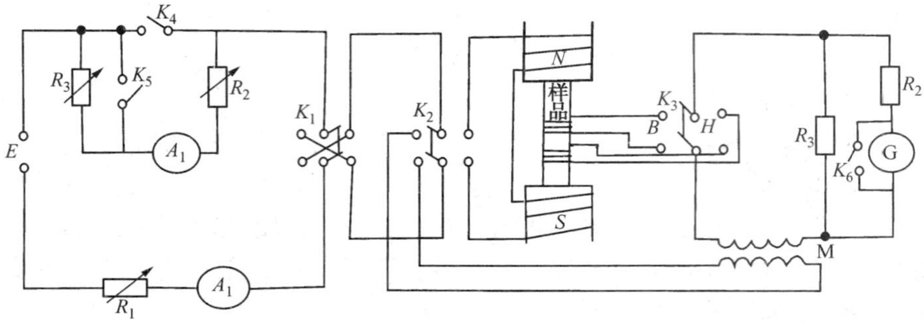

图 4-34 冲击法测量开路样品退磁曲线的电路图

（1）抛移法 在用电磁铁、磁导计或高场线圈（如超导磁体）做磁化装置时，由于磁场本身自感大，为避免非瞬时效应带来的误差，尽可能不用电流换向法测量。对于超导磁体，磁场只能缓慢地改变，因此根本不能用电流换向法。在这些情况下，通常采用抛移法，或称为提拉法。抛移法分为抛移线圈和抛移样品两种。测量磁场时，可在磁化电流为某一数值的情况下，利用抛移装置将测量磁场的扁平线圈抛出磁场，到达磁场不影响测量结果处，或将磁场线圈转动 90° 到达垂直磁场的方向。这时线圈中磁通变化为 $\Delta\Phi=\mu_0(NS)_H H$，其中 $(NS)_H$ 为扁平线圈的线圈常数。由于 $\Delta\Phi=C_\phi\alpha_H$，其中 α_H 为抛移线圈时冲击电流计的冲击偏转。于是：

$$H=\frac{C_\phi}{\mu_0\ (NS)_H}\alpha_H \tag{4-95}$$

测量磁感应强度 B 时，可将 B 线圈抛出磁场外，这时冲击电流计偏转为 α_B，则

$$B=\frac{C_\phi}{(NS)_B}\alpha_B(T) \tag{4-96}$$

（2）剩余感应强度 B_r 的测量 加一与正向饱和磁化方向相反的小电流，使电磁铁的磁化强度为零（这一点可用抛移磁场线圈来检查，当抛移磁场线圈时冲击电流计无偏转，即说明电磁铁产生的磁场为零）。这时，样品中的磁场亦为零。在这种情况下，抛移样品的 B 级圈，冲击电流计的偏转就对应于 B_r。

（3）矫顽力 BH_C 的测量 为了准确测量 BH_C，可根据磁滞回线上的 BH_C 上、下两点来确定。如图 4-35 所示，选 P、Q 两点，由于测 B 与测 H 时的冲击常数 C_ϕ 相同，故 B-H 曲线的坐标可换为 α_B 及 α_H，α_B 及 α_H 分别为测 B 和 H 时冲击电流计的偏转。所选的 PQ 两点要和 BH_C 很接近（如使 α'_B 及 α''_B 与 $\frac{1}{2}\alpha_m$ 之差不超过 5%），以至于 OPP′及 OQQ′可看作两个相似三角形，故：

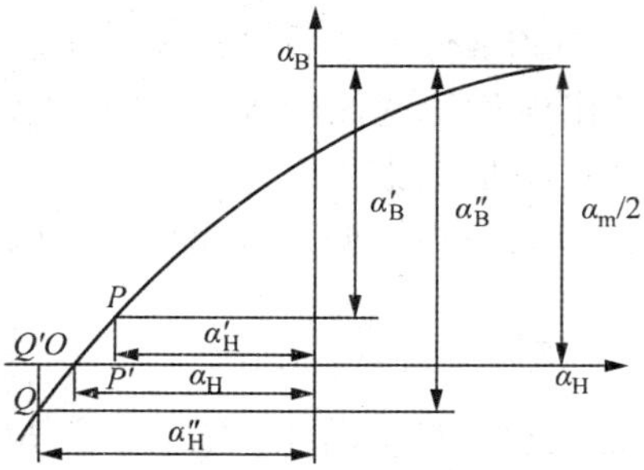

图 4-35 以对应的冲击偏转为坐标轴的退磁曲线

$$\alpha_H=\alpha'_H+\frac{\frac{1}{2}\alpha_m-\alpha'_B}{\alpha''_B-\alpha'_B}(\alpha''_H-\alpha'_H) \tag{4-97}$$

$$BH_C=\frac{C_\phi}{\mu_0\ (NS)_H}\alpha_H \tag{4-98}$$

则可测定在 PQ 两点冲击电流计的偏转 α'_H、α'_B；α''_H、α''_B，求出 BH_C。

（4）最大磁能积$(BH)_m$的确定　最大磁能积$(BH)_m$是永磁材料的一个重要参数。测出退磁曲线后，逐点计算 B 与 H 的乘积，作$(BH)-B$ 曲线。在曲线上求出其峰值，即为$(BH)_m$。

2. 振动样品磁强计

振动试样磁强计是测量小试样磁性的一种仪器，如图 4-36 所示。其分辨率可达 10^{-8} A · m^2，测量精度为 1%左右。配合电磁铁或超导磁体、高温及低温控温系统，该仪器可测量静态磁性对磁场及温度的依赖关系。可完成磁滞回线、起始磁化曲线、退磁曲线及温度特性曲线、IRM 和 DCD 曲线的测量，具有测量简单、快速和界面友好等特点。

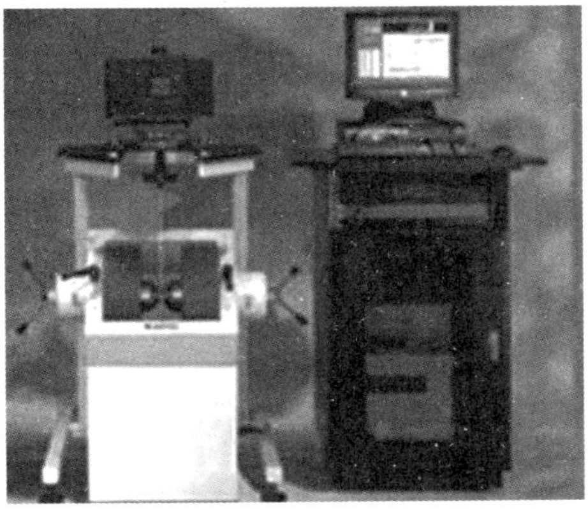

图 4-36　振动试样磁强计

试样在驱动器（电机、扬声器、压电元件等）作用下，在均匀磁场中以频率 ω 作小振幅振动，于是在周围的固定线圈组中产生感应电动势。当试样体积足够小和线圈的距离相比可等效为磁偶极子时，可证明试样振动引起的感应电动势含有基波及 ω 的各次谐波分量。各分量均与试样的磁矩成正比，还与探测线圈结构有关。因此，用锁相放大器测量感应电动势基波或任一次谐波信号，均可作为磁矩的量度。只要用已知磁矩的标准试样对输出电压定标，即可得到被测试样的磁矩。从而获得被测试样其它相关的磁特征参数。

4.4.4　居里温度的测量

铁磁性材料的居里温度是该类材料由铁磁性转变为顺磁性的相变温度，是反映铁磁性材料内在磁学性质的主要物理参量。居里温度测量是测试铁磁体内热骚动破坏原子磁矩间相互作用时铁磁性消失的温度。居里温度的测量方法很多，其中有：通过测量饱和磁化强度 M_S 和温度 T 的关系曲线确定居里温度；感应方法测居里温度；通过测定起始磁导率与温度的关系曲线确定居里温度等。

1. M_S-T 曲线法

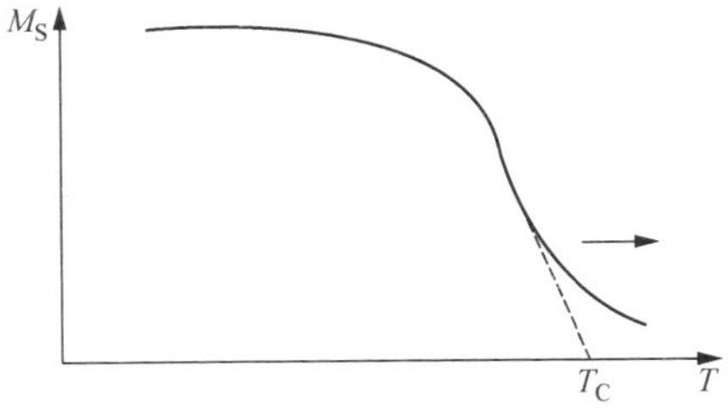

图 4-37　M_S-T 曲线

采用具有温度控制系统的磁秤、振动试样磁强计或其它静态磁性测量仪器，测量饱和磁化强度 M_S（或单位质量饱和磁矩 σ_S）与温度 T 的关系（如图 4-37 所示），然后在曲线下降最陡处作一切线，该切线与横轴的交点就是居里温度 T_c。当温度高于 T_c后，铁磁体变为顺磁体。有些材料的顺磁磁化率 x 服从居里-外斯定律 $x=C/(T-\theta)$，式中 C 为居里常数，θ 为顺磁居里温度。测量 x 的温度关系，作 $1/x-T$ 曲线，直线部分外延与横轴交点即为 θ。在高于 T_c 的一段温度范围内，虽然磁矩的长程有序消失，但仍存在短程有序，因此 θ 比 T_c高约百分之几。

2. 铁磁仪法（示波仪法）

用示波器显示铁磁体的磁滞回线（见图 4-38），试样 1 置于有外水冷套的电炉 3 中，然后放在磁化线圈 4 中，磁化线圈由交流供电。在磁化线圈与水冷套 2 之间有两组探测线圈

W，W 串联反接，调节其位置和圈数使得无试样时感应不出交变场的信号。试样置于 W 内，探测线圈信号经积分加至示波器 X 轴。将与磁化线圈串联的电阻两端电压加至示波器 X 轴，示波器显示出磁滞回线，用电炉使试样升温，达到 T_C时铁磁性消失。磁滞回线变成一条直线，用温度计或热电偶 5 测出此时试样的温度即为 T_C。此方法优点是比较直观，但由于环形样品尺寸过大，样品内部温度不均匀，从而引起输出感应电压随温度的变化在居里温度附近的升降曲线不重合，因此测量精度低。

3. 用 RLC 交流电桥来测量环形样品的居里温度

用 RLC 交流电桥测量磁性材料居里温度的实验原理如图 4-39 所示。采用的是 Maxwell-Wien 电桥，这种电桥是一种两对边纯电阻的电阻乘积电桥，其特点是：将电感和电容相比较，因此标准臂和未知臂必须置于相对的两边。当电桥趋于平衡时，CD 两点间的电压趋于零，故有 $R_1(j\omega L_x+R_4+r_x)=R_2R_3(1+j\omega C_sR_1)$。

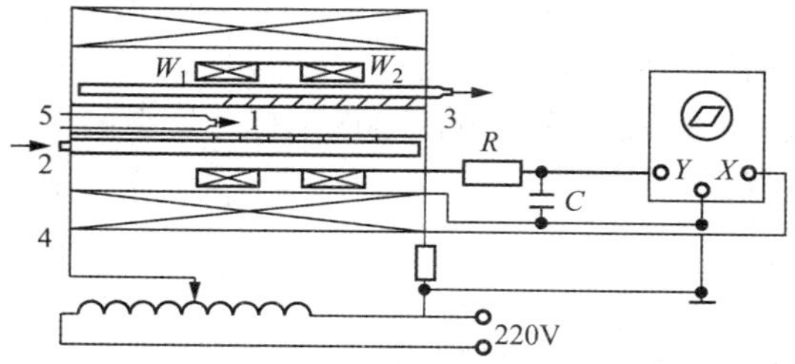

图 4-38　铁磁计原理图

1—试样；2—水冷套；3—电炉；4—磁化线圈；5—热电偶

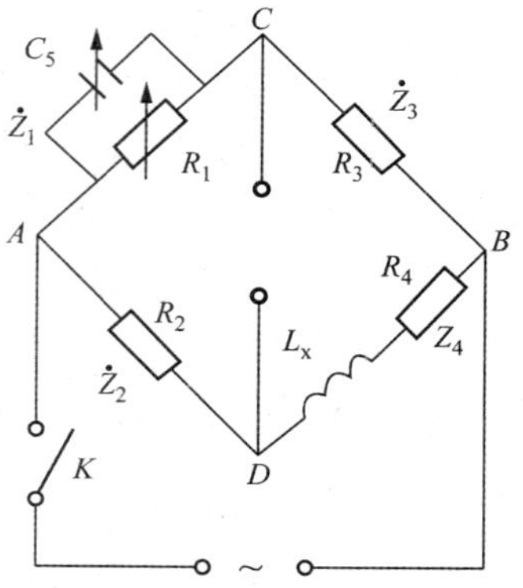

图 4-39　RLC 交流电桥测量环形样品原理图

从平衡方程可知，固定 R_2和 R_3，只要调节 R_1和 C_s就可以使电桥达到平衡，两个可调量相互独立，互不影响，较容易使电桥达到平衡，电桥平衡时，其输出电压信号 V_0近乎为零。当在线圈内置入铁磁性材料样品时，线圈的电感值将增大，引起交流电桥失去平衡，输出电压信号 V_0不为零。当温度在居里温度附近时，输出电压信号 V_0将出现快速变化。而温度高于居里温度点后，因铁磁性材料此时为顺磁态，输出电压信号 V_0将趋近零，这时交流电桥恢复平衡。但该法同样存在着环形样品尺寸大，精度不高的缺点。后来，人们将 RLC 交流电桥改进为 RL 交流电桥，该方法具有样品尺寸小且更换方便、可任意改变实验条件、测量精确、仪表全数字化和测量重复性好等优点。

4.4.5　磁致伸缩系数的测量

超磁致伸缩材料(GMM)是自 20 世纪 70 年代迅速发展起来的新型功能材料，目前已被视为 21 世纪提高国家高科技综合竞争力的战略性功能材料。基于 GMM 的磁致伸缩特性制造的驱动器(GMA)广泛应用于精确定位、超精密加工、振动主动控制等领域，特别是在电-液控制中，GMA 充分体现了电能-机械能转换率高、能量密度大、响应速度快、可靠性高、驱动方式简单等特点。从工程应用的角度看，GMM 最重要的特性参数是磁致伸缩系数 λ。

当铁磁体或亚铁磁体的磁化状态改变时会伴随有尺寸变化，这就是磁致伸缩现象，它包括伸长、缩短、弯曲、扭转及体积变化，其中效应比较显著的是线性磁致伸缩。线性磁致伸缩系数 λ 是磁体的相对线化 $\Delta L/L$，伸长时，$\lambda>0$；缩短时 $\lambda<0$。单晶体的线性磁致伸缩系数是各向异性的，而多晶体的 λ 是各向同性的。测量线性磁致伸缩系数的方法主要有应变电阻法、电容法和光干涉法。

1. 应变电阻法

应变电阻法是将长度变化转换为电阻变化的元件，$\Delta R/R=S\Delta L/L$，式中 S 为应变电阻的灵敏系数。测量时将应变电阻片粘在试样样品上，试样磁化时产生的磁致伸缩传递至应变电阻片，使其电阻发生变化。用电桥测出该电阻的变化，即可求出线性磁致伸缩系数 λ。应变电阻的变化一般用直流惠斯登电桥测量，电桥的测量原理如图 4-40 所示。

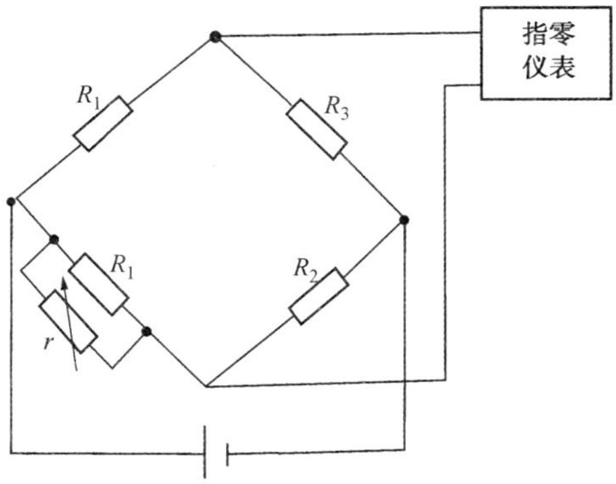

图 4-40　惠斯登电桥电路

应变电阻法具有灵敏度高(分辨率可达 10^{-7})，适合静、动态测量，且装置价格便宜、结构简单、尺寸小、重量轻、使用方便、性能可靠等优点。但由于电桥灵敏度高，在测量中还需注意以下三个问题：

(1) 应变电阻要与样品黏贴好，结合紧密，否则使电桥产生漂移以致测量难以进行。解决的办法是选择适用的粘合剂。

(2) 消除接触电动势及热电势的影响，对引线的材料、长短及焊接均需加以考虑，还需注意减小样品的温度波动。

(3) 对于薄片形样品，由于样品磁化时可能产生弯曲，因此在样品的两面都要贴上应变电阻，将分别测出的数值加以平均。

2. 光干涉法

光干涉法是利用光波的迭加原理进行测量的一种方法，从一个点光源发出的两束光在空间某点发生的干涉与这两束光的光程差有关。光程差为半波长的偶数倍时，两束光相互加强；而光程差为半波长的奇数倍时，两束光相互削弱而最暗。因此，任何光程差的变动都会引起亮暗相间的干涉条纹的移动，从而可以根据干涉条纹的移动来测量光程差。如果光程差的改变是由于铁磁样品的磁致伸缩产生的，那么可以利用光的干涉现象来确定磁致伸缩系数。

最简单的光干涉仪器为迈克尔逊干涉仪，其结构如图 4-41 所示。G_1、G_2 为两块相同的玻璃片，G_1 镀有一层半透膜。M_1、M_2 为平面镜，M_1 固定，M_2 贴在一端固定的被测铁磁试样的自由端，V 为目镜。光束①、②的光程差 Δl 使目镜中干涉条纹移动。$\Delta l=n\lambda_0/2$，式中 λ_0 为光波波长。如 Δl 由试样磁致伸缩引起，则磁致伸缩系数 $\lambda=\Delta l/l=n\lambda_0/(2l)$。在可见光范围内 Δl 可测到 10^{-7}m 数量级。

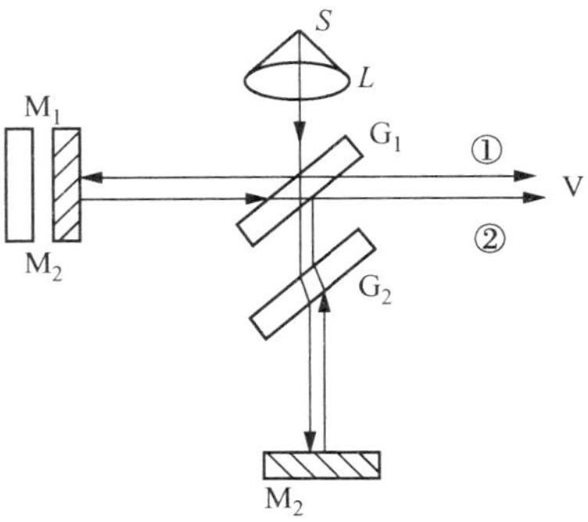

图 4-41　迈克尔逊干涉仪示意图

在该测量方法中要注意待测样品和其两端的夹件的粘接，左端夹件和支架的紧固及另一端夹件和干涉仪的移动镜台的固定。该测量方法原理简单，参数变换和误差环节少，同时灵敏度较高，因此在科学实验中常被采用。

3. 机械光杠杆法

这是一种利用机械及光杠杆方法微小变形的方法。在这种方法中通过机械光杠杆系统把线状样品的长度变化 Δl 转变为光杠杆的光点位移。

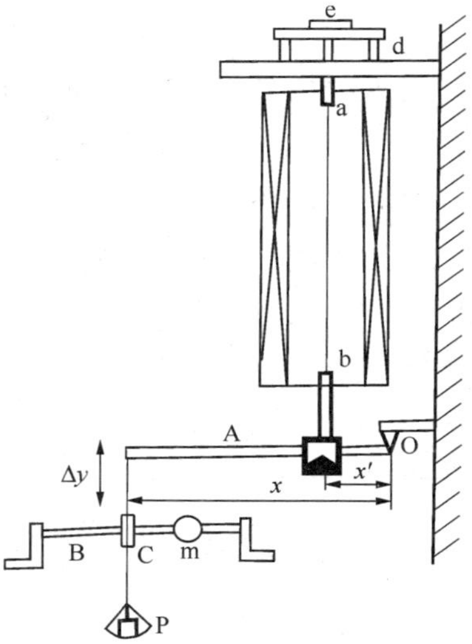

图 4-42 机械光杠杆装置图

图 4-42 是一种机械光杠杆装置的简图。样品采用线度比大于 250 的细线(直径约 1mm)，两端固定在支杆 a、b 上，置于能产生 10^3Oe 以上场强的螺线管中，并与螺线管的轴线重合。借助螺丝 e、d 使样品处于螺线管的中部磁场均匀区中。样品下端的支杆借助刀与杠杆 A 连接。此刀口与接触点 O 的距离为 x'，杠杆的自由端与 O 点相距为 x。自由端点上有一细线，此线绕过半径为 r 的小轮，悬挂一砝码 P。小轮是带有反射小镜 m 的转轴 B 的一部分，砝码 P 的作用是使线适当拉紧，以防止线在小轮上滑动。小镜 m 与位于前方的灯尺组成读数系统。

当样品沿轴线磁化，其长度改变 ΔL 时，杠杆 A 的自由端发生微小位移。这位移通过绕在小轮上的细线使 B 轴转动，从而带动小镜 m 偏转 α 角，此时灯尺上的光标发生位移 n，若灯尺与反射小镜间距离为 d，则样品的长度变化可以计算出来。

机械光杠杆法的优点在于原理简单，无需专门仪器，是实验室常用的测量方法。但由于机械杠杆和光杠杆的复合联动，存在一定的系统误差，而且在测量过程中望远镜的对焦不准，视差、仪器的晃动都会引起读数误差，因此整个系统的测量精度没有迈克尔逊测量法高，灵敏度只有 10^{-5}，所以适合测量大磁致伸缩材料。

4. 电容法

电容法具有温度稳定性好、抗干扰能力强、动态响应好，在工程材料测量中广泛使用，但电路复杂，频率的非线性难于补偿。

其原理如图 4-43 所示，GMM 棒在磁场作用下产生的磁致伸缩变形将导致电容 C_1、C_2 的容量一个变大，另一个变小，形成差动变化。将 C_1、C_2 作为各变换振荡器的回路电容，通过测量变换振荡器产生的不同频率信号输出即可计算电容量的变化，如图 4-43 所示。未加激励磁场时，使 $C_1 = C_2 = C_0$，振荡频率为 f_0，当加激励磁场时，由于电容变化，此时振荡频率 f 可表示为：

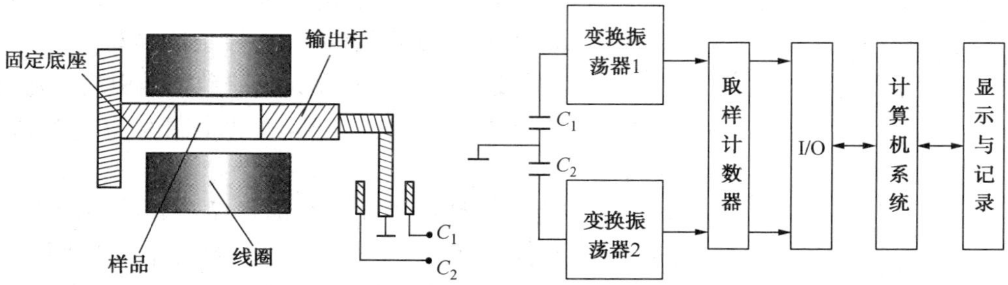

图 4-43 差动电容式测量原理图

$$f=2\frac{1}{2P[L(C_0+\Delta C)]^{\frac{1}{2}}}=f_0+\Delta f_0 \tag{4-99}$$

对差动式平板电容器有：
$$\frac{\Delta C}{C}\approx\frac{2\Delta d}{d}=\frac{2\Delta l}{l}=2\lambda \tag{4-100}$$

只要测出施加激励磁场前后的震荡频率变化，即可获得磁致伸缩系数 λ 值，测量分辨率可达 10^{-7}。

4.4.6　其他磁参数的测试

1. 磁畴结构分析

磁畴观察是观测铁磁体及亚铁磁体中自发磁化小区域的实验技术。在居里点以下，铁磁体及亚铁磁体分成许多磁畴，每个磁畴的自发磁化方向不同。铁磁体的磁化就是在外磁场作用下这些磁畴的体积及磁化方向的变化过程，因此磁畴是宏观磁化的基础，与材料的宏观磁性有直接关系。观察磁畴的方法很多，以下仅简要阐述常用的几种。

1）胶液技术

胶液技术（粉纹法）指将含有 Fe_3O_4微粒（100Å 左右）的胶体溶液，涂在预先处理好的试样表面上，由于在试样表面与畴壁交界处存在不均匀磁场，对 Fe_3O_4微粒产生作用力，将这些小粒子吸附在样品表面有畴壁的地方。这样，黑褐色 Fe_3O_4小颗粒的聚集可以勾画出试样表面的磁畴图形，用几十到几百倍的金相显微镜即可观察。

胶液制备及样品表面处理：首先用亚铁盐（如 $FeSO_4$）及铁盐（如 $FeCl_3$）配制成水溶液。它们的重量比要满足二价铁离子数及三价铁离子数之比为 1∶2。将溶液加热至 70℃左右，在搅拌的同时将 NaOH 缓缓加入，生成黑褐色的 Fe_3O_4沉淀。将得到的沉淀冲洗过滤，除去 Na^+、SO_4^{2-}、Cl^-，加入少许盐酸，使 pH 值为 7 左右，将沉淀加到浓度为 0.5%的油酸钠溶液中，制成 Fe_3O_4颗粒混悬液。为提高粒子团的磁矩，也可采用在形成沉淀时加入磁场的方法使之极化。

样品表面处理与制备金相所用样品的处理方法相同，对于薄膜样品不必进行表面处理，可以直接观察。有时为了获得较高的分辨本领，使用高倍的光学显微镜，甚至用电子显微镜进行观察，需要采用干胶液技术。

胶液技术是最早用来观察磁畴的方法，因其设备简单，适用范围大，因此长期适用于观察磁畴结构使用，目前仍在使用。

其局限性主要体现在：

（1）该法只能观察样品的表面磁畴，样品内部的磁畴结构只能用表面磁畴来推测。

（2）分辨率受微粉颗粒度的制约。通常微粉的直径约为 10^{-4}cm，而铁的畴壁厚度却只有 10^{-5}cm，许多精细结构难以观察到。

（3）这种方法受水介质悬浮液操作温度的影响，不能在较高（>100℃）和较低（<90℃）的温度下使用。

（4）用这种方法很难观察磁畴随外磁场的快速变化。

2）磁光效应法

磁光效应是指当线偏振光在磁性材料表面反射或透射时，反射光或透射光的偏振面要发生旋转，旋转方向、转角大小与材料的磁化方向及磁化强度大小有关，这种现象称为磁光效应，对于反射光的情况称为克尔效应，对于透射光的情况称为法拉第效应。由于铁磁体中不同磁畴间自发磁化方向不同，因而引起反射光及透射光的偏振面旋转角也不同，用光学或光电技术检测可观察磁畴结构。磁光效应不受温度限制，且能观察磁畴的动态过程。法拉第效应还可用来观察体磁畴结构。

图 4-44 是利用克尔效应观察磁畴的仪器装置图。为了观察磁畴的动态过程，可以在样品处装亥姆霍兹线圈，以产生适当的磁场。此外在利用克尔效应观察磁畴，对样品的制备要求很高，样品表面应抛光成镜面，无应变。这里不能采用电解抛光，因为它不仅形成波状表面，而且产生影响表面反射的钝化层。所以样品经机械抛光后，必须进行退火，消除应力。当然，这个退火处理不能影响样品的结构状态。

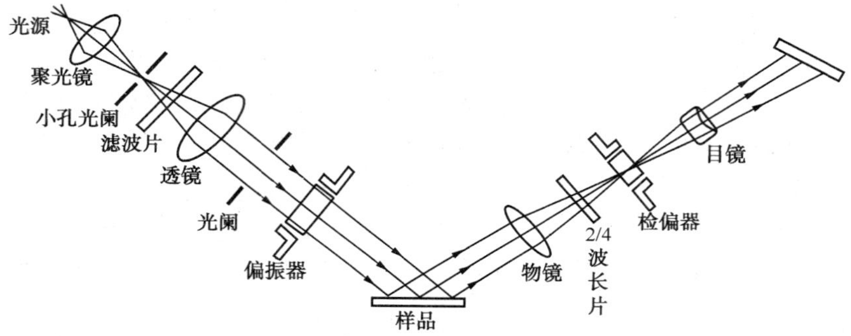

图 4-44　纵向克尔效应磁畴观测装置图

图 4-45 是利用法拉第效应观察磁畴结构的基本装置图。在利用法拉第效应观察磁畴结构时，由于法拉第效应是透射的磁光效性，因此它只能观察透明的样品，如厚度在 2000Å 以下的金属薄膜以及某些铁氧体单晶薄膜。

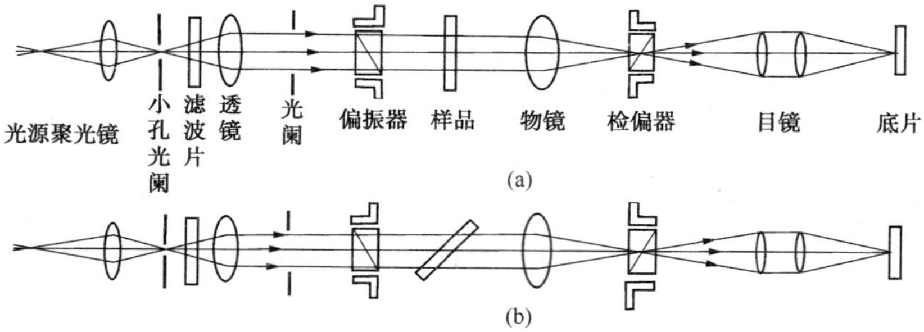

图 4-45　法拉第效应磁畴观测装置

磁光效应法有以下优点：(1)材料的磁畴结构几乎没有影响，不受材料性能的限制，可在不同温度下进行测量。(2)有些材料的畴壁较厚，畴与畴壁间的界限不明显，表面散磁场很小，粉纹不易集中。对于这种情况，磁光效应法是一种有效的方法。(3)磁光效应也可以动态追踪磁畴结构在外磁场作用下的变化过程。其不足之处在于反射光或透射光的偏振面旋转角小，特别是克尔效应。因而像的反差小，观察不便。磁光效应的另一个缺陷是不能研究畴壁的精细结构。

3）磁力显微镜

磁力显微镜(Magnetic Force Microscope，MFM)可以给出磁体高分辨的形貌像和磁力梯度像，同时因其具有可在空气中操作及样品不需要特殊制备等优点，自问世起就成为研究磁畴的有力工具。其成像原理是依靠检测磁性针尖与样品杂散场之间的相互作用力生成磁力梯度分布图，从而对磁性材料进行磁畴检测。

图 4-46 是磁力显微镜观察得到的铁镍合金和铁镍合金丝的纵截面磁畴结构。从(a)图可以看见合金的磁畴条纹很模糊，明暗对比不强烈，说明磁畴分布杂乱无章，对外表现的磁各向异性。对于处理后的(b)图，磁畴结构已经开始显现典型的条纹状畴，表明磁化方向是平行于样品表面的，但是可以发现这种条状畴的明暗衬度不高。

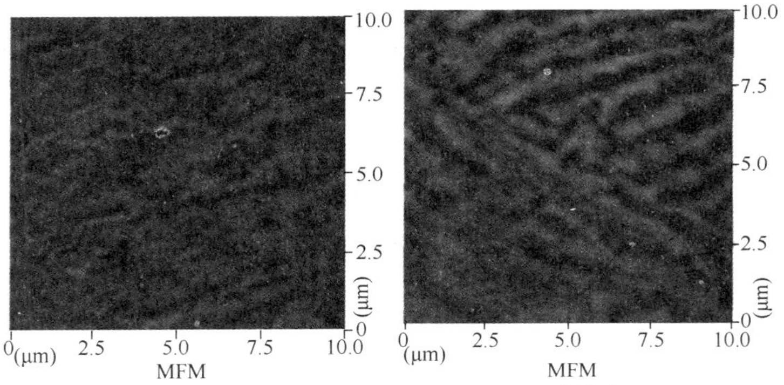

(a)未处理　　(b)成品丝

图 4-46　Fe45Ni55 样品处理前后的纵截面 MFM 照片

目前世界上分辨率最高的磁力显微镜，其磁畴分辨率小于 10nm。但是磁力显微镜操作复杂，而且只能对部分磁性材料(如磁记录材料等)进行精确观测，在观测矫顽力非常大的材料(如钕铁硼磁体)时，磁针的磁性有可能被改变，因此测试结果不佳。而对软磁材料，磁针的磁性又有可能影响样品的磁畴结构，因此，对磁针的选择和测量方法都有严格的要求。

4）电子射线技术

铁磁体或亚铁磁体中，由于磁畴的存在，在样品内部形成局部磁场，在样品表面也产生杂散磁场。当电子束以一定速度通过样品表面附近、射向样品表面或穿过样品时，在磁畴产生的局部磁场作用下，分别发生散射和反射。因此可以根据这些散射、反射的电子束的图象分析样品的磁畴结构。

透射式电子显微镜(洛伦兹显微镜)专门用来研究薄膜试样的磁畴结构。当电子束穿过试样时，受到试样中磁化强度矢量的作用，其运动轨迹发生偏斜。不同磁畴引起电子束的偏转方向和大小不同，用感光板可显示磁畴图形。由于其分辨率高，可达 50Å，因此可用来研究畴壁的结构。扫描电子显微镜亦可供观察试样的磁畴结构。当电子束投射到试样表面后，激发的二次电子受到表面各磁畴不同散磁场的作用后轨道发生不同弯曲，形成反映磁畴结构的二次电子像，其分辨率可达 100Å。同时由背散射电子形成的背散射电子像也能反映试样内部的磁畴结构。

2. 微观磁结构分析

微观磁结构分析是测试物质内部原子或离子磁矩的空间取向及分布、磁矩间相互作用及其在不同温度和磁场下变化等微观结构的实验技术。分析微观磁结构的方法很多，主要有中子散射、核磁共振、穆斯堡尔效应等。

1）中子散射

包括弹性及非弹性中子衍射。(1)弹性中子散射(中子衍射)：中子是一种不带电但具有磁矩的微观粒子，它入射到试样中时，被晶格点阵上的原子散射，该散射包括与原子核作用的核散射及与原子磁矩作用的磁散射。由于试样具有晶体结构，核散射在某些方向是相干的。若原子磁矩的排列是有序的，磁散射在某些方向也是相干的。根据中子衍射谱线上磁衍射峰的位置及强度可确定磁有序结构的类型(铁磁性、反铁磁性、亚铁磁性、螺旋磁性等)以及原子磁矩的大小。利用小角度散射可研究磁相变点附近磁矩的短程序，利用极化中子衍射可以研究自旋密度分布。(2)非弹性中子散射：可用来研究磁激发。这时入射中子束与散射体之间有能量交换，在散射过程中产生或湮灭自旋波。通过入射及散射中子束之间动量及能量关系，可测定自旋波谱。

2）核磁共振

原子核的基态能级在恒磁场 B 的作用下分裂为若干超精细能级。在射频场中，这些超精细能级间的跃迁产生核磁共振。共振频率为 $\omega_0=\gamma H$，式中 γ 为核子的旋磁比；H 为外加磁场 H_e 与核处的内场 H_n 两部分之和。内场由物质的磁结构决定，对于抗磁性物质，核处的内场为零；对于顺磁性及磁有序物质，原子核处的局部磁场不为零。不同晶体结构还会产生不同的局部非均匀电场。根据核磁共振谱可以获得原子处电、磁场的数据，从而获得关于原子价态、电子结构及分布、磁结构弛豫过程等方面的信息。

3）穆斯堡尔效应

穆斯堡尔效应是原子核对 γ 射线无反冲的发射和吸收，本质上也是一种核磁共振，但它在原子核基态与激发态之间跃迁。原子核与环境的相互作用主要有磁矩与局域磁场的作用(塞曼效应)、电四极矩与非均匀电场的作用及同质异能位移(即化学位势)。它来源于与核外电子几率密度有关的原子核的体积效应。由于上述相互作用，原子核的基态与激发态能级均分裂为超精细能级并发生位移。当原子核受同种原子核的 γ 射线辐射时，处于基态各超精细能级上的原子核按选择定则跃迁到激发态的各超精细能级上去。探测通过试样的 Y 射线可得到能量吸收谱线即穆斯堡尔谱。经过分析、拟合，根据谱线各峰的位置、强度等参数可获得原子核内场、原子价态、对称性等方面的数据。在磁性材料研究中，铁的穆斯堡尔效应应用最广，可分析和确定晶体中的离子分布、原子磁矩的空间取向以及磁相变、结构相变等。

第 5 章　材料的腐蚀性能与分析

腐蚀是自然界中所有物体都要面对的消耗破损现象，它不仅消耗资源、污染环境，甚至危及人类的安全和健康。任何一种工程材料，都要受到周围环境的影响，耐蚀性的高低直接关系到材料的使用寿命。腐蚀会使材料的强度降低，腐蚀层的存在会使材料的电阻增大，从而使材料的性能下降，甚至不能再使用。当金属处于服役条件下时，腐蚀就变得尤为可怕，即腐蚀疲劳，这常会使材料在远低于断裂强度时发生破坏。我国每年因腐蚀造成的损失可达4979 亿元以上，约占国民生产总值(GNP)的 5%，其中大气环境腐蚀约占总损失的 50%以上。虽然人类无法根除腐蚀，但可以控制腐蚀，只要采取有效的防腐蚀措施，就可以延长设备和装备的使用寿命。积极推广和采用防腐蚀新设备、新技术、新工艺、新材料，我国每年至少可以减少 30%的腐蚀损失，约 1500 亿元，占国内生产总值(GDP)的 1%~1. 5%。

5. 1　腐蚀的性质

金属因受到周围介质的化学或电化学作用而引起的破坏即为金属的腐蚀。按照腐蚀的形式，可以把腐蚀分为全面腐蚀和局部腐蚀。按腐蚀特点来分，可分为三大类：化学腐蚀、电化学腐蚀和物理腐蚀。化学腐蚀包括金属在干燥气体(或高温气体)作用下的腐蚀和金属在非电解质溶液中的腐蚀。其反应过程的特点是金属表面的原子与氧化剂直接发生氧化还原反应而形成腐蚀产物，电子在金属和氧化剂之间直接传递，无腐蚀电流产生。电化学腐蚀是指金属表面与电解质溶液发生电化学反应而引起的破坏，如钢铁在土壤中的腐蚀。电化学腐蚀的特点是腐蚀反应过程中至少有一个阳极反应和一个阴极反应，在反应过程中发生电荷转移，伴有电流产生。金属在实际工程中出现的腐蚀大多数均为电化学腐蚀，金属在电化学和应力及微生物共同作用下还会发生应力腐蚀和微生物腐蚀。物理腐蚀是指金属由于单纯的物理溶解作用而引起的破坏。在液态金属中可发生物理腐蚀，如用来盛放熔融锌的钢容器，由于铁被液态锌所溶解而损坏。

5. 1. 1　热力学性质

金属腐蚀过程一般是在恒温恒压的敞开体系条件下进行的。根据热力学原理，金属腐蚀能否发生以及发生的方向和限度可用吉布斯自由能来判定，即在恒温恒压条件下：

$$\left.\begin{array}{ll}(\Delta G)_{\mathrm{T,P}}<0 & \text{腐蚀能够自发进行}\\(\Delta G)_{\mathrm{T,P}}=0 & \text{腐蚀处于平衡状态}\\(\Delta G)_{\mathrm{T,P}}>0 & \text{腐蚀不能自发进行}\end{array}\right\}\tag{5-1}$$

$(\Delta G)_{\mathrm{T,P}}$是在等温等压体系中腐蚀反应自由能的变化，它可通过反应中各物质的化学位计算获得：

$$(\Delta G)_{\mathrm{T,P}}=\sum_i v_i\mu_i\tag{5-2}$$

式中，v_i为化学反应式中第 i 种物质的化学计量系数，规定反应物系数取负值，生成物取正值，μ_i为第 i 种物质的化学位，单位通常取 $\mathrm{kJ^2/mol}$。

从腐蚀的电化学机理出发，金属发生腐蚀的倾向也可用腐蚀过程中主要反应的腐蚀电池电动势来判别。在恒温恒压条件下，系统 Gibbs 自由能的减少等于过程中系统所做的最大非体积功。在腐蚀电池中，非体积功即电功，故：

$$(\Delta G)_{T,P}=-nEF \tag{5-3}$$

式中，n 为电极反应式中的电子数；F 为法拉第常数；E 为电池的电动势。E 越大，电池自发进行的倾向也越大。这一判据对任何类型的电池都是适用的。

当阴极电位为 E_C，阳极电位为 E_A。电池电动势 E 为：

$$E=E_C-E_A \tag{5-4}$$

故金属腐蚀的电化学判据为：

$$\left.\begin{array}{ll} E_A<E_C & \text{电位为 } E_A \text{ 的金属腐蚀能够自发进行} \\ E_A=E_C & \text{腐蚀处于平衡状态} \\ E_A>E_C & \text{电位为 } E_A \text{ 的金属腐蚀不能自发进行} \end{array}\right\} \tag{5-5}$$

由于电极电位的绝对值是不可知的，为了便于计算，采用以给定电极做阴极，标准氢电极做阳极进行测量，在标准状态下所测得的电位定为标准电极电位。其标准状态是指金属离子活度为 1，温度为 298K，气体分压为 100MPa 时，金属的平衡电位为该金属的标准电极电位。表 5-1 给出了常见金属的标准电极电位及热力学稳定性。

表 5-1　常见金属的标准电极电位及热力学稳定性

热力学性质	腐蚀反应	E_0/V
1. 热力学上很不稳定的金属（贱金属），甚至能在不含氧或氧化剂的中性介质中发生腐蚀	$Li=Li^{+}+e^{-}$	−3.405
	$Rb=Rb^{+}+e^{-}$	−2.925
	$K=K^{+}+e^{-}$	−2.924
	$Ba=Ba^{2+}+2e^{-}$	−2.906
	$Ca=Ca^{2+}+2e^{-}$	−2.867
	$Na=Na^{+}+e^{-}$	−2.714
	$La=La^{3+}+3e^{-}$	−2.522
	$Y=Y^{3+}+3e^{-}$	−2.372
	$Mg=Mg^{2+}+2e^{-}$	−2.364
	$Th=Th^{4+}+4e^{-}$	−1.900
	$Hf=Hf^{4+}+4e^{-}$	−1.700
	$Al=Al^{3+}+3e^{-}$	−1.662
	$Ti=Ti^{2+}+2e^{-}$	−1.628
	$Zr=Zr^{4+}+4e^{-}$	−1.529
	$U=U^{4+}+4e^{-}$	−1.500
	$Ti=Ti^{3+}+3e^{-}$	−1.210
	$V=V^{2+}+2e^{-}$	−1.186
	$Mn=Mn^{2+}+2e^{-}$	−1.180
	$Nb=Nb^{3+}+3e^{-}$	−1.100
	$Cr=Cr^{2+}+2e^{-}$	−0.913
	$V=V^{3+}+3e^{-}$	−0.876
	$Ta=Ta^{5+}+5e^{-}$	−0.810
	$Zn=Zn^{2+}+2e^{-}$	−0.763
	$Cr=Cr^{3+}+3e^{-}$	−0.744
	$Ga=Ga^{3+}+3e^{-}$	−0.529
	$Te=Te^{2+}+2e^{-}$	−0.510
	$Fe=Fe^{2+}+2e^{-}$	−0.440
2. 热力学上不稳定的金属（半贱金属），不含氧时，在中性介质中是稳定的，在酸性介质中发生腐蚀	$Cd=Cd^{2+}+2e^{-}$	−0.402
	$In=In^{3+}+3e^{-}$	−0.342
	$Mn=Mn^{3+}+3e^{-}$	−0.283
	$Co=Co^{2+}+2e^{-}$	−0.277
	$Ni=Ni^{2+}+2e^{-}$	−0.250
	$Mo=Mo^{3+}+3e^{-}$	−0.200
	$Sn=Sn^{2+}+2e^{-}$	−0.136
	$Pb=Pb^{2+}+2e^{-}$	−0.126
	$W=W^{3+}+3e^{-}$	−0.110
	$Fe=Fe^{3+}+3e^{-}$	−0.037
3. 热力学上中等稳定的金属（半贵金属），不含氧时，在中性介质和酸性介质中是稳定的	$Sn=Sn^{4+}+4e^{-}$	−0.007
	$Bi=Bi^{3+}+3e^{-}$	+0.216
	$Sb=Sb^{3+}+3e^{-}$	+0.240
	$As=As^{3+}+3e^{-}$	+0.300
	$Cu=Cu^{2+}+2e^{-}$	+0.337
	$Co=Co^{3+}+3e^{-}$	+0.418
	$Cu=Cu^{+}+e^{-}$	+0.521
	$Pb=Pb^{4+}+4e^{-}$	+0.784
	$Hg=Hg^{+}+e^{-}$	+0.789
	$Ag=Ag^{+}+e^{-}$	+0.799
	$Rh=Rh^{3+}+3e^{-}$	+0.800
4. 高稳定的金属（贵金属），在含氧中性介质中是稳定的，在含氧或氧化剂的酸性介质中可能腐蚀	$Hg=Hg^{2+}+2e^{-}$	+0.854
	$Pd=Pd^{2+}+2e^{-}$	+0.987
	$Ir=Ir^{3+}+3e^{-}$	+1.000
	$Pt=Pt^{2+}+2e^{-}$	+1.190
5. 完全稳定的金属，在含氧酸性介质中是稳定的。有氧化剂时可溶于络合剂中	$Au=Au^{3+}+3e^{-}$	+1.498
	$Au=Au^{+}+e^{-}$	+1.691

以电极反应的平衡电极电位(相对标准氢电极的电位)为纵坐标，溶液 pH 值为横坐标绘出的反映系统状态的电化学平衡图，称为电位-pH 图。最简单的电位-pH 图仅涉及一种金属元素与水构成的体系，目前已有 90 多种元素与水构成的电位-pH 图汇编在《水溶液中的电化学平衡图图集》中。图中明确地给出了在一定电位和 pH 条件下系统的稳定状态和平衡物态，可从热力学角度很方便进行判定。

5.1.2　腐蚀动力学性质

金属腐蚀过程热力学研究的是腐蚀反应发生的可能性，它不能反映腐蚀反应进行的速度大小与进程。一种金属耐蚀性如何主要是从动力学角度考虑，即腐蚀速率的大小来考察和判断。

在很多情况下，腐蚀反应是一个多步骤反应过程，其中控制步骤决定了腐蚀反应的速率。金属腐蚀过程的控制因素可用下式说明：

$$I_{corr}=R\frac{E_C^0-E_A^0}{P_C+P_A+R} \tag{5-6}$$

式中　I_{corr}——腐蚀电流；

$E_C^0-E_A^0$——腐蚀体系中的阴极、阳极反应平衡电位差；

P_C，P_A——腐蚀过程阴极、阳极反应的极化率；

R——腐蚀体系的电阻。

从上式可以看出，腐蚀速率不仅取决于腐蚀电池阴、阳极间的起始电位差 $E_C^0-E_A^0$，这是腐蚀推动力；而且也决定于阴极、阳极的极化率 P_C 和 P_A 以及体系的欧姆电阻 R，这三项都是阻力，这其中任何一项明显超过另外两项时，就成为该体系中腐蚀过程起控制作用的因素。图 5-1 给出了不同控制因素的腐蚀极化图。

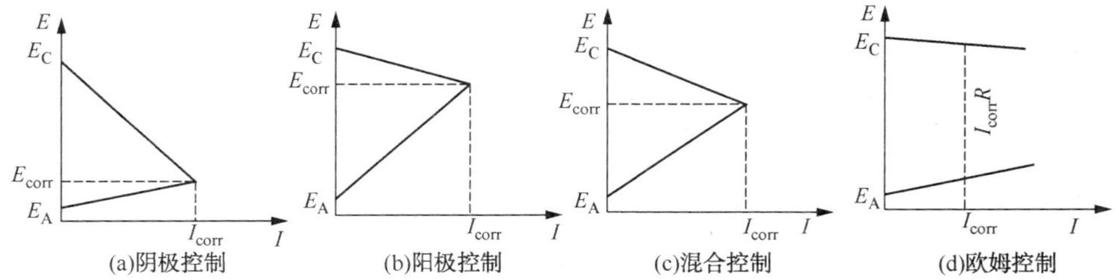

图 5-1　不同控制因素的腐蚀极化图

当 R 很小时，若 $P_C \gg P_A$，I_{corr} 主要取决于 P_C 的大小，称为阴极控制。相反若 $P_C \ll P_A$，则 I_{corr} 主要取决于阳极极化，称为阳极控制。如若 P_C 和 P_A 接近，阳、阴极极化同时决定腐蚀速率的大小，则称混合控制。如果腐蚀体系欧姆电阻很大，即 $R \gg (P_C+P_A)$，则腐蚀电流主要由电阻来决定，称为欧姆控制。

金属腐蚀过程阴、阳极控制可通过计算获得，如将电阻 R 忽略，可得：

$$S_C=\frac{\eta_C}{\eta_C+\eta_A}(\%) \tag{5-7a}$$

$$S_A=\frac{\eta_A}{\eta_C+\eta_A}(\%) \tag{5-7b}$$

式中　S_C、S_A——阴极、阳极控制程度；

η_C、η_A——阴极、阳极在体系中的过电位。

对于阴极控制的腐蚀，能使阴极极化率 P_C 增大的因素，都将使腐蚀速率明显减少，此时影响阳极过程的因素则不会使腐蚀速率发生大的改变。对于阳极控制的腐蚀，其速度主要决定于阳极极化率 P_A，能使 P_A 增大的任何因素，都可明显地阻止腐蚀，故阴极反应的因素对防止腐蚀的效果影响不明显。

5.2 腐蚀指标

根据腐蚀定义，任何因腐蚀而引起的表面形貌、重量、性能、结构等变化均可做描述腐蚀的指标。实际应用时往往选择容易测量、变化敏感的特征量作为描述腐蚀的单位。在均匀腐蚀条件下使用的指标主要为质量损失和强度损失指标，不均匀腐蚀的代表性指标主要为 Champion 和点蚀因子。

5.2.1 均匀腐蚀指标

1. 质量损失

如果腐蚀过程中最敏感、最关心的是表面物质流失，则以质量流失作为腐蚀指标，均匀腐蚀条件下表示材料表面物质流失量的最常用指标为质量、深度和电流量。

1）质量

腐蚀失质量：
$$w=w_0-w_1 \tag{5-8a}$$
瞬时腐蚀速率：
$$v=\mathrm{d}w/\mathrm{d}t \tag{5-8b}$$
平均腐蚀速率：
$$\bar{v}_t=(1/t)\times\int_0^t w\mathrm{d}t \tag{5-8c}$$

式中 w——质量；

t——时间。

腐蚀量和腐蚀速率是腐蚀特性量之一。前者用于相同面积、相同时间下材料腐蚀程度的比较；后者则用于一般条件下腐蚀严重程度的比较。

2）深度

在工程实际中，构件腐蚀减薄或腐蚀深度的大小将直接影响着该部件的可使用寿命，因此，以腐蚀深度来表示因腐蚀而减小的量，更具有实际意义。失重损失换算为日腐蚀深度的公式为：

$$v_1=v\times24\times365/(1000\rho)=8.76v/\rho \tag{5-9}$$

式中 v_1——腐蚀的深度指标；

v——失重法计算的瞬时腐蚀速率；

ρ——密度。

3）电流密度

电流密度是以电化学腐蚀过程中阳极电流密度(A/cm^2)的大小来衡量金属腐蚀速率的大小。1mol 物质发生电化学反应时所需的电量为 1F，如果电流为 I，通电时间为 τ，则通过的电量为 $I\tau$，从而可得出金属阳极溶解的质量为：

$$\Delta w=BI\tau/Fn \tag{5-10}$$

式中 B——金属的相对原子质量；

n——转移电子数；

F——法拉第常数。

表5-2是均匀腐蚀条件下，重量、深度和电流量三种指标间的换算关系。

表5-2 表示物质流失量的腐蚀速率换算关系

项 目	重量指标/[g/(m^2·d)]	深度指标/(mm/a)	电流指标/(mA/cm^2)
重量指标/[g/(m^2·d)]	1	0.365/ρ	0.1117n/M
深度指标/(mm/a)	2.74×ρ	1	0.306(n×ρ)/M
电流指标/(mA/cm^2)	8.95M/n	3.27 M/(n×ρ)	1

2. 强度损失

有些材料腐蚀以产生裂纹和强度损失为主要特征。例如金属的环境应力腐蚀开裂、氢开裂、塑料老化等。此时材料腐蚀前后重量变化甚微或并不重要，材料失效主要源自于强度损失，描述这类腐蚀时，要选用更加敏感和有实用意义的强度损失为指标。

断裂力学中也用微观裂纹长度及生长速率作为评价指标。对一定材料与环境组合，存在一个允许的最大裂纹长度(裂纹生长超过此长度后，裂纹生长加速，直至断裂)，根据材料裂纹生长长度及生长速率，可以方便的估计其残余使用寿命。

微观裂纹测量比较困难，所以宏观研究中常采用强度保留率 Y 或损失率 Y'(%)作为腐蚀指标：

$$Y(\text{保留率}) = 100\times P_{corr}/P_o \tag{5-11a}$$

$$Y'(\text{损失率}) = 100\times(P_o - P_{corr})/P_o \tag{5-11b}$$

式中 P_o——材料力学或机械强度原始值；

P_{corr}——腐蚀后的剩余值。

塑料、混凝土等材料的腐蚀常采用这类指标。根据材料不同，强度可以选择抗压、抗拉、抗弯等指标，原则上以变化最敏感者为优。

不同腐蚀材料应选用不同特征指标，一般有以下规律：

(1) 金属材料开裂腐蚀：如SCC、HIC等，其腐蚀以金属组织中裂纹产生、生长直至断裂为特征。许多情况下，裂纹生长时，材料的重量变化并不明显，此时选用的指标一般为裂纹生长率、裂纹长度、强度损失率等。

(2) 不同高分子材料老化机理不同，但其典型特征是表面失去光泽、失去透明、粉化及裂纹等。与此同时，材料力学性能呈显著下降趋势，表现为拉伸强度、断裂伸长率和冲击强度下降，其中以冲击强度变化最为敏感。

(3) 橡胶在环境作用下因网状结构破坏发黏、硬化、变脆，其特征指标是力学性能下降，其中以断裂伸长率和断裂强度这两个指标最明显。

(4) 混凝土受腐蚀后表现为材料表面中性化，含水率和吸水率变化，以及力学强度损失等，其中以抗压强度最为敏感。常用压力试验机检验腐蚀环境中的混凝土试样，并和在标准室中养护28天试样比较，以强度损失百分率为评价指标。

合理选择腐蚀指标对获得腐蚀规律至关重要。一般来说，金属材料以失重作为指标比较合适，而非金属材料则以强度损失为腐蚀指标较合适。此外，短期大气腐蚀常用线性方程表示，而长期大气腐蚀则以幂函数的形式表示为宜。

5.2.2 不均匀腐蚀指标

1. 标准图谱法

Champion方法提供了一套标准图谱，如图5-2所示，有四类图，其中A图和B图分别表示腐蚀表面缺陷的密度和尺寸（平面特征）；C图和D图分别表示腐蚀最大深度和平均深度的特征，各类图均分为7个等级。评定时将试样的腐蚀表面和标准图谱对比，以和标准图谱最接近的等级编号作为腐蚀表面的程度和状态指标。各类图的文字说明见表5-3。

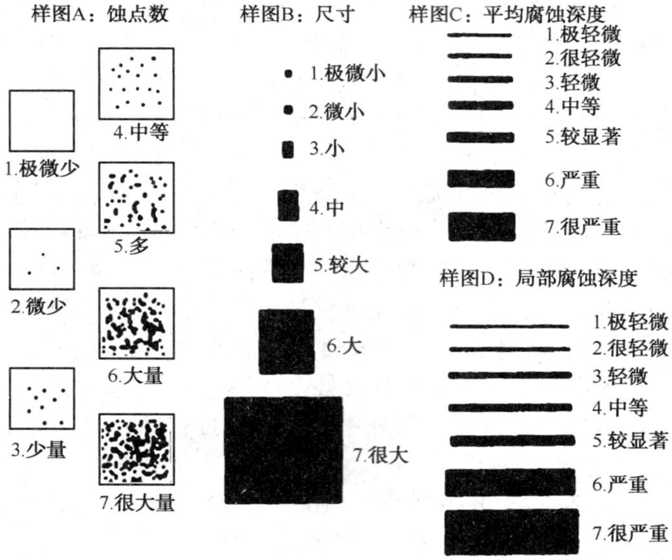

图5-2 Champion标准图谱

表5-3 Champion标准图谱的的说明

等级编码	A图		B图		C图		D图		影响系数
	术语	密度/（个/dm^2）	术语	面积/cm^2	术语	平均深度/cm	术语	局部深度/cm	
1	极微少	33	极微小	0.0006	极轻微	0.0001	极轻微	0.004	0.09
2	微少	100	微少	0.003	很轻微	0.0004	很轻微	0.01	0.13
3	少量	330	小	0.016	轻微	0.0016	轻微	0.025	0.20
4	中等	1000	中	0.08	中等	0.006	中等	0.06	0.30
5	多	3300	较大	0.4	较显著	0.024	较显著	0.15	0.45
6	大量	10000	大	2.0	严重	0.10	严重	0.4	0.70
7	很大量	33000	很大	10.0	很严重	0.40	很严重	1.0	1.00
级比	3		5		4		2.5		1.5

Champion方法主要用于铝、镁等轻金属及其合金，但有时也用于其他金属，包括钢铁等材料在内。这种方法将难以度量的表面形貌特征归入定量研究范围，虽属半定量性质，但使用意义是非常大的。但由于评判规则过于繁琐，图谱比较复杂，操作者需要有相当的经验和技巧，对实际表面的处理和选择也有一定难度，所以这套方法在腐蚀评价工作中的普及不够广，尤其是具有复杂腐蚀形貌的钢铁材料。

2. 点蚀因子

点蚀因子（γ）定义为最大侵蚀深度（h_{max}）和平均侵蚀深度（h_0）的比值。即：

$$\gamma = h_{max}/h_0 \tag{5-12}$$

点蚀因子不可能小于1，$\gamma=1$代表均匀腐蚀，γ越大，腐蚀越不均匀。

点蚀因子γ是无量纲因子，不包含腐蚀量概念，使用时必须结合腐蚀量或平均腐蚀速率等指标才能完整反映局部腐蚀特征。点蚀因子结合平均腐蚀速率可以计算出最大点蚀深度，在腐蚀安全工程上有重要意义。

5.3 腐蚀速率测试

对于均匀腐蚀(全面腐蚀)，最重要的是腐蚀速率的测定。只有知道准确的腐蚀速率，才能选择合理的防腐蚀措施、为结构设计提供依据。常用的测定方法有重量法和电化学法。

5.3.1 重量法测定金属的腐蚀速率

重量法是一种较为经典的方法，它适用于实验室和现场试验，是测定金属腐蚀速率最可靠的方法之一，是其他金属腐蚀速率测定方法的基础。

重量法是根据腐蚀前、后金属试件重量的变化来测定金属的腐蚀速率。重量法又可分为失重法和增重法两种。当金属表面上的腐蚀产物较容易除净，且不会因为清除腐蚀产物而损坏金属本体时常用失重法；当腐蚀产物牢固地附着在试件表面时则采用增重法。

把金属做成一定形状和大小的试件，放在腐蚀环境中(如大气、海水、土壤、各种实验介质等)，经过一定的时间后，取出并测量其重量和尺寸的变化，即可计算出腐蚀速率。

对于失重法，可通过下式计算金属的腐蚀速率：

$$\bar{v}=\frac{m_0-m_1}{S\cdot t} \tag{5-13}$$

式中　$\bar{v}$——金属的腐蚀速率，$g/(m^2\cdot h)$；

m_0——腐蚀前试件的质量，g；

m_1——经过一定时间的腐蚀、并除去表面腐蚀产物后试件的质量，g；

S——试件暴露在腐蚀环境中的表面积，m^2；

t——试件腐蚀的时间，h。

对于增重法，即当金属表面的腐蚀产物全部附着在上面，或者腐蚀产物脱落下来可以全部被收集起来时，可由下式计算腐蚀速率：

$$\bar{v}=\frac{m_2-m_0}{S\cdot t} \tag{5-14}$$

式中：m_2为腐蚀后带有腐蚀产物的试件的重量，g。

按照腐蚀速率，可将金属的耐蚀性分为十级标准，如表 5-4 所示。表 5-5 是按失重法测得的常见金属大气腐蚀平均速率值。

表 5-4　金属耐蚀性的十级标准

耐蚀性分类	等级	腐蚀速率/(mm/a)	耐蚀性分类	等级	腐蚀速率/(mm/a)
Ⅰ	1	<0.001	Ⅳ	6	0.1~0.5
Ⅱ	2	0.001~0.005		7	0.5~1.0
	3	0.005~0.01	Ⅴ	8	1.0~5.0
Ⅲ	4	0.01~0.05		9	5.0~10.0
	5	0.05~0.1	Ⅵ	10	>10.0

表 5-5　常见金属大气腐蚀平均速率　　μm/a

材料	江津站	武汉站	北京站	广州站	琼海站	万宁站
碳钢及低合金钢	48	29	22	36	21	34
不锈钢	0. 07	0. 09	0. 15	0. 04	0. 49	0. 55
铝及其合金	5. 32	0. 77	0. 35	0. 92	1. 65	2. 92
铜及其合金	3. 30	1. 30	0. 90	1. 50	1. 50	1. 20
特级纯锌	2. 95	2. 16	1. 32	3. 27	1. 01	1. 20

5. 3. 2　线性极化法测试材料的腐蚀速率

腐蚀电化学研究方法作为电化学测试方法中的一种，与其他物理的或化学的研究方法相比具有测试速度较快，测试灵敏度较高的优点。电化学方法能够测出腐蚀金属电极在外界条件影响下的瞬时变化情况，能够连续测试金属电极表面腐蚀状况的变化。腐蚀速率方程式是大部分测定腐蚀速率的电化学测试方法的理论基础，不同的极化区域，腐蚀速率方程式可以简化成不同的形式，腐蚀速率的测试方法也不相同，但各个区域的分界不是很严格。

1. 极化阻力技术(线性极化区测量腐蚀速率)

极化阻力技术在快速测定金属/电解质体系在各种条件下的瞬时腐蚀速率(指全面腐蚀)方面具有独特优势，可以定量测定金属材料的腐蚀速率或通过测定 R_p 比较材料性能，也可用于研究合金元素的作用及表面膜的耐蚀性等。

极化阻力技术测定腐蚀电流的基本原理如下：

根据腐蚀金属电极的一般速度方程式：

$$I=i_{corr}\left[\exp\frac{2.303\Delta E}{b_a}-\exp\frac{-2.303\Delta E}{b_c}\right] \tag{5-15a}$$

在极化电位 ΔE 很小时，腐蚀速率方程式可采用幂级数进行简化，令：

$$\exp\frac{2.303\Delta E}{b_a}\approx 1+\frac{2.303\Delta E}{b_a} \tag{5-15b}$$

$$\exp\frac{-2.303\Delta E}{b_c}\approx 1-\frac{2.303\Delta E}{b_c} \tag{5-15c}$$

故：

$$\frac{\Delta I}{\Delta E}=i_{corr}\left[\frac{2.303}{b_a}+\frac{2.303}{b_c}\right] \tag{5-15d}$$

表明在自腐蚀电位附近，即 ΔE 很小时(通常在±10mV 左右)，极化曲线呈现出线性关系，直线的斜率称为极化电阻(或极化阻力)，以 R_p 表示，即：

$$R_p=\frac{\Delta E}{\Delta I} \tag{5-16}$$

故：

$$i_{corr}=\frac{b_a b_c}{2.303(b_a+b_c)}\cdot\frac{1}{R_p} \tag{5-17}$$

上述方程式即为 Stern-Geary 方程，可写成通式：

$$i_{oorr}=\frac{B}{R_p} \tag{5-18}$$

只要知道 B 值，实验测定出 R_p，就可以计算出金属腐蚀速率 i_{corr} 值。表 5-6 列出了一些

较典型腐蚀体系的 B 值供参考。

表 5-6　常数 B 的文献值

腐蚀体系	B 值	腐蚀体系	B 值
430 不锈钢-1N H_2SO_4，H_2，30℃	20.2	Fe-$NaClO_4$，缓释(pH=2)	15.7~18.8
Fe-0.52N H_2SO_4，30℃	16.6	不锈钢-1N H_2SO_4	≈18
Cr-Ni 不锈钢 Fe^{3+}、Fe^{2+}缓冲溶液	≈52	Fe-典型的中性溶液	75
Cr-Ni 不锈钢-$FeCl_3$和 $FeSO_4$	≈52	不锈钢-H_2SO_4	13-26
304L-1N H_2SO_4，氧饱和($b_a=\infty$，$b_c=50$)	21.7	Cu、Cu-Ni 黄铜-海水	17.4
Fe-HCl、H_2SO_4各种缓蚀剂	11~21	碳钢、304SS-水，289℃($b_a=25$，$b_c=130-160$)	20.9~24.2
不锈钢-3% NaCl($b_a=90-160$，$b_c=120-200$)	22~41	Al-海水($b_a=45$，$b_c=600$)	18.2
304 不锈钢-30% NaCl，90℃($b_a=\infty$，$b_c=50$)	21.7	不同材料-人造海水(理论值：$b_a=b_c=100$)	21.7
碳钢、不锈钢-水，pH=7，250℃		Fe-H_2SO_4缓蚀剂	25
Cu、Al 软钢-海水	20~25	Fe-0.02M 柠檬酸，pH=2.6，35℃	12
软钢-0.02M H_3PO_4+缓蚀剂	5.5	Fe-1N H_2SO_4，K 值随时间增加	10~20
Fe-1N H_2SO_4	16~21	碳钢-海水($b_a=57$，$b_c\to\infty$)	25
Fe-1N HCl	12.9~14.4	Cu、海军黄铜、钢-高速海水	17.3
Fe-丙酮-水-醋酸钠	18.0~23.2	Cu-Ni-10Fe-海水($b_a=150$，$b_c=460$)	49
Al1199-1N NaCl，H_2，30℃，pH=2	44.4	软钢 1020-1N Na_2SO_4，H_2，30℃，pH=6.3	19.0

此外，由于 b_a、b_c为腐蚀金属电极局部阴、阳极反应的 Tafel 常数，因此可通过对 b_a、b_c的值进行测定计算出 B 值。b_a、b_c值的测试方法很多，如通过 Tafel 区的斜率计算，也可由 Barnartt 三点法、曲线拟合法等求出。不同的电化学反应控制步骤，b_a、b_c的计算公式不同，数值也不同，但一般来说，b_a、b_c通常在 30~180mV。B 的理论值通常在 6.51~52.1mV。

R_p的测试方法很多，可由各种极化测量方法测出稳态时的极化电流和极化电位数值，计算出 R_p。

1）动电位测量

基本测试过程如下：使腐蚀体系由相对自腐蚀电位-30mV 扫描至+30mV，记录动电位 $E-I$ 曲线。根据 $E-I$ 曲线，在原点($\Delta E=0$ 即 E_{corr}点)做切线，求出斜率，即为极化电阻 $R_p=\left(\frac{dE}{dI}\right)_{E_{corr}}$；或找出 E_{corr}附近的极化曲线线性区，用线性极化电阻 $R_p=\Delta E/\Delta I$ 计算。

2）直流恒电流、恒电位测量

基本测试过程为：在 E_{corr}附近进行阴阳极极化，用恒电位仪进行逐点测量，也可测定 ΔE、$2\Delta E$ 及 $-2\Delta E$ 三点。根据 E_{corr}附近的极化曲线，找出线性区求斜率，也可用回归分析的方法采用计算机求出最佳直线。如若 E_{corr}附近极化曲线无线性区，可做 E_{corr}的切线求出斜率。测试时应注意，由于 ΔE 较小，故一般极化电流也小，应选用足够精度的电位和电流检测仪表。

此外，恒电流、恒电位方波也可用于 R_p的测量，由于其极化电源是交流方波，测试方法简单，是目前商品化线性极化测试仪器的基础。

影响 R_p 精确测量的因素很多，主要是存在溶液欧姆压降、自腐蚀电位 E_{corr} 随时间漂移，试样表面状态的变化等方面。

2. 弱极化区数据测定腐蚀速率

1）三点法

测定极化曲线弱极化区上 ΔE、$2\Delta E$、$-2\Delta E$ 三点以及对应的极化电流 $I_{\Delta E}$、$I_{2\Delta E}$ 和 $I_{-2\Delta E}$，通过数学变换，可同时计算出 i_{corr}、b_a 和 b_c 的数值。

计算过程如下：

由于：
$$\frac{I_{\Delta E}}{i_{corr}}=\exp\frac{2.303\Delta E}{b_a}-\exp\frac{-2.303\Delta E}{b_c} \tag{5-19}$$

令：
$$u=\exp\frac{2.303\Delta E}{b_a} \tag{5-20a}$$

$$v=\exp\frac{2.303\Delta E}{b_c} \tag{5-20b}$$

故上式可改写为：
$$\frac{I_{\Delta E}}{i_{corr}}=u-v \tag{5-21}$$

$$i_{corr}=\frac{I_{\Delta E}}{u-v} \tag{5-22}$$

$$b_a=\frac{-2.303\Delta E}{\ln u}=\frac{\Delta E}{\log u} \tag{5-23a}$$

$$b_c=\frac{-2.303\Delta E}{\ln v}=\frac{-\Delta E}{\log v} \tag{5-23b}$$

只要求出 u 和 v，就能计算出 b_a、b_c 和 i_{corr} 的数值。

令：
$$r_1=-\frac{I_{2\Delta E}}{I_{-2\Delta E}},\quad r_2=-\frac{I_{2\Delta E}}{I_{\Delta E}} \tag{5-24}$$

则：
$$u=\frac{1}{2}\left(r_2+\sqrt{r_2^2-4\sqrt{r_1}}\right) \tag{5-25}$$

$$v=\frac{1}{2}\left(r_2-\sqrt{r_2^2-4\sqrt{r_1}}\right) \tag{5-26}$$

用其它有对应关系的弱极化区的三组极化数据点，也可用类似方法求得 u 和 v，进而计算出腐蚀速率和 Tafel 常数。如可选用 $I_{\Delta E}$、$I_{2\Delta E}$、$I_{-\Delta E}$ 三点，

可令：
$$r_1=-\frac{I_{2\Delta E}}{I_{\Delta E}},\quad r_2=-\frac{I_{\Delta E}}{I_{-\Delta E}} \tag{5-27}$$

从而计算出 u 和 v 及 I_{corr}。

三点法从理论上讲是严格的，没有引入任何近似值，但实际应用时经常存在误差，甚至求二次方程式根时开方项小于零，得不到结果。其主要原因是由于电流读数的误差或未测出稳态值，或者是腐蚀体系不符合。

2）四点法

在阳极弱极化区 ΔE、$2\Delta E$ 处和阴极弱极化区 $-\Delta E$、$-2\Delta E$ 处分别读取相应的电流密度 i_{a1}、i_{a2} 和 i_{c1}、i_{c2}，依据活化极化控制体系中外加电流和极化电位的动力学方程，可得：

$$i_{a1}=i_{corr}\left[\exp\frac{2.303\Delta E}{b_a}-\exp\frac{-2.303\Delta E}{b_c}\right] \tag{5-28a}$$

$$i_{c1}=i_{corr}\left[\exp\frac{2.303\Delta E}{b_c}-\exp\frac{-2.303\Delta E}{b_a}\right] \tag{5-28b}$$

$$i_{a2}=i_{corr}\left[\exp\frac{4.606\Delta E}{b_a}-\exp\frac{-4.606\Delta E}{b_c}\right] \tag{5-28c}$$

$$i_{c2}=i_{corr}\left[\exp\frac{4.606\Delta E}{b_c}-\exp\frac{-4.606\Delta E}{b_a}\right] \tag{5-28d}$$

数学处理后，得：

$$i_{corr}=\frac{i_{a1}\cdot i_{c1}}{\sqrt{i_{a2}\cdot i_{c2}-4i_{a1}\cdot i_{c1}}} \tag{5-29}$$

通过上式就可以计算出腐蚀电流密度。

从理论上看，对电化学极化控制的体系在极化曲线的弱极化区任意选取符合上述条件的四个电流值带入公式均应得到正确的 i_{corr}，可由于试验误差的引入，使不同极化电流的组合得到不同的 i_{corr}，因此，在选取电流时应使：

$$\frac{i_{a1}}{i_{c1}}=\sqrt{\frac{i_{a2}}{i_{c2}}} \tag{5-30}$$

上述三点法、四点法等一类弱极化区的测试方法都是选择几组极化值之间具有一定比例关系的极化测量数据，因此舍入误差的影响较大，数据的利用率也受到限制。

5.3.3　暂态测试方法

1）暂态线性极化技术

充电曲线方程表明，对于一个腐蚀体系，R_p越大或 C_d越大，则达到稳态所需的时间就越长，即体系的腐蚀速率越低，或金属/溶液界面电容越大。在应用线性极化技术测定时，为得到稳态数据所需的时间就越长，在较长的测试时间内，自腐蚀电位的漂移以及表面状态变化引起的误差也就更大。因此前面的极化阻力测试方法对于低腐蚀体系的测定是不适用的，暂态线性极化技术就是针对此种状况提出的。

暂态线性极化技术的测试方法比较简单：对一腐蚀金属电极，以阶跃的方式施加一系列等差电流，I_1、I_2、I_3、$\cdots I_n(I_n=nI_1)$。在每一次外加电流后，以相等的时间间隔记录极化电位的数值。当阶跃次数增加后，极化电位和外加电流呈线性关系，其斜率和稳态时测得的斜率相等，为 R_p，具体推导过程见宋诗哲编著的《腐蚀电化学研究方法》。

暂态线性极化技术适用于自腐蚀电位 E_{corr}附近极化曲线存在线性区的腐蚀体系，由于该法精确测定 R_p所需时间比通常的稳态线性极化测量要短得多，因此适宜腐蚀速率很低的体系。但在测量过程中应注意由外加电流 I 产生的极化电位 ΔE 应小于 20mV（使其处于线性区）。

2）充电曲线法

充电曲线法适宜低腐蚀体系的测试，具体测试过程为：对腐蚀体系施加恒定电流（其数值应使极化电位不超过 10mV），自腐蚀电位开始极化，记录极化电位-时间曲线。由充电曲线方程式计算出稳态时的极化电位值 IR_p。由于施加的电流 I 是已知的。因此 R_p可以求出，代入 Stern 公式就可计算出腐蚀速率 I_{corr}。

5.3.4 交流阻抗技术

交流阻抗法也是一种暂态的电化学技术。它是 1973 年由 Epelboin 等人提出的一种新的方法，即利用腐蚀电位处的法拉第阻抗来测定金属腐蚀速率的交流阻抗法。这一方法在原理上和线性极化法虽有相似之处，但仍有所不同。线性极化法是利用频率为零时的极化电阻，而交流阻抗是利用频率趋近于无穷大时法拉第阻抗的极限值—电荷传递电阻。由于在足够高的频率下，表面吸附层处于冻结状态，其覆盖率就不再随电位而变化，所以频率趋近于无穷大时法拉第阻抗的极限值是和腐蚀过程更直接有关的物理量。

以传荷控制下的简单电化学体系为例，其等效电路中只有电阻和电容元件，等效电路如图 5-3 所示，其电极阻抗为：

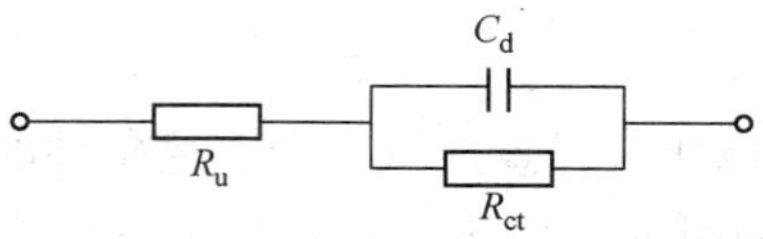

图 5-3　传荷控制下等效电路图

$$Z = R_u + \frac{1}{jwC_d + \frac{1}{R_{ct}}} \tag{5-31}$$

即：

$$Z = R_u + \frac{R_{ct}}{1 + \omega^2 C_d^2 R_{ct}^2} - j\frac{\omega C_d R_{ct}^2}{1 + \omega^2 C_d^2 R_{ct}^2}$$

故电极阻抗的实部和虚部分别为：

$$Z_{Re} = R_u + \frac{R_{ct}}{1 + \omega^2 C_d^2 R_{ct}^2}$$

$$Z_{Im} = \frac{\omega C_d R_{ct}^2}{1 + \omega^2 C_d^2 R_{ct}^2}$$

通过计算可知，在复平面图上，(Z_{Re}，Z_{im})点的轨迹是一个圆，圆心的位置在实轴上，其坐标为 ($R_u + \frac{R_{ct}}{2}$，0)，圆的半径为 $\frac{R_{ct}}{2}$，阻抗复平面图如图 5-4 所示。

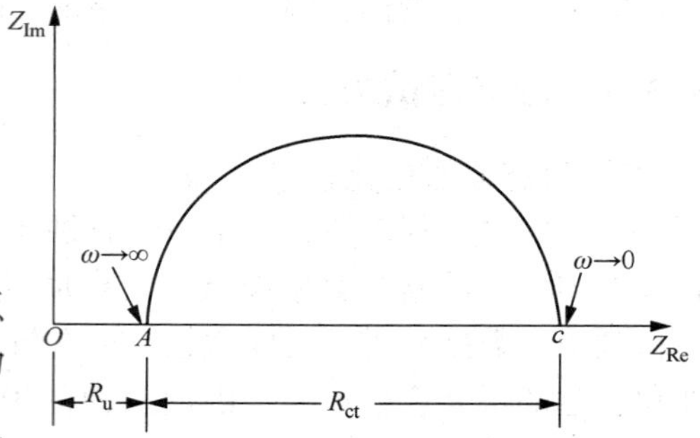

图 5-4　传荷控制下电极体系的复平面图

通过实验测定一系列不同频率下的电化学阻抗数据，将其绘制成复平面图，由图可直接获取溶液电阻 R_u 和电荷传递电阻 R_{ct}。

5.4 孔蚀测试

小孔腐蚀是钝性金属在含有活性离子的介质中一种常见的局部腐蚀。化工生产中常用的碳钢、不锈钢、铝、钛等材料在活性离子(Cl^-、Br^-、I^-、ClO_4^-、SCN^-等)的作用下，会发生小孔腐蚀，铜及铜合金以及锆和钽等高耐蚀性金属，在一定条件下也会遭受这种腐蚀。小孔腐蚀对生产的威胁性很大，加上这种腐蚀很复杂，影响因素很多，所以它历来是重要的研究对象。目前评价金属材料孔蚀性能的试验方法主要包括化学浸泡法和电化学测量法两种。由于化学浸泡法阴阳极反应均在同一试样上进行，有较大的阴极面积，孔蚀不是在试样表面发展而是向纵深发展，比较接近实际情况。电化学测量法则是通过测定材料的孔蚀特征电位评定它们的孔蚀敏感性，在电化学测试中，试样表面仅发生阳极反应，阴极反应在辅助电极上进行，导致蚀孔呈半球状生长，与实际环境存在一定的误差。下面对这两种方法进行介绍。

5.4.1　化学浸泡法

化学浸泡法是将试样在天然或加速的腐蚀环境中浸泡一定时间后通过测定单位体积上的重量损失、蚀孔数目、蚀孔大小和蚀孔深度等来评价材料抗孔蚀性能。此外也可通过测定临界孔蚀温度、孔蚀成核所需的最低氯离子浓度来确定材料的抗孔蚀敏感性。化学浸泡法主要用于评价氧化性介质中不锈钢及含铬的镍基合金的抗孔蚀性能，也可用来研究合金元素、热处理、表面状态等对金属材料耐孔蚀性能的影响。

测试过程中应注意如下事项：

（1）制备试样时，应避免从板材的边缘、棒材的两端、铸件的浇冒口部位切取。若采用电火花、砂轮片等方法切割时，还应采用切削或研磨等手段对试样进行再加工以消除由剪切引起的应力区或电火花切割引起的热影响区。

（2）试验溶液一般采用6%的$FeCl_3$溶液。溶液用量应满足与试样表面积的面容比等于或大于20mL/cm^2。试验温度控制在(35±1)℃或(50±1)℃，当35℃下很小或没有孔蚀则在50℃下进行。

（3）$FeCl_3$溶液中的试验周期有4h、24h、48h、72h不等，而不锈钢在pH=1.3、氧化还原电位为700mV的6%的$FeCl_3$溶液中24h的试验周期即可满足，但对00Cr18Ni8Mo5Cu等合金元素含量高的不锈钢即使72h也很难满足要求。

（4）试验结束后，记录孔蚀特征，采用孔蚀因子进行表征。

5.4.2　电化学测量法

具有自钝化特征的金属或合金的钝化膜开始发生局部破坏的电位，是表征其孔蚀敏感性的重要特征，其中最重要的是孔蚀电位E_b(材料发生孔蚀且孔蚀能继续发展的最低电位)和保护电位E_p(已发展的蚀孔重新钝化的最高电位)。这两个参数把具有钝化行为的金属与合金的阳极极化曲线分为三个电位区，如图5-5所示。

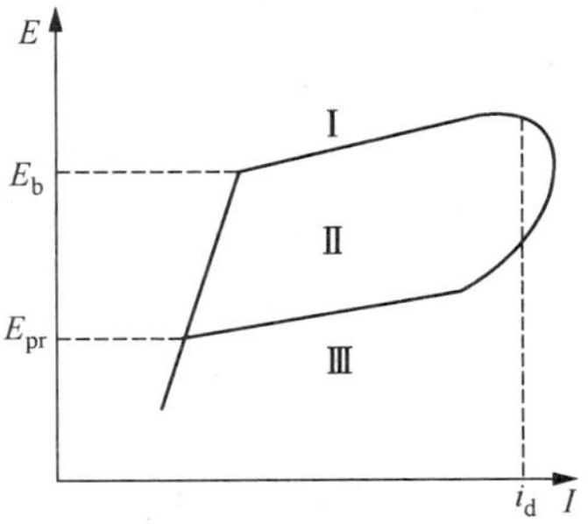

图5-5　铝在3.5%氯化钠溶液中的极化曲线

曲线可分为三个部分：

（1）$E-E_b$段：必然产生孔蚀。不仅新的蚀孔会形成，原有的蚀孔也会继续发展；

（2）$E_b \geq E \geq E_{pr}$段：有孔蚀存在。不会形成新的蚀孔，但原有的蚀孔将继续长大；

（3）$E \leq E_{pr}$段：没有蚀孔。不会形成新的蚀孔，原有的蚀孔完全再钝化而不发展。

在相同的试验条件下，金属与合金的E_b值越正，说明它的耐孔蚀性能越好，或对孔蚀的敏感性越低。但若两种材料E_b接近，并不能由此做出两者耐孔蚀性能接近的结论。因为反映耐孔蚀性能的参数除E_b外，还有保护电位E_p。只有把这两个参数综合考虑，才能对它们的耐蚀性做出全面的评价。因此常利用电位扫描曲线的滞后环面积来表示孔蚀程度。滞后环面积小的材料耐孔蚀性能相对强一些，同样也可以用两个特征电位参数之差E_b-E_p作为耐孔蚀性能的量度。

孔蚀电位的测定方法很多，有动电位法、恒电流法、划伤法等。

1）动电位法

金属或合金在腐蚀介质中从自腐蚀电位向阳极扫描的过程中电流密度发生急剧变化所对应的电位称为孔蚀电位。发生孔蚀后在继续扫描的过程中，当电流密度达到某一值后将电位逆向扫描，若在钝化区测得由于孔蚀重新钝化而使电流下降对应的电位称为保护电位。日本在1981年就将孔蚀电位的测定方法正式列入国家工业标准，此规定适于用动电位法测定不锈钢在3.5%氯化钠溶液中的孔蚀电位。下面就JIS标准中的《不锈钢孔蚀电位测定法》(ISG 0577-981)做一简单介绍。

试片：面积为10mm×10mm，试验面为轧制面，用800#砂纸进行打磨。为防止缝隙腐蚀的并发，也可在打磨后进行一下钝化处理(在50℃的20%～30%的硝酸溶液中浸渍1h以上)。而后在试片的两端焊接上导线。试片除留10mm×10mm的暴露面外，其余均用环氧树脂或尼龙树脂、Si树脂等绝缘物进行包覆。测定开始之前用600#砂纸对暴露面再进行一次打磨，而后将试片用乙醇或水洗净。

测定方法：试液为3.5%氯化钠溶液，温度为30℃±1℃。阳极极化是将试验面完全浸入脱气后的试液中，放置10min。而后用恒电位仪以动电位法从自然电极电位开始进行测定，电位扫描速度为20mV/min。扫描至阳极电流密度为500～1000μA/cm^{2}为止。阳极极化曲线中的孔蚀电位在对应于电流密度为10μA/cm^{2}或100μA/cm^{2}的范围内，将其分别表示为VC'_{10}或VC''_{100}。

需要指出的是虽然在JIS标准中没有硬性规定试片在试验前必须经过钝化处理，但盐原国雄经试验后提出，如试片不预先进行钝化处理，按照标准中所规定的20mV/min的电位扫描速度来进行极化，是很难防止缝隙腐蚀发生的。与之相比，对于进行过钝化处理的试片来说，则可有效地防止缝隙腐蚀发生。他主张按照该方法进行试验，试片必须预先进行钝化处理。这样可将孔蚀的发生电位和缝隙腐蚀的发生电位明显地区分开来。该法在试片制作上要求不高，测定结果重现性好，基本上消除了测定时的人为误差。

2）恒电流法

先用动电位法测出一个击穿电位$E_{b'}$，然后在该电位附近选择不同的电位值，测定恒定电位下的电流-时间曲线，以电流不随时间变化或略微下降的最高电位定为稳态击穿电位E_b。该法测定结果比较可靠，但耗时较长。现在已不多用。

3）电化学噪声

电化学噪声是在恒定电位(恒定电流)控制下，排除仪器本身和外界干扰后金属电极/电解质溶液界面间电流自发的波动。电化学噪声与电极反应中动力学步骤的随机波动有关，通过噪声分析不仅可以获得孔蚀萌生和发展的信息，同时可计算孔蚀电位。

4）划伤法

用金刚砂之类的硬质点将钝化膜瞬时划伤后立即放入电解质中，在不同的恒电位下记录电流随时间的变化曲线，直到表面划伤后的试样在某一电位下电流不再随时间下降为止，以划伤后能够再钝化的最高电位为临界孔蚀电位。

5.5　环境促进破裂测试

环境促进破裂(EAC)的研究主要针对在外加应力和残余应力条件下，材料与环境间内在兼容性的考虑和评价。对于实际使用的各种设备、部件和结构，均要承受各种环境和应力条件，而且要在其服役期内均耐 EAC。同时，作为结构使用的材料一般都有大的制造和加工变量，这些变量都可能影响其冶金学状态和结构，反过来影响 EAC 抗力。测试 EAC 抗力是确定材料、环境和力学变量之间关于 EAC 相互关系的最有效方法之一。目前，关于环境促进破裂主要体现在三个方面：应力腐蚀破裂、氢脆及液态金属脆化三个方面。

5.5.1　环境促进破裂的形式

1. 应力腐蚀破裂

应力腐蚀是指由应力和腐蚀联合作用所产生的材料破坏过程。应力腐蚀破坏发生之前没有大的塑性变形，是一种滞后的低应力脆性破坏。在裂纹扩展阶段，其扩展速率比均匀腐蚀要快得多，因此应力腐蚀极易导致无先兆的灾难性事故。许多调查表明，在各种事故中，应力腐蚀引发的事故占有很高的比例。因此研究应力腐蚀开裂对确保安全生产、提高生产效率具有重要意义。

对于应力腐蚀而言，只有在特定的合金成分与特定的介质相组合时才会出现。并且造成破坏的静应力远低于材料的屈服强度，而且一般是拉伸应力(近年来，也发现在不锈钢中可以由压应力引起)。这个应力可以是外加应力，也可以是焊接、冷加工或热处理产生的残留拉应力。在机件的设计和选材中，常用到的两个应力腐蚀抗力指标包括应力腐蚀临界应力场强度因子 K_{ISCC} 和应力腐蚀裂纹扩展速率 da/dt。图 5-6 是应力腐蚀裂纹扩展速率与应力场强度间的关系。当 K_I 刚超过 K_{ISCC} 时，裂纹经过一段时间孕育后突然加速，随着 K_I 进一步增大，da/dt 变化甚微，裂纹扩展主要受电化学过程控制，与材料和环境关系密切。当裂纹长度接近临界尺寸时，da/dt 随 K_I 增大而急剧增大，当 K_I 达到 K_{IC} 时，材料会因失稳扩展而断裂。

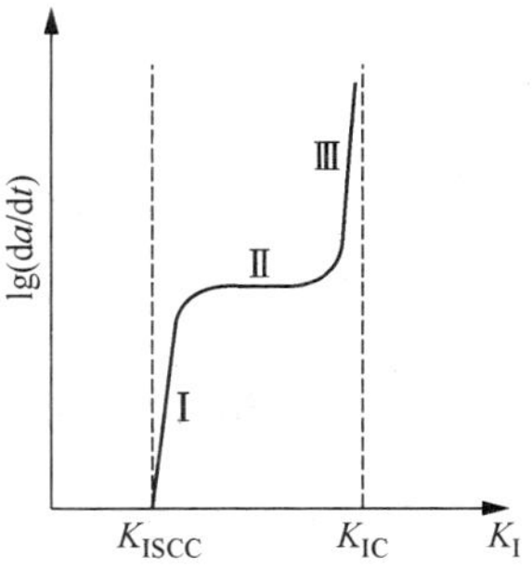

图 5-6　应力腐蚀裂纹的 da/dt-K_I 曲线

2. 氢脆

氢脆是指由于氢和应力的共同作用而导致金属材料产生脆性断裂的现象。在任何情况下，氢对金属性能的影响都是有害的。主要通过以下几种方式进行：

(1) 氢与金属中的第二相作用生成高压气体，使基体金属晶界结合力减弱而导致金属脆化。这种氢脆的断裂源产生在机件与高温高压氢气相接触的部位。

(2) 在金属凝固的过程中，溶入其中的氢没能及时释放出来，向金属内部缺陷附近扩散，到室温时原子氢在缺陷处结合成分子氢并不断聚集，从而产生巨大的内压力，在金属中产生微裂纹。

(3) 在金属中，氢与ⅣB 和ⅤB 族金属结合生成脆性氢化物，使金属脆化。

(4) 金属内部适量的、处于固溶态的氢，在低于屈服强度的应力持续作用一段时间后，在金属内部，特别是在三向拉应力区形成微裂纹并进一步扩展。工业上的氢脆，多数是指这类氢脆。

关于氢脆的机理，目前学术界还有争议，但大多数学者认为以下两种效应是氢脆发生的主要原因：

Zapffe 认为在裂纹或缺口的三向应力区内，形成了很多微孔核心，氢原子在应力作用下向这些核心扩散，并且结合成氢分子。由于微孔核心很小，只要有很少量的氢气就可以产生相当大的压力，这种内压力达到足以与外力联合作用并通过塑性变形或解理断裂使裂纹长大或使微孔长大、连接，最后引起材料过早断裂。

Troiano 认为，高浓度的固溶氢可以降低晶界或相界上金属晶体的原子间结合力。而局部地区的张应力，又通过间隙原子的化学势及应力状态间的热力学平衡关系促使氢原子富集。这种富集区可能是低塑性材料的裂尖处，或是位错塞积处，滑移带交叉处或塑性变形不协调处。

关于氢脆，大多数材料对应力集中(即缺口)和应力强度水平比较敏感，并倾向于在相对短的时间内(即<1000h)发生失效。因而，拉伸、缺口和预裂纹的试样以及断裂方法广泛用于评价氢脆。

3. 液态金属脆化

某些材料在接触一定液态金属时出现全面或局部腐蚀和脆化。例如液态金属脆化(LME)表现出 SCC 和氢脆的许多特征。如 LME 通常都有一个孕育期，以使液态金属穿透材料表面的氧化物或钝化层，这类似于 SCC 之前的局部去钝化或点蚀。可是在许多情况下，LME 表现出非常强烈的应力强度的影响和裂纹扩展从慢到快速的转变，这又相似于氢脆。因此在 LME 测试中，通常使用表面活性剂或动态应变促使表面破损，从而缩短裂纹萌生所需的孕育期，这样使测试集中于基体材料的破裂抗力。其次，拉伸、预裂纹或带缺口的试样和断裂力学方法也大量用于 LME 测试，从而能更精确的研究材料的破裂响应。

5.5.2 环境促进破裂的测试

1. 恒载荷/恒变形法

恒载荷法就是利用砝码、杠杆或弹簧等对试样施加某一恒定载荷，以测试试样的应力腐蚀敏感性。其中最为简单的方法是在试样下端悬挂砝码，此法特别适合于横截面积很小的试样(比如金属丝)；对于横截面积较大的高强度材料，一般采用杠杆系统加载，也可用简单的弹簧装置进行加载。ISO7539、ASTMG-49 和 NACETM0177 对拉伸试样加载的应力水平进行了规定。另外，三点弯曲和悬臂梁弯曲等试验都属于恒载法，在特定环境中，恒定载荷下的裂纹扩展也都属于恒载荷法。图 5-7 给出了弹簧加载拉伸试验装置图和悬臂梁弯曲试验装置简图。

以悬臂梁弯曲试验对恒载荷法测量应力腐蚀临界应力场强度因子 K_{ISCC} 进行说明。首先制备一组尺寸相同的试样，试样尺寸等要求与测定 K_{IC} 的三点弯曲试样相同。如图 5-7(b)所示，试样的一端固定在机架上，另一端与力臂相连，力臂端头通过砝码进行加载，试样浸在溶液槽中，使预制裂纹沉浸在化学介质中。整个实验过程中载荷恒定。随着裂纹的扩展，裂纹尖端的 K_I 增大。K_I 的计算方式如下：

$$K_I = \frac{4.12M}{BW^{\frac{3}{2}}}\left[\frac{1}{\alpha^3} - \alpha^3\right]\frac{1}{2} \tag{5-32}$$

式中　M——裂纹截面上的弯矩；

B——试样厚度；

W——试样宽度；

α——裂纹长度，$\alpha=1-a/W$；

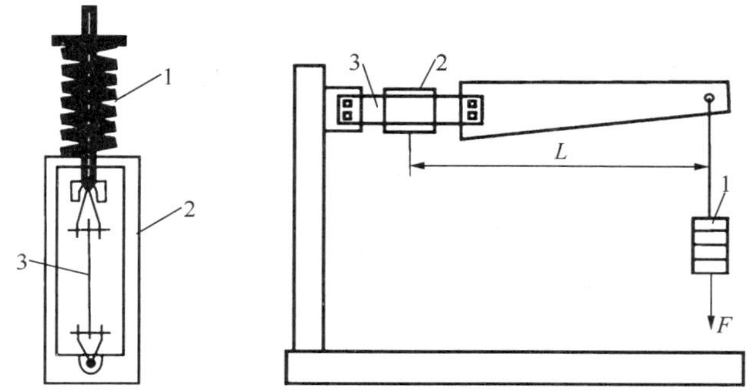

1—弹簧；2—溶液槽；3—试样
(a)

1—砝码；2—溶液槽；3—试样
(b)

图 5-7　(a)弹簧加载拉伸试验装置图和(b)悬臂梁弯曲试验装置简图

由于每个试样承受不同的恒定载荷 F，使裂纹尖端产生不同大小的初始应力场强度因子 $K_{I初}$，记录试样在各种 $K_{I初}$ 作用下的断裂时间 t_f，以 $K_{I初}$ 与 $\lg t_f$ 为坐标作图，曲线水平部分所对应的 $K_{I初}$ 即为 K_{ISCC}，如图 5-8 所示。

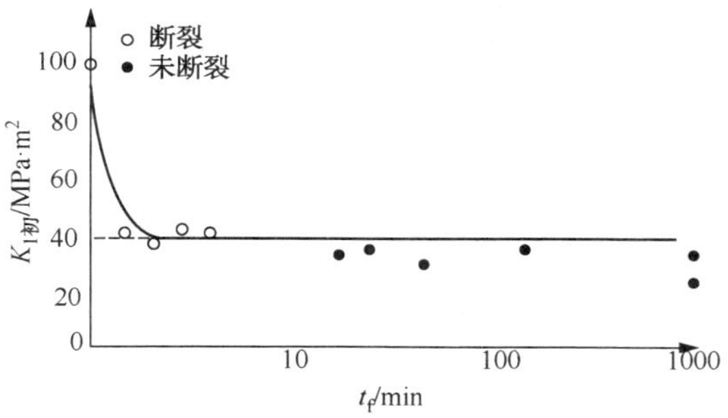

图 5-8　K_I-t_f 曲线

在恒载荷试验中，试样一旦萌生裂纹，横截面积减小，外加应力实际上是随裂纹长度的增长而增大，因此在敏感材料上做这种检测时，试样常常是在裂纹萌生后很快就断裂，获得的裂纹扩展信息很少。同时实验周期较长，一旦裂纹生成并扩展，试样的有效截面积减小，就不能得到准确的应力值。恒载荷应力腐蚀试验方法的优点在于能定量地对比应力腐蚀敏感性，还可比较不同材料在介质中抗应力腐蚀性能的优劣，可精确测量应力值，可适用不同类型和尺寸的试样，可采用不同的受力方法。

恒载荷拉伸测试的另一个替代方法是恒变形拉伸测试。恒变形(应变)法是通过直接拉伸或弯曲使试样变形而产生拉应力，利用具有足够刚性的框架以维持这种变形，从而保证试样应变恒定。这种方法的测试试样形状有多种，如 U 形、C 环、弯梁、叉形等，每种试样都适用于各自的特定目的，其加载应力、腐蚀暴露、计算应力和评定结果的方式也各不相同。

1）U 形试样弯曲实验法

U 形试样既有弹性变形又有塑性变形，常用来确定一种金属在给定环境下对应力腐蚀破裂是否敏感，在实验室中常用来对材料的特殊敏感性进行筛选，在使用环境中则用来评价破坏的危险性，是光滑试样恒变形试验法中用得较多的试样。图 5-9 给出了 ISO7539 和 ASTM G30 中规定的几种试样。

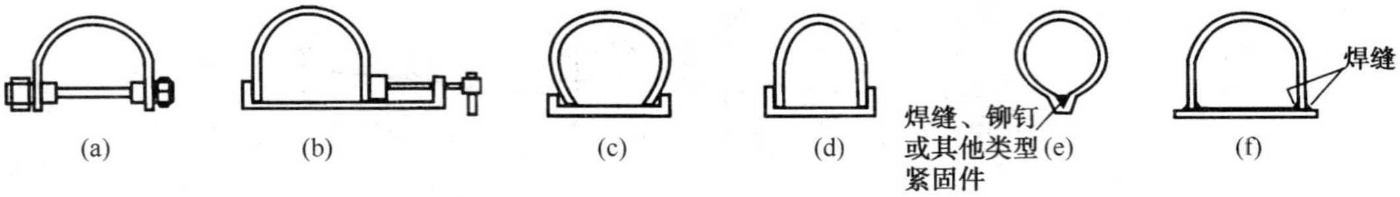

图 5-9　标准 U 形弯曲试样

试验的基本过程如下：将脱脂后的 U 形弯曲试样放入腐蚀介质中，定期观察，必要时借助显微镜观察金相组织，确定裂纹出现时间，记录开始出现裂纹到设定试验时间时裂纹的深度及试验终止时开裂试样的百分比。

为防止电偶腐蚀的发生，卡具和试样的材料应尽量一样，当两者的材料不同时，需要用绝缘材料进行绝缘。

2）C 形试样弯曲实验法

C 形试样弯曲试样的制备、试验的操作过程和 U 形试样类似。即根据材料外形的不同，切取 C 形试样后用螺栓和螺帽拧紧对试样加载应力，如图 5-10 所示。将加载后的试样迅速放入腐蚀液中，定期进行观察，确定裂纹的出现和存在，必要时进行金相检验，确定裂纹是否真的出现。ISO7539 和 ASTM G30 给出了标准 C 形试样的基本尺寸和试验方法。

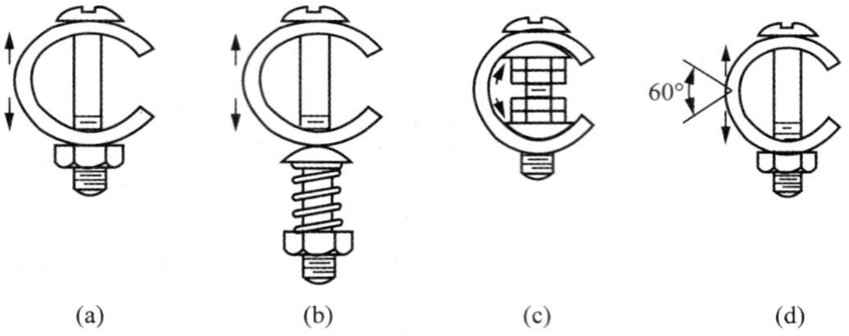

图 5-10　C 形环试样的固定

恒变形试验法的优点是：装置简单、试样紧凑、操作方便、可以定性地获得材料应力腐蚀敏感性。缺点是：(1)由光滑试样所得到的总寿命等于裂纹源生核的寿命和裂纹源扩展直到断裂的寿命总和，但由于该试验法的应力一般偏大，所以裂纹源一旦生核，裂纹体实际上接近于失稳状态，加上腐蚀介质的作用，裂纹将加速扩展。因此裂纹扩展速率 da/dt 很大，因而在这种情况下，总寿命中 90% 是裂纹源的生核寿命。这种寿命总的说来较好的反映了材料对裂纹萌生的敏感性，而不大反映裂纹扩展的性能。因此在材料的实际使用中，有时会发现传统应力腐蚀性能好的材料，却未必在实际使用条件下也具有好的抗 SCC 性能。(2)试验数据有较大的分散度，使结果分析比较困难。造成上述缺点的根源，在于传统应力腐蚀试验的出发点，把材料看成是理想完整无缺的，但实际上这种情况存在的可能性不大。因为不仅由于冶炼、冷加工、热加工不可避免地会在材料中引入裂纹源或类似裂纹的缺陷，而且构件在工作过程中由于静载荷、疲劳载荷或腐蚀介质都可能形成新的裂纹源，所以材料的不完整性是绝对的，而完整性是相对的。(3)试验过程中，伴随裂纹发展，试样中部分弹性变形转变为塑性变形，往往会出现某种弛豫作用，使得裂纹的发展减缓或停止，显著影响试样的断裂时间，甚至可能观察不到试样断裂。

2. 动态测试法

慢应变速率(SSR)测试，又称为恒定延伸速率测试，是对恒载荷拉伸测试的改进。

慢应变速率试验是通过在一定环境中将拉伸试件放入特制的慢应变速率试验机中，以恒定不变的相当缓慢的应变速度通过试验机十字头位移把载荷施加到试件，以强化应变状态来加速 SCC 过程的发生和发展。由于试验处于环境室中，可在慢拉伸过程中同时研究其他因素如温度、电极电位和溶液 pH 值等对应力腐蚀过程的影响。该试验可采用无裂纹试样或缺口试样，将试样在特定的腐蚀介质和惰性介质中缓慢拉断后，就可以根据伸长率等参数的不同和断口形貌及二次裂纹的特征来评定特定材料-不同介质体系对应力腐蚀破裂的敏感性。

测试一般采用特制的慢应变速率拉伸试验机，对于试验机的要求一般为：①在试样所承受的载荷下，设备有足够的刚度，不至变形；②能提供可重现的恒应变速率，范围约为 $10^{-3} \sim 10^{-7} s^{-1}$；③配备有能维持试验条件的试验容器及其他控制和记录的仪器、仪表。图 5-11 为常用的慢应变速率加载装置图。

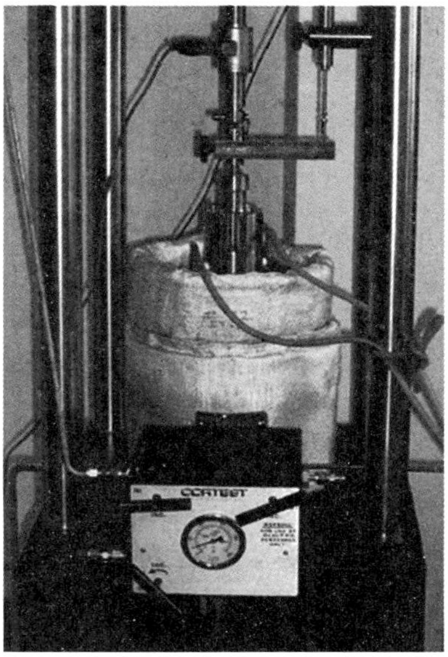

图 5-11　慢应变速率加载装置图

试验既可用初始的光滑试样也可以采用缺口或预裂纹试样。具体可参照 ISO 7539-4 和 GB/T 15970.6。

在进行慢应变速率拉伸试验过程中，应变速率的大小是 SSR 测试最重要的参量。无论是以阳极溶解开裂型还是氢致开裂型，试样产生应力腐蚀裂纹都需要较长的孕育期，如果应变速率太快，试样还没来得及产生有效的应力腐蚀，也就是说，应力腐蚀过程跟不上形变过程，就会产生纯机械断裂；如果应变速率太慢，在试样表面钝化膜破裂后还没来得及产生有效的腐蚀，裸露的新鲜金属已经发生了再钝化，导致腐蚀过程没有发生，裂纹尖端就有足够的时间能再钝化，从而阻碍应力腐蚀裂纹的扩展，最后将产生韧性断裂。所以在 SSR 试验研究中，合适的应变速率要求试样裂纹尖端的变形-溶解-钝化膜的形成和扩散过程处于产生应力腐蚀开裂的临界平衡状态。一般发生应力腐蚀的应变速率为 $10^{-4} \sim 10^{-7} s^{-1}$。

对 EAC 敏感的 SSR 评价，通常是通过比较在腐蚀环境中和惰性环境中的测试结果获取的。所有的 SSR 测试结果包括断裂时间、伸长率、断面收缩率、抗拉强度和通过测量应力-应变曲线下的面积得到的断裂能。这些数据通常是用它们与惰性环境中测试的对应值的比值来表达。在 0.8~1.0 范围的比值表示高的 EAC 抗力；而低数值(即<0.5)表示高敏感性。

试验过程中应注意：

(1) 对于塑性材料而言，采用伸长率、断面收缩率描述塑性指标的损失均可，对于惰性介质中的脆性材料而言，用伸长率描述较断面收缩率更好。

（2）用应力-应变曲线下的面积代表试样断裂前吸收的能量，惰性介质和腐蚀介质实验中吸收能量差别越大，应力腐蚀敏感性越大。

（3）断口分析中，脆性断裂所占比例越大，材料的应力腐蚀敏感性越大，应力腐蚀越易发生。

与前两种方法相比，慢应变速率法具有较大的优越性。首先，慢应变速率法对应力腐蚀开裂有较高的灵敏性，同时动态应变降低了敏感材料中破裂启动的孕育期，使试样在短时间内断裂(通常 1~2 天)，一般不超过一星期，因此在测试时间有限时，SSR 试验优先考虑。其次，用慢应变速率法可以得到很多有用的信息，可定量地判断应力腐蚀破裂敏感性的大小。

3. 预制裂纹的应力腐蚀试验

该方法是利用机加工在试样表面得到一个切口，然后又在切口的根部预制人工的尖锐裂纹，对试样施加载荷并放入到相应的腐蚀介质中进行应力腐蚀试验。

在预制裂纹的应力腐蚀试验中，依据应力强度因子 K_I 随裂纹长度扩展的变化可分为三类：第一类是 K_I 随裂纹的扩展而增加，加载方式一般为恒载荷；第二类是 K_I 不随裂纹延伸而变化，此时加载方式多为恒应力；第三类是 K_I 随裂纹扩展而减少，视试样和加载方式的不同，可以是恒应变试样，也可以使恒载荷试样。

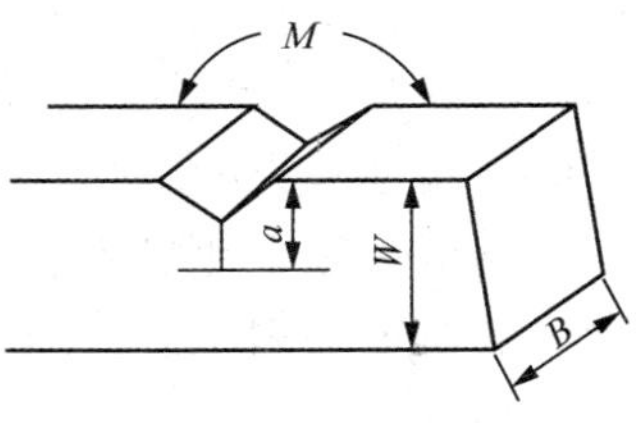

图 5-12　悬臂梁弯曲试验中的恒载荷增 K 型试样

对于恒载荷增 K 型试样，如图 5-12 所示，以悬臂梁弯曲试验为例，裂纹尖端的应力场强度因子 K_I 可用下式计算：

$$K_I = \frac{M}{BW\sqrt{W}}F\left(\frac{a}{W}\right) \quad (5-33)$$

$$F\left(\frac{a}{W}\right) = 4.12\sqrt{\left(1-\frac{a}{W}\right)^{-3} - \left(1-\frac{a}{W}\right)^{3}} \quad (5-34)$$

对于恒载荷恒 K 型试样，如图 5-13 所示。

$$K_I = \frac{2P}{\sqrt{BB_N}}\left[\frac{3a^2}{h^3} + \frac{1}{h}\right] \quad (5-35)$$

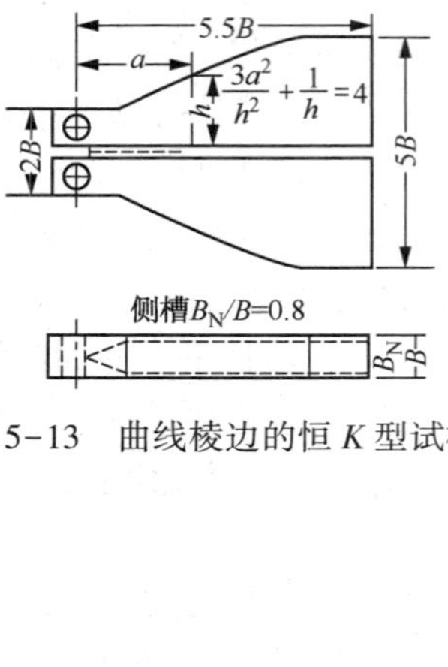

图 5-13　曲线棱边的恒 K 型试样

第6章　无损检测技术

无损检测是在不损坏受检件的物理和化学性能前提下，对受检件内部及其表面的不连续和物理量进行检查和(或)测试，不损害或不影响其未来使用性能或用途的检测手段。其中以检测缺陷应用最广，故常称为无损探伤。不损伤被检物体的完整性首先表现在它不需要从物体上截取试样，因而不会破坏被检物体的完整性；其次，它不会给检测物体带来任何物理及化学变化，因而利用它可对试件进行全部的而不是抽样的检测，乃至对生产过程中的产品进行“在线检测”，所以无损检测已成为一种监督产品质量的可靠性方法。

6.1　无损检测概述

无损检测技术的理论基础是材料的物理性质，其发展过程几乎利用了世界上所有物理研究的的新成就、新方法，可以说材料物理性质研究的进展与无损检测技术的发展是一致的。目前，在无损检测技术中利用的材料的物理性质有：材料在弹性波作用下呈现的性质，在射线照射下呈现出的性质，在电场、磁场、热场等作用下呈现出的性质。

常用的无损检测方法包括：射线检测法(RT)、超声检测法(UT)、磁粉检测法(MT)、渗透检测法(PT)、涡流检测法(ET)。除此之外，《特种设备无损检测人员考核与监督管理规则》还规定了以下两种方法的考核要求：声发射(AE)和热像/红外(TIR)两种无损检测方法。

1. 无损检测的目的

材料或物件采用无损检测方法，其中目的之一即是保证产品质量，如容器制造从原材料到水压试验后全过程均采用无损检测方法，保证了最终成品的质量，极大的降低成本，提高了成品率。其次能够保障产品安全运行，在使用过程中，可对材料或器件的性能进行监控。同时，利用无损检测方法也有助于改进材料的制造工艺，尤其在焊接工艺改进中起到很重要的作用。

2. 无损检测方法应用的特点

由于无损检测方法的种类较多，而且各种方法具有显著不同的特点，因此通常要根据工件的材质、材料的质量要求、加工工艺和缺陷类型选择合理的无损检测方法。例如，对于金属或非金属材料的表面裂纹、针孔型缺陷，通常采用渗透检测法，对于金属材料深入内部的体积型缺陷则采用射线检测法更为精确。

选择合理的检测时机则是无损检测的另一特点，要注意缺陷出现时机及工件表面的状态。对于部分较复杂的缺陷，则需要综合运用多种无损检测方法来确定缺陷的类型和特征。要实现精确的检测，必须熟悉各种检测方法的特点和适用性。

同时，必须认识到，无损检测结果只是评定质量和寿命的依据之一，而且是以产生缺陷为依据的，不能完全依赖于无损检测方法。

3. 各种无损检测方法的适用范围

射线检测法(RT)主要用来检测体积型缺陷，如气孔、疏松、夹杂。超声检测法(UT)则主要用来检测裂纹、分层、缩孔和未焊透缺陷。磁粉检测法(MT)则能检出磁体材料的表面和近表面存在的裂纹、夹杂等缺陷。渗透检测法(PT)则能检测出金属材料和致密性非金属材料的表面存在的开口裂纹、缩松、针孔等缺陷。

常用无损检测方法控制对比如表 6-1 所示。

表 6-1　无损检测方法的对比

对比项目	RT	UT	MT	PT
主要监督手段	像质计	标准试块、对比试块	标准试片、标准试块	对比试块
主要设备	射线机	超探仪	磁探仪	黑光灯
记录方式	底片	笔录、打印	录像、复制、草图	录像、复制、草图
几何定性	条形缺陷、圆形缺陷	点状缺陷、线性缺陷	线性缺陷、圆形缺陷	线性缺陷、圆形缺陷
评级级别	Ⅰ、Ⅱ、Ⅲ、Ⅳ	Ⅰ、Ⅱ、Ⅲ	Ⅰ、Ⅱ、Ⅲ、Ⅳ	Ⅰ、Ⅱ、Ⅲ、Ⅳ

对于特种设备制造过程中无损检测方法的选择如下：

1）原材料检验

板材：UT；

锻件和棒材：UT、MT、PT；

管材：UT、RT、MT、PT；

螺栓：UT、MT、PT。

2）焊接检验

坡口部位：UT、PT、MT；

对接焊缝：RT、UT、MT、PT；

角焊缝和 T 型焊缝：UT、RT、PT、MT；

水压试验后：MT。

6.2　超声波检测

超声波检测是利用超声波在传播过程中的反射、折射、衍射、散射、波形转换等现象或衰减、声速、阻抗、谐振频率等的变化来发现材料或构件中的不连续性以确定其性质、大小或测量、评价材料或构件的某些特性的无损检测方法。这种技术是由科索罗夫于 1929 年提出的。当前电脑技术的飞速发展对超声波检测是有力的推动，超声检测仪器逐渐向智能化发展。

6.2.1　超声检测的基础知识

超声波是一种在弹性介质中传播的机械波。机械波按振动频率分为声波、超声波和次声波。与声波和次声波传播的方式相同，区别在于次声波：频率≤20Hz，人耳听不到；声波：频率 20~20000Hz，人耳能听到；超声波：频率>20000Hz，人耳听不到。工业超声检测常用的工作频率为 500~10000kHz，其中金属探伤最常用的频率是：1000~5000kHz；探伤水泥构件用的频率是：<500KHz，如 100KHz，200KHz；探测玻璃陶瓷中 μm 级小缺陷用的频率是 100000kHz~200000kHz，甚至更高。较高的频率主要用于细晶材料和高灵敏度检测，而较低的频率则常用于衰减较大的材料和粗晶材料的检测。

1. 超声检测的物理量

1）描述超声波的基本物理量

超声波的产生依赖于做高频机械振动的“声源”和传播机械振动的弹性介质，所以机械振动和波动是超声检测的物理基础。描述超声波波动特性的基本物理量有：声速 c、频率 f、波长 λ、周期 T、角频率 ω。其中频率和周期是由波源决定的，声速与传声介质的特性和波型有关。这些量之间的关系如下：

$$T=\frac{1}{f}=\frac{2\pi}{\omega}=\frac{\lambda}{c} \tag{6-1}$$

式中 T——周期，s；

f——频率，Hz；

ω——角频率，r/s；

λ——波长，m；

c——声速，m/s。

2）超声场的物理量

（1）声压 当介质中有超声波传播时，由于介质质点振动，使介质中压强交替变化。超声场中某一点在某一瞬时所具有的压强 P_1 与没有超声波存在时同一点的静态压强 P_0 之差称为该点的声压，用 P 表示，单位为 MPa 即：

$$P=P_1-P_0 \tag{6-2}$$

式中 P——声压，MPa；

P_1——瞬时压强，MPa；

P_0——静态压强，MPa。

（2）声强 单位时间内垂直通过单位面积的声能，称为声强，用 I 表示。对于平面纵波，其声强 I 为计算方式如下：

$$I=\frac{1}{2}\rho cA^2\omega^2=\frac{1}{2}ZV_m{}^2=\frac{1}{2}\frac{P_m{}^2}{Z} \tag{6-3}$$

式中 I——声强；

ρ—— 密度；

c——声速；

A——介质质点的振幅；

ω——角频率；

Z——声阻抗；

V_m——质点振动速度幅值；

P_m——声压振幅。

2. 超声波的特性

超声波波长很短，这决定了超声波具有一些重要特性，使其能广泛应用于无损检测。超声波具有以下特点：

（1）方向性好　超声波具有良好的方向性，可定向发射，和光波一样具有定向束射的特性。

（2）穿透能力强　对于大多数介质而言，它具有较强的穿透能力。例如在一些金属材料中，其穿透能力可达数米。

（3）能量高　超声检测的工作频率远高于声波的频率，超声波的能量远大于声波的能量。由于能量（声强）与频率的平方成正比，故超声波的能量远大于声波的能量。如：$I_1/I_2=(1\text{MHz})^2/(1\text{KHz})^2=100$ 万倍。

（4）能像光线一样呈直线传播，并在界面上产生反射、折射和波型转换，在传播过程中还有干涉、叠加、绕射等现象，故可以充分利用这些几何、物理特征进行探伤，使超声检测工作的灵活性、精确度得以大幅度提高。

3. 超声波的分类

超声波有很多分类方法，按照不同的方法分类如图 6-1 所示。

- 超声波的分类
  - 按波型分
    - 纵波
    - 横波
    - 板波
      - S 型
      - A 型
    - 表面波
  - 按波形分
    - 平面波
    - 柱面波
    - 球面波
  - 按振动持续时间分
    - 连续波
    - 脉冲波

图 6-1　超声波的分类

1）超声波的波型

超声波的波型指的是介质质点的振动方向与波的传播方向的关系。按波型可分为纵波、横波、表面波和板波等。

（1）纵波　介质中质点的振动方向与波的传播方向相同的波叫纵波，用 L 表示，见图 6-2。介质质点在交变拉压应力的作用下，质点之间产生相应的伸缩变形，从而形成了纵波。纵波传播时，介质的质点疏密相间，所以纵波有时又称为压缩波或疏密波。对于纵波来说，质点的振动方向与波的传播方向相平行。纵波在固、液、气三种介质中均能传播。

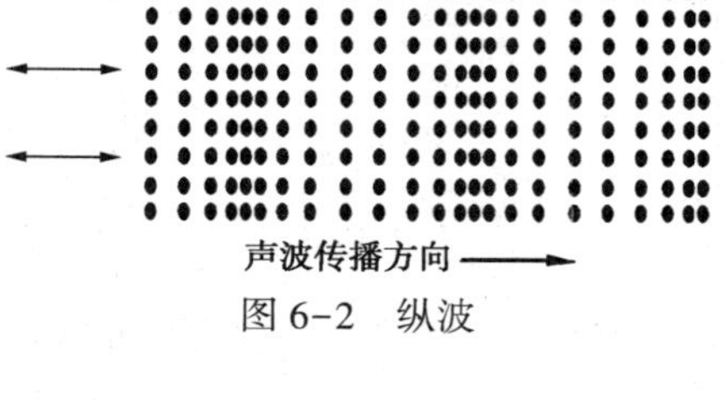

图 6-2　纵波

图 6-3　横波

（2）横波 介质中质点的振动方向垂直于波的传播方向的波叫横波，用 S 或 T 表示，见图 6-3。横波的形成是由于介质质点受到交变切应力作用时，产生了切变形变，所以横波又叫做切变波。液体和气体介质不能承受切应力，只有固体介质能够承受切应力，因而横波只能在固体介质中传播，不能在液体和气体介质中传播。

（3）表面波 当超声波在固体介质中传播时，对于有限介质而言，有一种沿介质表面传播的波即表面波如图 6-4 所示。瑞利首先对这种波给予了理论上的说明，因此表面波又称为瑞利波，常用 R 表示。超声波在介质表面以表面波的形式传播时，介质表面的质点做椭圆运动，椭圆的长轴垂直于波的传播方向，短轴平行于波的传播方向，介质质点的椭圆振动，可视为纵波和横波的合成。表面波同横波一样只能在固体介质中传播，不能液体和气体介质中传播。

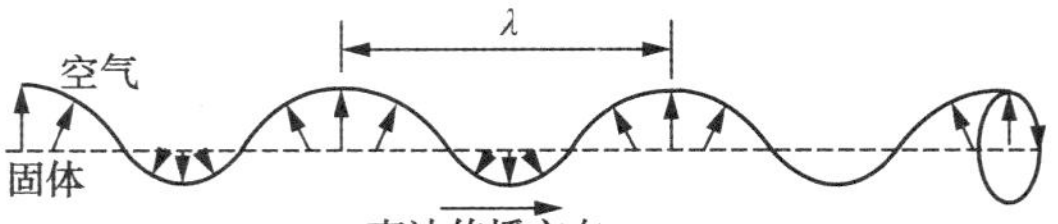

图 6-4 表面波

（4）板波 在板厚与波长相当的薄板中传播的波叫板波（或兰姆波）。薄板两表面质点的振动为纵波和横波的组合，质点振动的轨迹为一椭圆，在薄板的中间也有超声波传播，见图 6-5。板波按其传播方式又可分为对称型（S 型）和非对称型（A 型）两种，这是由质点相对于板的中间层作对称型还是非对称型运动来决定的。

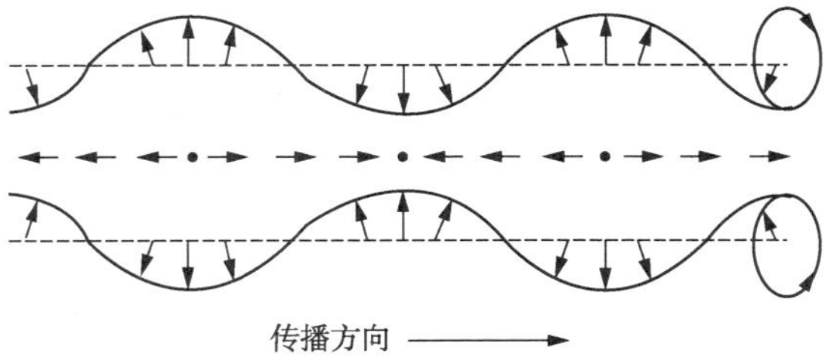

（a）对称型（S型） （b）非对称型（A型）

图 6-5 板波

S 型波，如图 6-5（a）所示，薄板上下表面质点振动相位相反并对称于中心，质点振动的轨迹为椭圆，薄板中部的质点以纵波形式振动和传播。

A 型波，如图 6-5（b）所示，薄板两面质点的振动相位相同，质点振动的轨迹为椭圆，薄板中部的质点以横波形式振动和传播。

2）超声波的波形

超声波由声源向周围传播的过程可用波阵面进行描述。如图 6-6 所示，在无限大且各向同性的介质中，振动向各方向传播，用波线表示传播的方向；将同一时刻介质中振动相位相同的所有质点所连成的面称为波阵面；某一时刻振动传播到达的距声源最远的各点所连成的面称为波前。在各向同性介质中波线垂直于波阵面。在任何时刻，波前总是距声源最远的一个波阵面。波前只有一个，而波阵面可以有任意多个。根据波阵面的形状（波形），可将超声波分为平面波、柱面波和球面波等。平面波即波阵面为平面的波如图 6-6（a）所示，而柱面波则是波阵面为同轴圆柱面的波如图 6-6（b）所示，球面波的波阵面则为同心球面如图 6-6（c）所示。

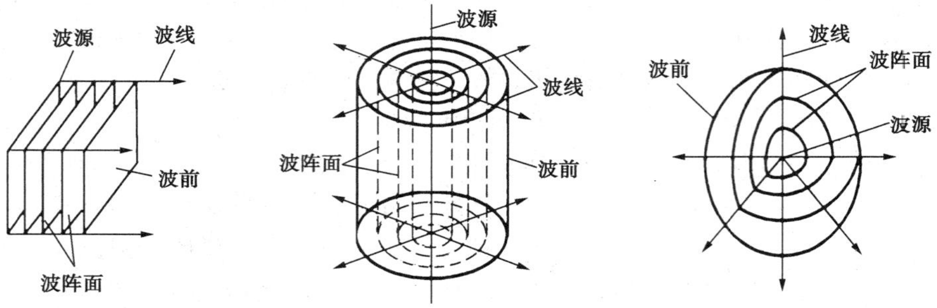

图 6-6　超声波的波形

3）连续波与脉冲波

连续波是介质中各质点振动时间为无穷大时的波。脉冲波是质点振动时间很短的波，超声检测中最常用的是脉冲波。对脉冲波进行频谱分析，可知它并非单一频率，而是包括多种频率成分。其中人们关心的频谱特征量主要有峰值频率、频带宽度和中心频率。

4. 介质的声参量

无损检测领域中，超声波检测技术的应用比较广泛，声波在介质中的传播是由其声学参量决定的，包括声阻抗、声速、衰减系数等。

1）声阻抗

介质中某一点的声压幅值 P_m 与该处质点振动速度幅值 V_m 之比，称为声阻抗，常用 Z 表示。在同一声压下，声阻抗 Z 愈大，质点的振动速度就愈小。声阻抗表示超声场中介质对质点振动的阻碍作用。

$$Z=\frac{P_m}{V_m}=\rho c \tag{6-4}$$

式中　Z——声阻抗；

P_m——声压振幅；

V_m——质点振动速度幅值；

ρ—— 密度；

c——声速。

声阻抗表示声场中介质对质点振动的阻碍作用。在同一声压下，介质声阻抗愈大，质点的振动速度愈小。在所有的传声介质中，气体、液体和固体的阻抗值相差较大。实验证明，气体、液体与金属之间的特性阻抗之比接近于 1∶3000∶8000。

2）声速

声速表示声波在介质中传播的速度，它与超声波的波型有关，但更依赖于传声介质自身的特性，如密度、弹性模量等，是一个表征介质声学特性的参量。材料的声速，对于缺陷的定位和定量分析有重要的意义。

3）声衰减系数

超声波的衰减指的是超声波在材料中传播时，声压或声能随距离的增大逐渐减小的现象。引起衰减的原因主要有三个方面：一是声束的扩散；二是由于材料中的晶粒或其他微小颗粒引起声波的散射；三是介质的吸收。在传声介质中，单位距离内某一频率下声波能量的衰减值叫做该频率下该介质的衰减系数，常用 α 表示。单位为 dB/m。

$$P = P_0 e^{-\alpha x} \tag{6-5}$$

式中　P——超声波传播距离 x 后的声压；

P_0——入射波声压；

α——衰减系数；

x——传播的距离。

介质中超声波的衰减系数 α 与超声波的频率关系密切，通常情况下，衰减系数随频率的增高而增大。

6.2.2　超声波在介质中的传播特性

1. 超声波垂直入射到平界面上的反射和透射

超声波在无限大介质中传播时，将一直向前传播，并不改变方向。当超声波垂直入射到两种介质的界面时，如图 6-7 所示，一部分能量透过界面进入第二种介质，成为透射波（声强为 I_t），波的传播方向不变；另一部分能量则被界面反射回来，沿与入射波相反的方向传播，成为反射波（声强为 I_r）。声波的这一性质是超声波检测缺陷的物理基础。

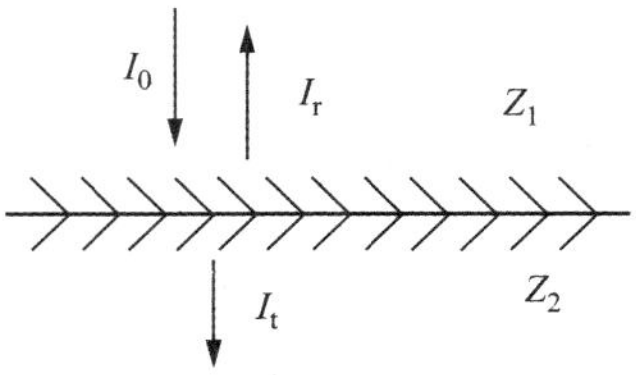

图 6-7　超声波垂直入射于平界面的反射与透射示意图

通常将反射波声压 P_r 与入射波声压 P_0 的比值称为声压反射率 r，将透射波声压 P_t 和 P_0 的比值称为声压透射率 t。可以证明，r 和 t 的数学表达式为：

$$r = \frac{P_r}{P_0} = \frac{Z_2 - Z_1}{Z_2 + Z_1} \tag{6-6a}$$

$$t = \frac{P_t}{P_0} = \frac{2Z_2}{Z_2 + Z_1} \tag{6-6b}$$

式中　r——声压反射率；

t——声压透射率；

P_r——反射波声压；

P_0——入射波声压；

P_t——透射波声压；

Z_1——第一种介质的声阻抗；

Z_2——第二种介质的声阻抗。

2. 超声波倾斜入射到平界面上的反射、折射和波型变换

当超声波相对于界面入射点法线以一定的角度倾斜入射到两种不同介质的界面上时，在界面上会产生反射、折射和波型转换现象，如图 6-8 所示。入射声波与入射点法线之间的

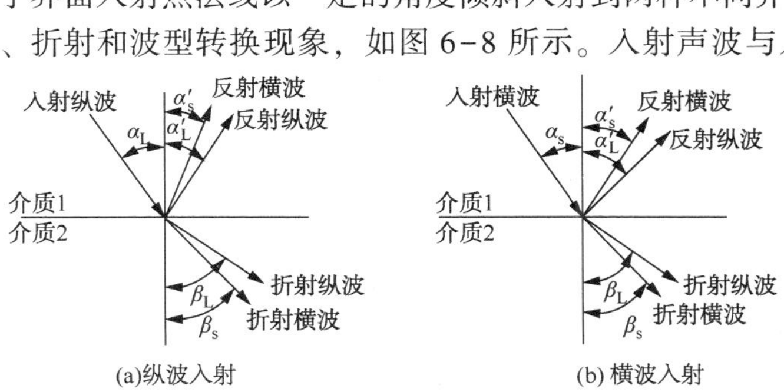

图 6-8　超声波倾斜入射到平界面上的反射、折射和波型变换

夹角称为入射角。

1）反射

如图 6-8(a)所示，当纵波以入射角 α_1倾斜入射到异质界面上时，将会在介质 1 中于入射点法线的另一侧产生与法线成一定夹角 α'_1的反射纵波。反射波与入射点法线之间的夹角称为反射角。入射纵波与反射纵波之间的关系符合几何光学的反射定律，即 $\alpha_1=\alpha'_1$。

与光的反射不同的是，当介质 1 为固体时，界面上既产生反射纵波，同时又发生波型转换并产生反射横波，即反射后同时产生纵波与横波两种波型。这时，横波反射角 α'_s与纵波入射角之间的关系与光学中的斯奈尔定律相同，为 ：

$$\frac{\sin\alpha_1}{c_{l_1}}=\frac{\sin\alpha'_s}{c_{s_1}} \tag{6 - 7}$$

式中　α_1——纵波入射角；

c_{l_1}——纵波在介质 1 中光速；

α'_s——横波反射角；

c_{s_1}——横波在介质 1 中光速。

若入射声波为横波，也会产生同样的现象，见图 6-8(b)，这时横波入射角 α_s与横波反射角 α'_s相等。介质 1 为固体时纵波反射角与横波入射角之间的关系为：

$$\frac{\sin\alpha_s}{c_{s_1}}=\frac{\sin\alpha'_1}{c_{l_1}} \tag{6 - 8}$$

式中　α_s——横波入射角；

c_{s_1}——横波在介质 1 中光速；

α'_1——纵波反射角；

c_{l_1}——横波在介质 1 中光速。

由于固体中纵波声速总是大于横波声速，因此，无论是纵波入射还是横波入射，均有 $\alpha'_1 > \alpha'_s$ 。

2）折射

当两种介质声速不同时，透射部分的声波会发生传播方向的改变，称为折射。不论是纵波入射还是横波入射，只要介质 2 为固体，则介质 2 中除有与入射波相同波型的折射波外，均可因在界面发生波型转换而产生与入射波不同波型的折射波。这时，介质 2 中可能同时存在纵波与横波，见图 6-8(b)。折射角与入射角之间的关系符合斯奈尔定律。

折射角相对于入射角的大小和折射波声速与入射波声速的比率有关。同时，由于纵波声速总是大于横波声速，因此纵波折射角 β_1要大于横波折射角 β_s。

6.2.3　超声检测的原理

1. 超声波探伤的原理

1）超声波的发射与接收

超声检测工作原理是利用有压电效应的晶体材料做的晶片，在高频电压的激励下产生厚度方向的伸缩，这样产生的振动传播出去即为超声波。如果晶片在超声波的声压作下，在晶片两侧产生电荷，产生一个小的电信号，经放大器放大后可识别。超声波的发射与接收是由超声波探头完成的，有的是一个晶片(单晶探头)完成发射与接收超声波，有的是两块晶片

（双晶探头）分别完成发射与接收超声波。

2）超声波探伤原理

把 1~5MHz 高频超声波入射到被检物中，如遇到缺陷（界面）则一部分入射超声波被反射，并利用探头接收反射信号的性能，可不损坏工件检出缺陷大小（尺寸）和位置。超声波检测能发现最小缺陷尺寸 $a \geqslant \lambda/2$，当 $a<\lambda/2$ 时，超声波会产生绕射，超声波在介质中的反射率由介质来决定，空气为 100%，夹杂为 46%，水为 88%。

2. 超声检测方法分类

不同超声波检测仪是根据不同超声检测方法原理制造的。超声检测的方法很多，可按原理、波型和使用探头的数目及探头接触方式多种方式来分类。按原理分类，有穿透法、脉冲反射法和共振法；按显示方式分类，有 A 型显示、B 型显示和 C 型显示；按波型分类，有纵波法、横波法、表面波法和板波法；按探头数目分类，有单探头法、双探头法和多探头法；按耦合方式分类，有接触法和液浸法；按入射角度分类，有直射声束法和斜射声束法。

1）按照原理分类

（1）穿透法　通常采用两个探头，分别放置在试件两侧，一个将脉冲波发射到试件中，另一个接收穿透试件后的脉冲信号，依据脉冲波穿透试件后幅值的变化来判断内部缺陷的情况，图中“T”为发射，见图 6-9。如图 6-9（a）所示，试样内部没有缺陷，脉冲穿过单一介质，接收探头接收到的脉冲波强度相比如图 6-9（b）更高。如图 6-9（b）所示，试样内部存在夹杂，一部分脉冲波遭到反射，另一部分再次进入并穿过试件。因此，接收探头接收到的脉冲波强度较弱，从而可推断出试样内部存在夹杂。

（a）没有缺陷的试件　　（b）具有缺陷的试件

图 6-9　直射声束穿透法

（2）脉冲反射法　是由超声波探头发射脉冲波到试件内部，通过观察来自内部缺陷或试件底面的反射波的情况来对试件进行检测的方法。

具体操作流程：声源产生的脉冲波进入到试件中——超声波在试件中以一定方向和速度向前传播——遇到两侧声阻抗有差异的界面时部分声波被反射——检测设备接收和显示——分析声波幅度和位置等信息，评估缺陷是否存在或存在缺陷的大小、位置等。

图 6-10 显示了接触法单探头直射声束脉冲反射法的基本原理。图 6-10（a）指的是没有夹杂的情况，反射波在确定时间被接收到，如图 6-10（a）底波 B 所示。而图 6-10（b）指的是具有夹杂的情况，除了反射波在确定时间被接收到，如而图 6-10（b）中底波 B 所示，且在底波 B 对应的时间之前缺陷波 F 对应时间之处，已接收到返回的脉冲波，缺陷波 F 归因于部分发射出的脉冲波没有到达试样底部之前就遇到夹杂物，反射回探头，提前被接收到，如图6-10（b）F所示。

通常用来探测和对缺陷进行评估的基本信息包括如下三方面：

（a）是否存在来自缺陷的超声波信号及其幅度；

（b）入射声波与接收声波之间的传播时间；

（c）超声波通过材料以后能量的衰减。

（a）没有缺陷的试件　　（b）具有缺陷的试件

T—发射波；F—缺陷波；B—底波

图 6-10　接触法单探头直射声束脉冲反射法

（3）共振法　应用共振现象对试件进行检测的方法叫共振法。超声波在弹性介质中传播时，在一定的条件下，于工件厚度方向能够引起传播介质共振。利用这一物理现象即可达到测厚及探伤的目的。当高频发生器产生的高频振荡电压施给压电晶体后，晶体与工件紧密结合，使得超声波立即辐射到被测件中。如果超声波发射器的振荡频率等于被测工件的固有振荡频率，或等于其半波长的正整数倍时，则被测工件因共振而产生强烈的振动，亦即产生了共振，从而可以测量试样的厚度。被测工件内部如无缺陷，就能同超声波产生共振。反之如果内部有缺陷，就不能产生共振，或共振频率不同。如果材料内部有缺陷，则缺陷与材料之间必存在一界面，相当于改变了所要测量的材料的厚度，所以共振点转移，共振频率改变。由此可知，只要在正常测量时，则始终保持共振。如果突然间共振现象消失，则必有反常现象或缺陷存在于工件内部。

2）按显示方式分类

（1）A 型显示　如图 6-11（a）所示 A 型扫描显示是一种波形显示。在屏幕上，横坐标代表时间，纵坐标代表反射波的强度，根据反射波的强度变化，即可确定缺陷位置，使用 A 型显示方法的超声波探伤仪具有结构简单、使用方便、适合面广等优点，在我国已形成系列

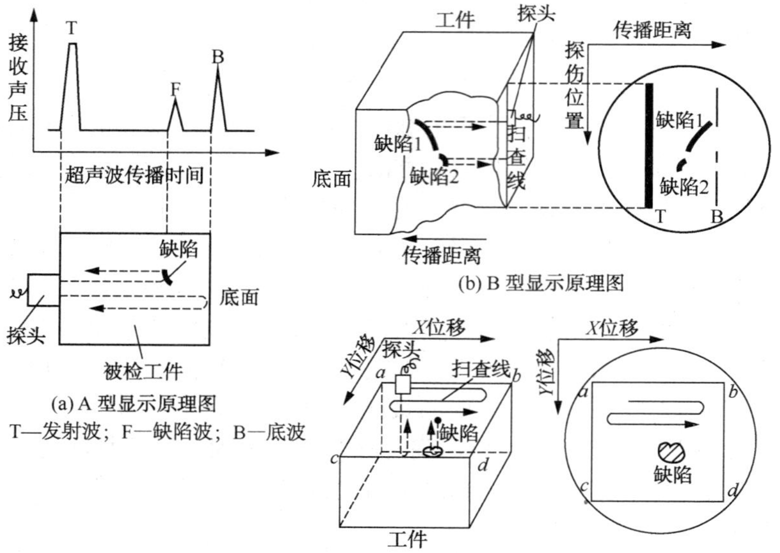

(a) A 型显示原理图
T—发射波；F—缺陷波；B—底波

(b) B 型显示原理图

(c) C 型显示原理图

图 6-11　不同类型的显示原理图

产品。A 型显示的缺点是难以判断缺陷的几何形状和缺乏直观性。接收到信号 F 能够确定材料中缺陷的位置。

（2）B 型显示　如图 6-11(b)所示，B 型扫描显示是一种图像显示。在屏幕上，横坐标是靠机械扫描来代表探头的扫查轨迹，纵坐标是靠电子扫描来代表超声波的传播时间。该方法可以显示工件某一纵断面的图像。

（3）C 型显示　如图 6-11(c)所示，C 型显示是一种可以显示工件某一横断面的显示方法。C 型扫描显示仪器示波屏代表被检工件的投影面，这种显示能绘出缺陷的水平投影位置，但不能给出缺陷的埋藏深度。C 型显示方法很直观，同时采用高分辨力探头，主要用于要求较高的工件的检测。

3）按耦合方式分类

（1）直接耦合接触法(又称接触法)　接触法就是探头与工件表面之间经一层薄的耦合剂直接接触，进行探伤的方法，如图 6-12 所示。耦合剂主要起传递超声波能量作用，为避免空气层产生的强烈反射，故在探测时必须将接触层间的空气排除干净，使声波入射工件。此法操作方便，但对被测工件的表面光洁度要求较高。

（2）液浸法　就是将探头与工件全部浸于液体或探头与工件之间局部充以液体(探头与工件有一段距离，即液层厚度)进行探伤的方法。液体一般用水，因此，也称水浸法。

用液浸法纵波探测时，从探头发出的声波，通过一定距离的液层传播后，到达液体与工件的界面时，产生界面波，同时，大部分的声能传入工件，若工件中存在缺陷时，则在缺陷处产生反射，且另一部分声能传至底面产生反射，其波形如图 6-13 所示。讯号 T-S，S-F 及 S-B 之间的距离，各相当于声波在液体中，工件表面至缺陷处及在工件中往返一次所需要的时间。如果探头与工件之间的液层厚度改变时，则讯号 T-S 的距离亦随之改变，但讯号 S-B，S-F 及 F-B 的距离保持不变。

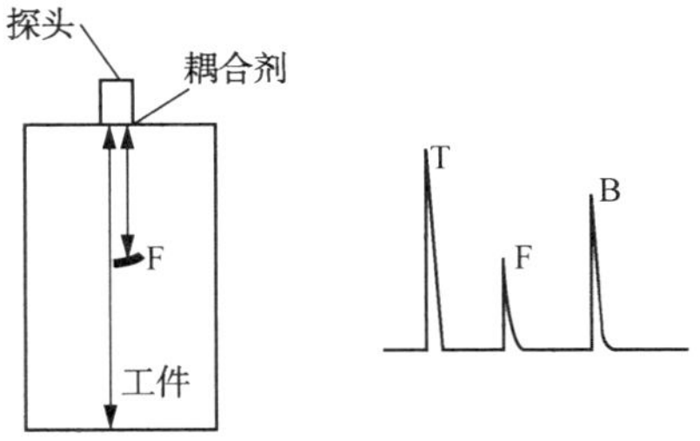

图 6-12　接触法探伤原理示意图

T—发射波；F—缺陷波；B—底波

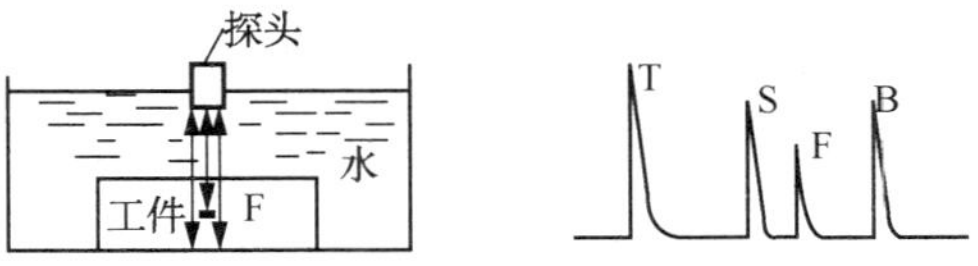

图 6-13　水浸法探伤原理示意图

T—发射波；S—界面波；F—缺陷波；B—底波

（3）液浸法与接触法的特点比较，如下：

a. 接触法比液浸法简单、灵活；

b. 接触法的波形不稳定(因受手工操作时压力的影响)，而液浸法波形稳定；

c. 液浸法不必将探头与工件接触，便于实现自动化探伤；

d. 液浸法适宜探测表面粗糙的工件；

e. 液浸法的声束方向可连续改变，易探测倾斜的缺陷；

f. 液浸法可控制波束，可以用聚焦探头提高灵敏度；

g. 液浸法不磨损探头晶片；

h. 液浸法要求用清洁的液体，否则会降低探测灵敏度。

6.2.4 超声检测的设备及器材

超声波检测的主要设备和器材包括超声波探伤仪、超声波探头及各种试块。其中，超声探头是用于超声无损检测的超声换能器。探头是与探测方法和方案紧密联系在一起的，由于超声无损检测的用途广泛，可选取的方案和方法较多，所以探头的种类也是多种多样的，超声检测仪和探头对超声检测系统的性能起着关键性的作用，是产生超声波并对经过材料内部传播后的超声波信号进行接收、处理、显示的部分。由这些设备组成一个综合的超声检测系统，系统的总体性能不仅受到各个分设备的影响，还在很大程度上取决于它们之间的配合。随着工业生产自动化程度的提高，对检测的可靠性及速度提出了更高的要求，以往的手工检测越来越多地被自动检测系统取代。

1. 超声波探伤仪

超声波检测仪是超声检测的核心设备，是专门用于超声检测的一种电子仪器。超声波检测仪的作用是产生电振荡并施加于换能器——探头，激励探头发射超声波，同时将探头接收回的电信号进行放大处理后以一定方式显示出来，从而获得被探测工件内部的相关信息，如材料内部有无缺陷，缺陷的位置和大小等相关信息。

超声波探伤仪是超声检测的核心设备，是根据超声波传播原理、电声转换原理和无线电测量原理设计的，其种类繁多，性能也不尽相同。其中脉冲式超声波探伤仪应用最为广泛。超声波探伤仪是一种便携式工业无损探伤仪器，它能够快速、便捷、无损伤、精确地进行工件内部多种缺陷(裂纹、疏松、气孔、夹杂等)的检测、定位、评估和诊断。既可以用于实验室，也可以用于工程现场。广泛应用在锅炉、压力容器、航天、航空、电力、石油、化工、海洋石油、管道、军工、船舶制造、汽车、机械制造、冶金、金属加工业、钢结构、铁路交通、核能电力、高校等行业。

2. 超声波探头

超声波探头是一种可逆的声电转换元件，在探伤中起发射和接收波的作用，用于实现声能和电能的互相转换。它是利用压电晶体的正、逆压电效应进行换能的。探头是组成检测系统的最重要的组件，其性能的好坏直接影响超声检测的效果。超声探头是用于超声无损检测的超声换能器。由于超声无损检测的用途广泛，可选取的方案和方法较多，所以探头的种类也是多种多样，超声波检测中由于被探测工件的形状和材质、探测的目的、探测的条件不同，因而要使用各种不同形式的探头。其中最常用的是接触式纵波直探头、接触式横波斜探头、双晶探头、水浸探头与聚焦探头等。一般横波斜探头的晶片为方形，纵波直探头的晶片为圆形，而聚焦声源的圆形晶片为声透镜。所以声场就有圆盘源声场、聚焦声源声场和斜探头发射的横波声场。图 6-14 为一组探头的图片。

(a) 纵波直探头

(b) 横波斜探头

(c) 双晶探头

图 6-14 各种探头

尽管探头的种类繁多、形式各异，但直探头和斜探头是超声无损检测中应用最为广泛的两种。

1）直探头

直探头的主要结构如图 6-15(a)所示。直探头的主要组成包括保护膜、压电晶片、电缆线、阻尼块、外壳、接头(电极)。保护膜的作用是保护压电晶片不致磨损和损坏。压电晶片主要用于实现声电相互转换，外壳主要用于保护固定内部原件，阻尼块主要用于吸收声能，加大阻尼，电极则主要用于实现晶片和电缆连接。

直探头特点：

(1) 适用于探测晶片正下方与声束方向垂直的缺陷；

(2) 探测深度较大，适用范围较广；

(3) 检测灵敏度高。

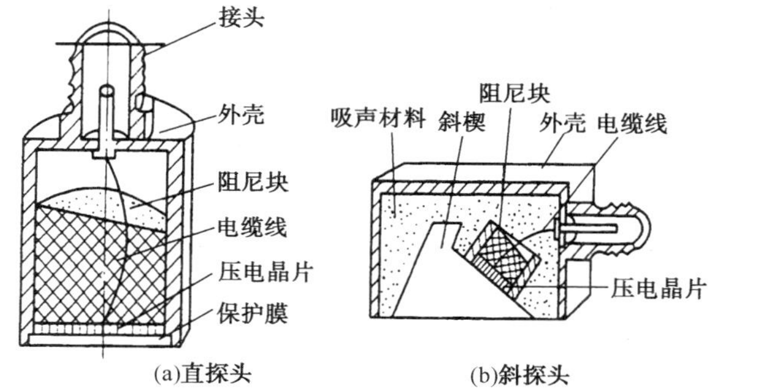

图 6-15　探头的分类

2）斜探头

斜探头的主要结构如图 6-15(b)所示。斜探头的主要组成包括吸声材料、斜楔、阻尼块、外壳、电缆线、压电晶片。

斜探头特点：

(1) 适合探测探头斜下方不同角度方向的缺陷；

(2) 探测深度较小，适用直探头难以探测的部位；

(3) 检测灵敏度较高。

3. 试块与耦合剂

与一般的测量过程一样，为了保证检测结果的准确性与重复性、可比性，必须用一个具有已知固定特性的试样(试块)对检测系统进行校准。这种按一定的用途设计制作的具有简单形状人工反射体的试件即称为试块。超声检测用试块通常分为两种类型，即标准试块(校准试块)和对比试块(参考试块)。

当探头和试件之间有一层空气时，超声波的反射率几乎为 100%，即使很薄的一层空气也可以阻止超声波传入试件。因此，排除探头和试件之间的空气非常重要。耦合剂就是为了改善探头和试件间声能的传递而加在探头和检测面之间的液体薄层。耦合剂可以填充探头与试件间的空气间隙，使超声波能够传入试件，这是使用耦合剂的主要目的。除此之外，耦合剂还具有润滑作用，可以减少探头和试件之间的摩擦，防止试件表面磨损探头，并使探头便于移动。在液浸法检测中，通过液体实现耦合，此时液体也是耦合剂。常用的耦合剂有水、甘油、变压器油等。

6.2.5 超声检测的用途

超声波检测技术是工业无损检测技术中应用最为广泛的检测技术之一，也是无损检测领域中应用和研究最为活跃的技术之一。

1. 超声波检测的适用范围

超声检测的适用范围非常广，适用于检测各种金属材料及工件的内部缺陷，常用于管、板、棒材和焊缝。从检测对象的材料来说，可用于金属、非金属和复合材料；从检测对象的制造工艺来说，可用于锻件、铸件、焊接件、胶结件等；从检测对象的形状来说，可用于板材、棒材、管材等；从检测对象的尺寸来说，厚度可小至1mm，也可大至几米；从缺陷部位来说，既可以是表面缺陷，也可以是内部缺陷。

2. 超声波检测方法的特点和局限性

1）超声波检测方法的优点

超声波因其自身的原理决定了其独特的优点：

（1）适用于金属、非金属和复合材料等多种制件的无损检测；

（2）穿透能力强，可对较大厚度范围内的试件内部缺陷进行检测。如对金属材料，可检测厚度为1~2mm的薄壁管材和板材，也可检测厚钢锻件；

（3）缺陷定位较准确；

（4）对面积型缺陷的检出率较高；

（5）灵敏度高，可检测试件内部尺寸很小的缺陷；

（6）检测成本低、速度快，设备轻便，对人体及环境无害，现场使用较方便。

2）超声检测的局限性

（1）检测结果不直观，定性困难，对试件中的缺陷进行精确的定性、定量仍须作深入研究；

（2）适用性受工件材质和表面状态限制，对具有复杂形状或不规则外形的试件进行超声检测有困难；

（3）缺陷的位置、取向和形状对检测结果有一定影响；

（4）材质、晶粒度等对检测有较大影响；

（5）常用的手工A型脉冲反射法检测时结果显示不直观，且检测结果无直接见证记录；

（6）对人员的操作技能和经验要求较高；

（7）定量有偏差；

（8）无永久性记录。

6.3 射线检测

射线检测是利用电离辐射与物质间相互作用产生的物理效应（如辐射强度的变化、散射等）以探测工件内部的不连续性、结构或厚度等的无损检测方法。射线检测是在不破坏工件完整性的条件下获得有关工件内部质量方面的信息，进而决定工件是否可以使用。常用的射线探伤方法有X射线探伤、中子射线探伤照相。除了探伤外，射线探伤的其他应用还有材料厚度测量和残余应力测定等。

射线检测作为一种十分有效的无损检测方法，已经广泛的应用于冶金、航空航天、建筑、机械制造等领域，对保证工业产品的质量起着重要作用。

6.3.1　射线检测的基础知识

射线是一种电磁波，与无线电波、红外线、可见光、紫外线等本质相同，具有相同的传播速度，但频率与波长不同。如表 6-2 所示为不同电磁波的频率和波长。

表 6-2　不同电磁波的频率和波长

电磁波种类	频率 f/Hz	在真空中的波长 λ/cm
无线电波	$10^4 \sim 3\times10^{12}$	$3\times10^6 \sim 10^{-2}$
红外线	$10^{12} \sim 3.9\times10^{14}$	$3\times10^{-2} \sim 7.7\times10^{-5}$
可见光	$3.9\times10^{14} \sim 7.5\times10^{14}$	$7.7\times10^{-5} \sim 4\times10^{-5}$
紫外线	$7.5\times10^{14} \sim 5\times10^{16}$	$4\times10^{-5} \sim 6\times10^{-7}$
X 射线	$3\times10^{16} \sim 3\times10^{20}$	$10^{-6} \sim 10^{-10}$
γ 射线	$\approx 3\times10^{19}$	$\approx 10^{-10}$

射线的波长短、频率高，具有许多与可见光不同的性质，如不可见、不受电场和磁场影响、能透过可见光不能透过的物质。

1. 射线的种类

X 射线与 γ 射线是射线检测中最常用的两种射线，X 射线是由人为的高速电子流撞击金属靶产生的。γ 射线是放射性物质自发产生的，如钴、铀、镭等，两者产生的机理不同，但都是电磁波。X 射线和 γ 射线在真空中以光速沿直线传播，不受电磁场影响。X 射线人眼不可见，能够穿透不透明的物体，属于波长较短的硬射线（光子能量大），穿透物体能力强。射入物体时将与物质发生复杂的物理或化学作用，如使物质原子发生电离，使某些物质发出荧光，使某些物质产生光化学反应。具有辐射生物效应，能够杀伤生物细胞，损害生物组织，危及生物器官正常功能。

2. 射线的产生

1）X 射线的产生

X 射线是由人为的高速电子流撞击金属靶产生的。电子由低速加速到高速，快速运动被物质阻止时，电子运动速度急剧减小，电子的原有动能一部分或全部转化为电磁波辐射出去，产生 X 射线，如图 6-16 所示。为减少电子在飞往阳极过程中与气体粒子相碰撞损失动能，射线管需抽成 $10^{-4} \sim 10^{-5}$Pa 真空。电子流动能的绝大部分（>97%）转化为热能，因此阳极材料一般应选用耐高温材料并通以介质加冷却。动能中仅一小部分（~3%）转变为 X 射线。

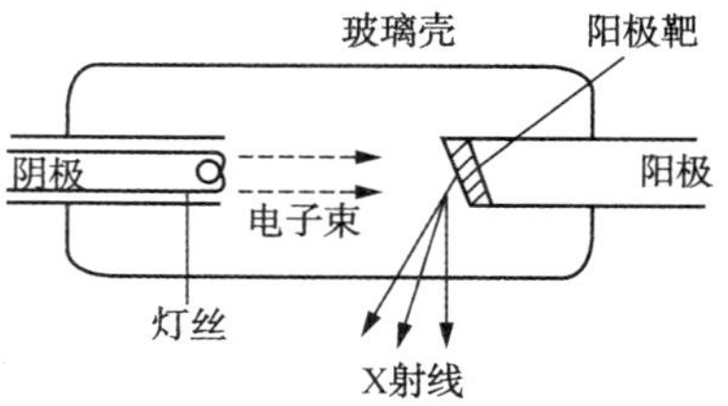

图 6-16　产生 X 射线的原理图

X 射线是由一种特制的 X 射线管产生的，由阴极、阳极和高真空的玻璃或陶瓷外壳组成，阴极是一加热灯丝，用于发射电子，阳极靶是由耐高温的钨制成。工作时在两极之间加有高电压，从阴极灯丝发射的高速电子撞击到阳极靶上，其动能消耗于阳极材料原子的电离和激发，然后转变为热能，部分电子在原子核场中受到急剧阻止，产生所谓韧致X射线，即连续X射线。

2）高能X射线

高能X射线是指当电子获得1MeV的能量时，由韧致辐射产生的X射线即高能X射线。

普通X射线和γ射线检测，由于其能量低，穿透能力差，检测能力受到限制。超过100mm厚钢板不能用一般X射线检测，超过300mm厚钢板很难用γ射线进行检测。此时可采用加速器产生的高能X射线检测，例如对厚度达300~500mm的钢板，采用高能X射线检测可获得满意结果。

3）γ射线

γ射线可由放射性物质自发产生的，如钴、铀、镭等，也可以从人工放射性原子核中产生。γ射线和X射线产生的机理不同，但都是电磁波。

放射性同位素是一种不稳定的同位素，处于激发态，能释放出γ射线。射线检测中所用的γ射线源，是由核反应制成的人工放射源，应用较广的γ射线源有钴-60、铱-192、铯-137、铥-170等。

放射性同位素的原子核，在自发地放射出γ射线后能量逐渐减弱，这种现象叫做衰变。放射同位素原子数随时间呈指数减少，放射性同位素从原有N_0个原子因衰变而减少到$N_0/2$个原子所需的时间，称为半衰期(T)。以使用最广的钴-60为例，其半衰期为5.3年。

3. 射线的衰减特性

射线对物质的作用理论上有12种效应，其中主要的有4种：光电效应、瑞利散射、康普顿效应以及电子对生成。能量较小时，光电效应和瑞利散射比较重要，电子对生成效应仅当能量大于1MeV时才开始显著。各种效应随物质原子序数的不同而改变，原子序数低效应弱，原子序数高效应强。

上述几种效应造成射线能量减弱，其原因是物质对射线的吸收与散射。射线被吸收时其能量转变为其他形式能量，如热能，散射则使射线的传播方向改变。

1）射线的吸收

（1）光电效应　射线通过物质时，光子与原子壳层电子作用，光子被吸收，原子中的电子被释放出来，称为光电子，这种现象称为光电效应。

（2）电子对生成　射线通过物质时除产生光电效应外，还有电子对生成。当光子能量大于1.02MeV时产生电子对，产生电子对导致能量减弱的吸收系数与原子序数的平方成正比。

2）射线的散射

（1）康普顿散射　又称非弹性散射和非干涉散射，一个光子和物质中一个自由电子或束缚较弱的电子发生碰撞后，光子将一部分能量传给电子，波长变长。电子即从原子空间中以与光子初始运动方向成某一角度的方向射出。光子则朝着与自己初始方向成某一角度的方向散射，这就称为康普顿散射。

（2）瑞利散射　瑞利散射即弹性散射，又称为汤姆逊散射。当光子与原子中束缚很紧的电子碰撞时，光子将与整个原子之间交换能量，但原子的质量比光子大得多。按照弹性力学理论，散射光的频率不会显著改变，其波长与入射线相同，称为弹性散射。

6.3.2　射线检测的工作原理

1. 射线探伤原理

X 射线、高能 X 射线、γ 射线、中子射线等在真空中贯穿物质，与物质相互作用，强度逐渐减小。当一种射线贯穿不同厚度、不同材质的材料时，强度减弱的程度不同，而工件中的缺陷总是引起工件厚度和材质的局部改变，因此，测量和显示穿透射线的强度及其分布，即可发现和判别缺陷。

2. 射线探伤的显示

射线具有能使胶片感光、能激发荧光物质、能使气体电离等性质，由于感光、激发荧光物质、电离等作用随射线强度增大而增强，在一定的条件下可以把射线强度的分布状况变为可见的图像或数据，观察图像和分析数据便能发现和鉴别缺陷。

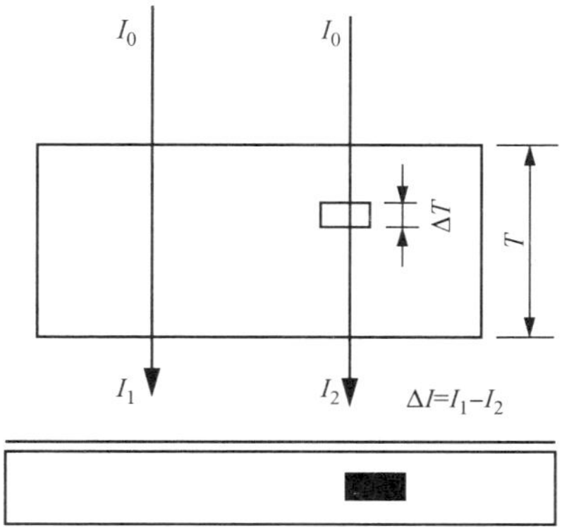

图 6-17　射线检测的原理示意图

3. 射线照相法原理

射线穿透物质时，其强度会由于物质的吸收和散射而发生衰减，衰减的程度取决于物质厚度和密度。当物体中存在缺陷时，由于缺陷部位的厚度和密度发生变化，穿过无缺陷完好部位和有缺陷部位的射线强度不同，因而使胶片的感光程度不同，胶片处理后，就形成了黑白不同的影像，如图 6-17 所示。

射线透过无缺陷部位强度：

$$I_1 = I_0 e^{-\mu T} \tag{6-9}$$

式中　I_1——射线透过厚度为 T 后的强度；

I_0——射线透过工件前的强度；

μ——材料线衰减系数；

T——透过层材料厚度。

射线透过有缺陷部位强度(缺陷假设为气孔)：

$$I_2 = I_0 e^{-\mu(T-\Delta T)} \tag{6-10}$$

式中　I_2——射线透过有缺陷部位强度；

I_0——射线透过工件前的强度；

μ——材料线衰减系数；

T——材料厚度；

ΔT——缺陷在射线方向的厚度。

两者强度比为

$$I_1/I_2 = e^{-\mu\Delta T} \tag{6-11}$$

可见缺陷沿射线透照方向长度越大或被透物质线吸收系数越大，则透过有缺陷部位和无缺陷部位的射线强度差越大，胶片上缺陷与基体的黑度差越大，缺陷越容易被发现。

射线透过被检物体时，有缺陷部位与无缺陷部位对射线的吸收能力不同，以金属材料为例，缺陷部位(气孔或非金属夹杂物)对射线的吸收能力低于金属基体。

透过缺陷部位的射线强度高于无缺陷部位，根据透过工件后射线强度的差异来检测缺陷。目前，广泛采射线照相法，利用感光胶片来检测射线强度，胶片上相应有缺陷部位因接受较多射线，而形成黑度较大的缺陷影像，如图 6-18 所示。

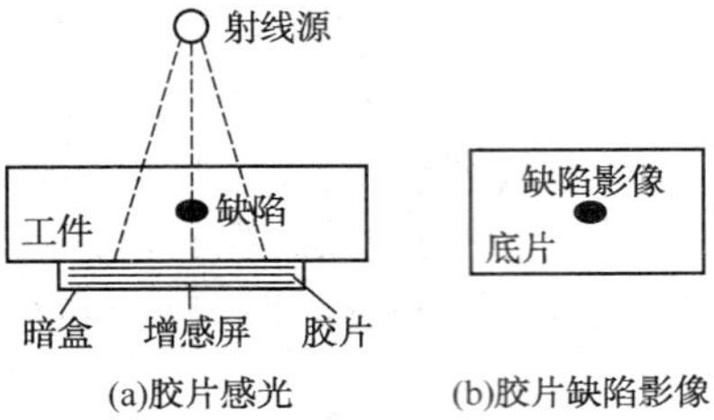

图 6-18　射线照相示意图

6.3.3　射线检测设备及器材

射线检测的主要设备及器材包括射线机、射线胶片、增感屏、像质计等。

1. 射线源

常用的射线源包括 X 射线机、高能 X 射线机、γ 射线机。X 射线机按其结构形式大致可分为两大类：移动式 X 射线机和携带式 X 射线机。移动式 X 射线机的管电压可达 420kV，携带式 X 射线机的管电压一般可达 300kV。两者在结构上和应用上均有不同。

（1）移动式 X 射线机　X 射线管放在充满冷却绝缘油的管头内，高压发生器用油浸在高压柜内，X 射线管用强制循环油冷却。移动式 X 射线机的体积和重量一般都比较大，适用于实验室、车间等固定场所，可用于透照比较厚的工件。

（2）携带式 X 射线机　X 射线管和高压发生器放在一起，没有高压电缆和整流装置。因此体积小、重量轻，适用于流动性检验或对大型设备的现场探伤。

X 射线管是 X 射线探伤装置的核心，一台 X 射线探伤机的优劣主要依赖其 X 射线管的技术性能。如穿透能力、透照清晰度、使用寿命等，这些都与 X 射线管的质量直接有关。

2. X 射线胶片和增感屏

X 射线胶片是由透明的聚酯或醋酸纤维物双面涂灵敏的感光材料（卤化银）制备而成，胶片的质量直接决定检测性能的优劣，常见的胶片类型如表 6-3 所示。

表 6-3　常见胶片性质

胶片种类	胶片性质			适用增感屏	胶片型号	
	粒度	感光速度	对比度		比利时	天津
1	超微粒	很慢	高	铅屏或不加	D2	
2	微粒	慢	较高	铅屏或不加	D4	Ⅴ
3	中等颗粒	中等速度	较低	铅屏或不加	D7	Ⅲ
4	较粗颗粒	快速	低	荧光屏	D10	Ⅱ

射线照相的影像主要是由被胶片吸收的能量决定的，然而 X 射线进入胶片并被吸收的效率很低，一般只能吸收 1%的有效射线能量来形成影像，因此通常得不到满意的效果。增感屏则能增强射线对胶片的感光作用，达到缩短曝光时间，改善影像效果的目的。

增感屏通常有三种，金属增感屏、荧光增感屏、金属荧光增感屏。如果使用增感屏，当 X 射线透照时增感屏产生荧光，除了射线直接使胶片感光外，荧光也使胶片感光。

金属增感屏的增感因子虽然不高，但影像很清晰。因为它除了本身晶粒细小外，还能吸收一部分干扰影像的散乱射线。欲获得较高清晰度和灵敏度的底片时，应采用金属增感屏。常用的金属增感屏是铅屏，也可以采用其他材料。在透照时，增感屏与胶片的贴紧对增感屏的使用效果极为重要。如果在透照时增感屏与胶片之间有间隙，则将大大降低增感效果。

采用增感屏遮蔽散乱射线效果明显，根据不同射线源选用不同材料和厚度的增感屏，具体关系如表 6-4 所示。

表 6-4　射线源种类与增感屏的选择

射线源种类	增感屏材料	前屏厚度/mm	后屏厚度/mm
<120kV	铅	—	≥0.10
120~250kV	铅	0.025~0.125	≥0.10
250~400kV	铅	0.05~0.16	≥0.10
1~3MeV	铅	1.00~1.60	1.00~1.60
3~8MeV	铜、铅	1.00~1.60	1.00~1.60
8~35MeV	钽、钨、铅	1.00~1.60	—
Ir192	铅	0.05~0.16	≥0.16
Co60	铜、钢、铅	0.50~2.00	0.25~1.00

3. 像质计

像质计又称透度计，是专门用来衡量射线照片的质量的器件。即用于检测射线照相的灵敏度。像质计种类较多，常用的有线状、环状、块状、槽状。其中线状最常用。

射线照相灵敏度是指在射线透照的底片上所能发现的工件中沿射线穿透方向上最小缺陷的尺寸，称为绝对灵敏度，通常以 mm 为单位。由于射线照相时，在不同厚度工件中所能发现缺陷的最小尺寸不同，比较薄的工件容易发现细小缺陷，厚工件则只能发现尺寸稍大一些的缺陷。因此，采用绝对灵敏度往往不能反映不同厚度工件的透照质量。用所能发观的最小缺陷尺寸占被透照工件厚度的百分比表示，则更能反映不同厚度工件的透照质量，这称为相对灵敏度或百分比灵敏度。

$$\text{底片灵敏度} = \frac{\text{底片上观察到最细金属丝直径}}{\text{透照部位最大厚度}} \times 100\% \tag{6-12}$$

检测灵敏度的方法通常是设置一组粗细不同的金属丝，若某一最小尺寸的金属丝能被显示在胶片上，则可认为小于该尺寸的缺陷，即使有也观察不到，从而确定出检测灵敏度。

目前一般所说的 X 射线照相灵敏度，都是指相对灵敏度。像质计选用的材质应与被透照工件相同，目前国内外采用的主要有 3 种像质计即槽状像质计、孔型像质计和金属丝像质计。孔型像质计主要用于英国和美国。

金属丝像质计是以一系列直径不同的金属丝所组成，利用在底片上显示金属丝的粗细来评价透照质量。金属丝像质计制作简单、使用方便，在国内外得到广泛采用。通常 1 号像质计钢丝(0.1~0.4mm)，用于透照厚度 20mm 以下钢件；2 号像质计(0.25~1.0mm)，用于透照厚度 5~60mm 钢件；3 号像质计(0.8~3.2mm)，用于透照厚度 50~100mm 钢件。

一般要求灵敏度小于等于 2%，要求高的在一定厚度范围内要达到 1%。像质计要放在工件靠近射线源的表面一侧，放置如图 6-19 所示。像质计在有效透照范围的边缘，大约 1/4处，每张底片上都要有，如果不能放在射线源一侧，可以放在胶片一侧的工件表面上，但是要加“F”标记，并要做对比测试。

与放在靠近射线源一端的表面上的像质计相比，在相同透照条件下，靠近胶片一端更容易显示更细的金属丝。因为越靠近胶片半影越小、成像越清楚。同样，工件中相同性质和大小的缺陷越靠近胶片时越容易在底片上发现。所以将像质计放在工件靠近射线源表面上透照后、能在底片上显示出来，说明工件中远离胶片的缺陷也能在底片上显示出来。

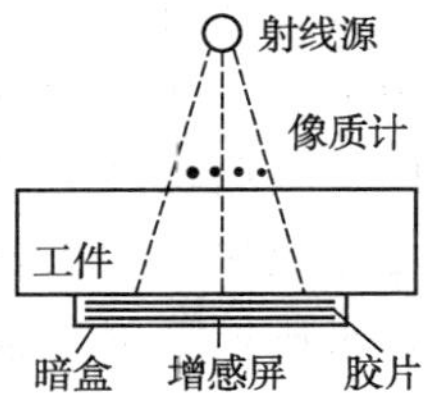

图 6-19 像质计放置及原理示意图

6.3.4 射线检测法的特点

射线检测法的优点和局限性如下。

1. 射线检测法的优点

(1) 不受材料及表面状态限制，适用广泛。几乎适用于所有材料，在钢、钛、铜、铝等金属材料上使用均能得到良好的效果，该方法对试件的形状、表面粗糙度没有严格要求，材料晶粒度对其不产生影响。

(2) 检测结果直观。射线照相法用底片作为记录介质，通过观察底片能够比较准确地判断出缺陷的性质、数量、尺寸和位置。

(3) 定性定量容易。射线照相能检出的长度和宽度尺寸分别为毫米数量级和亚毫米数量级，甚至更少，且几乎不存在检测厚度下限。

(4) 底片可永久性保存。由于射线检测能够通过感光，形成清晰底片，有利于长期保存。

2. 射线检测法的局限性

(1) 检测成本高，检测速度慢。射线检测尽管具有检测结果直观，底片可永久性保存的优点，但也同时导致检测成本增加，检测速度变慢。

(2) 检测灵敏度与材料厚度相关。材料越厚，灵敏度越差，检测厚度上限受射线穿透能力的限制，例如 420kV 的 X 射线机能穿透的最大钢厚度约 80mm，钴-60 放射性同位素 γ 射线穿透的最大钢厚度约 150mm，更大厚度的工件则需要使用特殊的设备——加速器，其最大穿透厚度可达 400mm 以上。

(3) 对部分缺陷不适宜检测。对细微的密闭性裂纹和未熔合类面状缺陷可能漏检；对裂纹类缺陷的检出率则受透照角度的影响，且不能检出垂直照射方向的薄层缺陷，例如钢板的分层。

(4) 射线对人体有害，需安全防护。射线对人体具有诸多危害，但采取有效防护措施，危害是可以避免或减少的。射线防护是指通过采取适当措施，减少射线对工作人员和其他人员的照射剂量，以确保射线剂量被控制在国家规定的允许剂量标准以下。

6.4 磁粉检测

磁粉探伤指采用某种磁介质(如磁粉)或磁检测器件检测已被磁化了的铁磁性试件的缺陷漏磁场，从而检测试件表面和近表面缺陷的探伤方法。对于铁磁性材料的表面缺陷检测灵敏度最高，其表皮以下的缺陷离表面越深则越难检出。该方法既可用于板材、型材、管材及锻造毛坯等原材料及半成品或成品表面及近表面质量的检测，也可用于重要机械设备、压力容器及石油化工设备的定期检查。

6.4.1　磁粉检测的基础知识

磁粉检测法广泛应用于导磁性材料表面和近表面缺陷的检测，对裂纹、分层、折迭等缺陷尤为灵敏。磁粉检测法精度高，根据不同条件分类如表 6-5 所示。

表 6-5　磁粉检测方法分类

分类条件	磁粉检测方法分类
施加磁粉的种类	荧光、非荧光
施加磁粉的时机	连续法(现磁法)、剩磁法
分散介质	干法、湿法
磁化电流的种类	交流、直流、脉动电流、冲击电流
磁化方法	轴向通电法、触头法、线圈法、磁轭法、穿棒法、交叉磁轭法、感应电流法
磁化方向	周向磁化、纵向磁化、旋转磁化、复合磁化

磁粉检测的核心基础是磁铁能够吸引铁屑如图 6-20(a)所示，这是是因为磁铁在它周围一定区域的空间产生一种称为磁场的特殊物质，磁铁就是通过磁场对其周围的铁磁质发生吸引或排斥作用的。磁场的方向是由 N 到 S 如图 6-20(b)所示，在磁铁的内外部都是相同。如果把一个条形磁铁折断成两段，则每一段磁铁都有两个磁极 N 和 S 如图 6-20(c)所示。

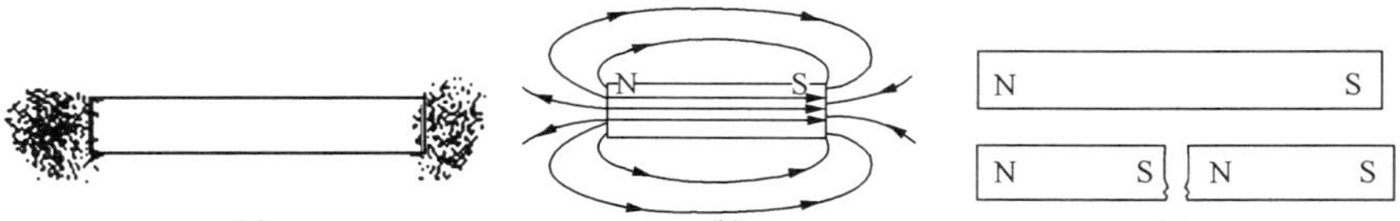

(a)　(b)　(c)

图 6-20　磁体原理图

利用磁粉法对材料或工件进行检测之前，首先要将被检工件进行磁化。鉴于实际缺陷可能有各种取向，因此在实际检测中，常需要采用不同的磁化方法，以使工件内的磁力线能与缺陷表面基本正交，获得尽可能强的漏磁场。常用的磁化方法包括通电法、线圈法、触头法、磁轭法、旋转磁场法等，各种方法的特点及适用范围如表 6-6 所示。

表 6-6　磁化方法

磁化方法	示意图	特点与适用范围
通电法		将工件夹于探伤机的两接触板之间，电流从工件上通过，形成周向磁场。可检测与电流方向平行的焊接缺陷； 工件可一次通电磁化，其长度与所需电流值无关，工艺简单，效率高，检测灵敏度高，但接触不良会产生电弧烧伤

续表

磁化方法	示　意　图	特点与适用范围
线圈法		在线圈中形成纵向磁场，易发现工件周向缺陷。可检测管或管节点与接管角焊缝上的纵向裂纹； 采用电缆环绕工件较方便，但在工件端部会出现磁场泄漏使探伤灵敏度下降。故在端部区，最好采用含有“快断电路”的磁化系统以保持检测灵敏度
触头法	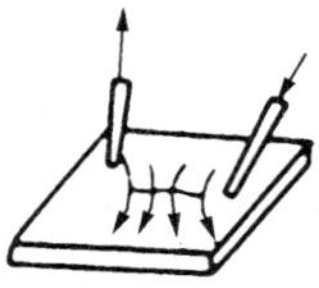	用支杆触头接触工件表面，电流从支杆导入工件。适于焊缝或大型工件的局部检验。缺点是存在电接触点，易产生火花，烧损工件表面； 通过触头位置的摆放可改变磁场方向，可检测焊缝表面的纵向与横向裂纹
磁轭法		由磁轭或永久磁铁将焊缝表面两磁极间的区域磁化，设备轻便，易于携带，既适合于平面焊缝也适合于角焊缝； 为检查纵向与横向缺陷，应作两次不同方向磁化，检验速度慢。磁极与工件表面接触不良会影响探伤灵敏度
旋转磁场法	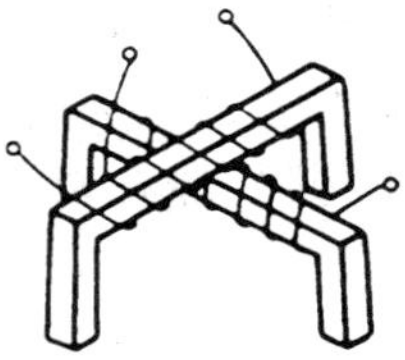	工件表面磁场方向连续改变，呈旋转规律。一次可检测出焊缝表面上任意方向的缺陷，检测速度快。适于探测平面焊缝结构

6.4.2　磁粉检测的工作原理

1. 漏磁场的形成

所谓漏磁场，就是铁磁性材料磁化后，在不连续性处或磁路的截面变化处，磁感应线离开和进入表面时形成的磁场。

图 6-21　两磁极间漏磁场分布

漏磁场形成主要归因于空气的磁导率远远低于铁磁性材料的磁导率。如果在磁化了的铁磁性工件上存在着不连续性或裂纹，则磁感应线优先通过磁导率高的工件，这就迫使部分磁感应线从缺陷下面绕过，形成磁感应线的压缩。但是，工件部分可容纳的磁感应线数目是有限的，又由于同性磁感应线相斥，所以，部分磁感应线从不连续性中穿过，另一部分磁感应线则从工件表面进入空气中去，绕过缺陷又折回工件，形成了漏磁场。如图 6-21 所示。

2. 漏磁场对磁粉的作用力

漏磁场对磁粉的吸附可以看作是磁极的作用，如果有磁粉在磁极区通过，则将被磁化，也呈现出 N 极和 S 极，并沿着磁感应线排列起来。当磁粉的两极与漏磁场的两极互相作用时，磁粉就会被吸附并加速移到缺陷上去。漏磁场的磁力作用在磁粉微粒上，其方向指向磁感应线最大密度区，即指向缺陷处。如图 6-22 所示。

漏磁场的宽度要比缺陷的实际宽度大数倍至数十倍，所以磁痕对缺陷宽度具有放大作用，能将目视不可见的缺陷变成目视可见的磁痕使之更容易观察到。

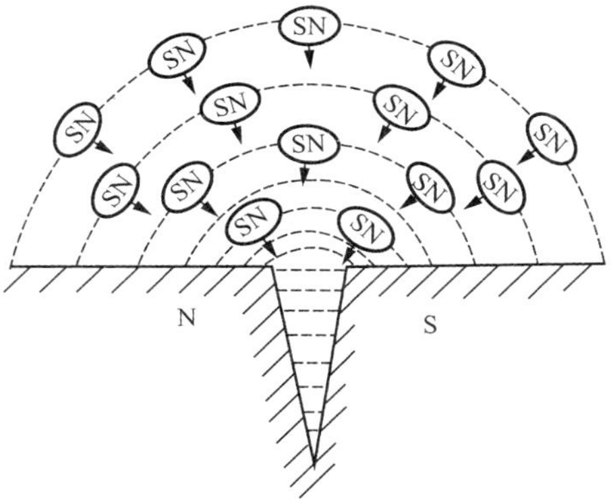

图 6-22　磁粉受漏磁场吸引

3. 磁粉检测原理

磁粉探伤的原理是指铁磁性材料和工件被磁化后，由于不连续性的存在，使工件表面和近表面的磁力线发生局部畸变而产生漏磁场，吸附施加在工件表面的磁粉，形成在合适光照下目视可见的磁痕，从而显示出不连续性的位置、形状和大小，从而显示缺陷。磁痕宽度比缺陷的实际宽度大数倍至数十倍，所以磁痕容易观察出来。

漏磁场的产生是磁粉检测得以实施的根本原因，当工件表面存在缺陷时，缺陷处空气的磁导率 μ 很小，磁阻很大，磁力线难以通过缺陷。这时磁路就会发生变化，从而使一部分磁力线被挤到缺陷尖端下部通过，一部分被挤出工件表面后再进入工件，少部分磁力线直接通过缺陷。从工件表面泄露出来的磁力线，形成 S、N 极，即漏磁场。

缺陷处产生的漏磁场是看不见的，必须通过吸附磁粉形成磁痕或其他方式来显示。

磁粉检测首先是对工件加外磁场进行磁化，外加磁场的获得一般有两种方法，一种是直接给被检工件通电流产生磁场，另一种是把工件放在螺旋管线圈磁场中，或是放在电磁铁产生的磁场中使工件磁化。工件被磁化后，在工件表面上均匀喷洒微颗粒的磁粉（磁粉平均粒度为 5~10μm），一般用四氧化三铁或三氧化二铁作为磁粉。

若工件没有缺陷则磁粉在表面均匀分布。如果存在缺陷，由于缺陷（如裂纹、气孔、非金属夹杂物等）内含有空气或非金属，其磁导率远小于工件，导致磁阻变化，工件表面或近表面缺陷处产生漏磁场，形成小磁极，如图 6-23 所示。磁粉将被小磁极所吸引，缺陷处由于堆积较多的磁粉而被显示出来，形成肉眼可以看到的缺陷图象。为了使磁粉图象便于观察，可以采用与被检工件表面有较大反衬颜色的磁粉。常用的磁粉有黑色、红色和白色。有时为了提高检测灵敏度，也可以采用荧光磁粉，在紫外线照射下更容易观察到工件中缺陷的存在。

由于空气的磁导率远比工件的磁导率低，因而缺陷处不容易使磁力线通过，就会产生对原来均匀分布的磁力线的干扰。一部分磁力线被挤到裂纹尖端的下面，另一部分穿过裂纹气隙；另一部分被挤出工件表面后再进入工件，如图 6-23（左）所示，在工件表面形成漏磁场。有些靠近表面的缺陷虽没暴露到工件表面，但当工件被磁化时，缺陷处靠近工件表面的受干扰的磁力线有可能被挤出表面，如图 6-23(右)所示，这样在工件表面上也会有漏磁场产生。从而使得开口缺陷和近表面缺陷都能被检测。

但当缺陷离工件表面较深时，受干扰的磁力线没有被挤出工件表面就不会产生漏磁场，即离工件表面比较深的缺陷用磁粉检测检查不出来。

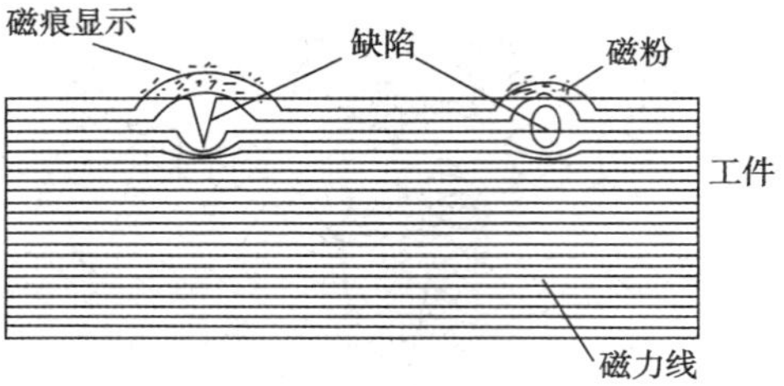

图 6-23 磁粉探伤工件表面缺陷(左)或近表面缺陷(右)示意图

6.4.3 磁粉检测设备和器材

磁粉检测的设备和器材通常包括磁粉探伤机和灵敏度试片等。

1. 磁粉探伤机

磁粉探伤机是磁粉检测技术的核心设备，近些年来越来越受到人们的普遍重视，在石油与化工、航空与航天、核技术、武器系统、电站设备、铁道与造船、锅炉与压力容器、建筑、冶金和机械制造等部门都用它来进行产品的质量检查。一些要求比较严格的地方，如锅炉和压力容器，还把磁粉探伤机检查作为制造验收和使用检查的必要工序。在兵器生产中，磁粉探伤也受到很大的重视。

磁粉探伤机分为固定式、便携式等，如图 6-24 所示。便携式探伤机又分：电磁轭型、交叉磁轭型、永久磁轭型和支杆型。

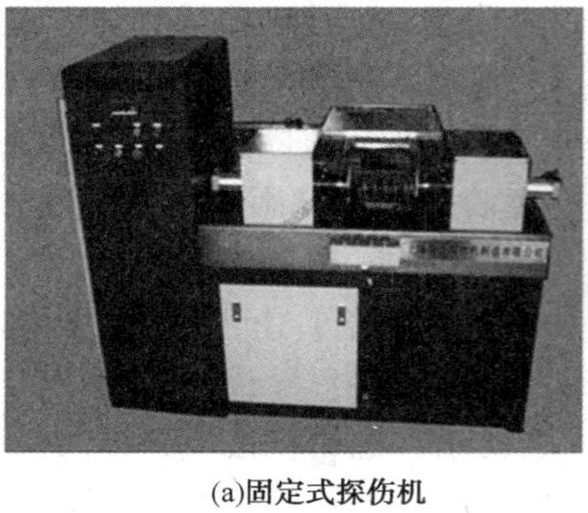

(a)固定式探伤机

(b)便携式探伤机

图 6-24 磁粉探伤机

固定式磁粉探伤机的体积和重量大如图 6-24(a)所示，额定周向磁化电流一般从 1000~10000A 甚至更多，随着电流值的增加，设备的输出功率、外形尺寸和重量都相应增加。能通过通电法、感应电流法、线圈法等方法充磁，带有照明装置、退磁装置和磁悬液搅拌、喷洒装置，有夹持工件的磁化夹头和放置工件的工作台及格栅，适用于对中小工件的探伤。还常常备有触头和电缆，以便对搬上工作台有困难大型工件进行探伤。便携式磁粉探伤仪则是一种轻便可以手提的探伤仪，可以用作高空作业及大型工件的探伤，如图 6-24(b)所示。

2. 灵敏度试片

磁粉探伤中使用灵敏度试片的目的是为了检验磁粉探伤的综合性能，估测连续法探伤中工件表面有效磁场强度与方向，并确定磁粉探伤的操作规范。

灵敏度试片主要分 A 型灵敏度试片、环形灵敏度试块（B 型灵敏度试块）、平板型灵敏度试块（C 型灵敏度试块）三种。

A 型灵敏度试片（表 6-7）最先由日本无损检测学会提出，随后为多个国家使用，主要用于零部件的磁粉探伤。在检查中，对几何形状复杂，不同材质的工件，可以正确地选择磁化规范，并可检查探伤设备，磁粉和磁悬液的性能，在磁粉探伤操作过程中，可以避免漏检，正确地知道探伤工作所需的电流峰值和方向，并对显示缺陷的磁场强度有所估量。A 型灵敏度试片如图 6-25（a）所示，试片尺寸如图 6-25（b）所示，该试片用于磁粉显示的特点是图像直观，使用简便。对各类零件所有方向的磁场，尤其检查形状复杂的零件时，表现出其独特的优点。

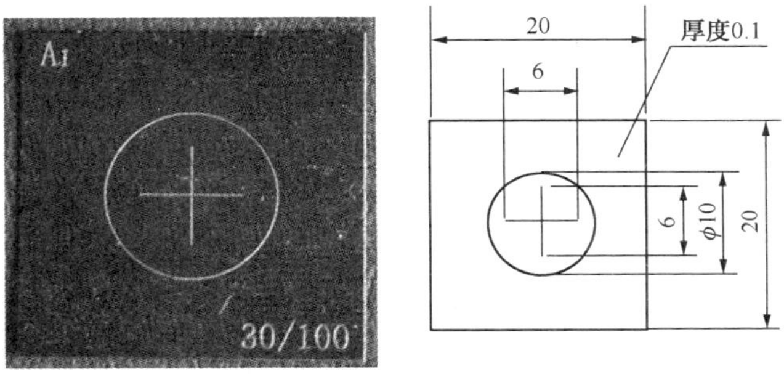

(a)A型灵敏度试片 A-30/100　　(b)A型灵敏度试片尺寸

图 6-25　A 型灵敏度试片及尺寸

表 6-7　A 型标准试片

型　号	相对槽深*/μm	灵敏度	材　　料
A-15/100	$\frac{15}{100}\pm4$	高	超高纯低碳纯铁（C<0.03%，H_C<80A/m 经退火处理）
A-30/100	$\frac{30}{100}\pm8$	中	
A-60/100	$\frac{60}{100}\pm15$	低	

* 试片相对槽深其分子为人工槽深度，分母为试片厚度。

6.4.4　磁粉检测的应用

1. 磁粉探伤方法与一般工艺操作

探伤一般工艺操作规程包括以下 6 个步骤，其中第（2）~第（5）步为核心步骤。

（1）预处理　在探伤前必须准备好要探伤的探伤面，清除工件表面的油污、铁锈、毛刺、氧化皮、金属和砂粒等；使用水磁悬液，表面要认真除油；使用油磁悬液时，工件表面不应有水分。干法检验时，工件表面应干净和干燥。有非导电覆盖层的工件，在电磁化时，必须将与电极接触部位的非导电覆盖层打磨掉。装配件一般应分解后探伤。若工件有盲孔和内腔，磁粉液流进后难以清洗，探伤者应将孔洞用难研磨性材料封堵。如果磁痕和工件表面颜色对比度小，可在探伤前先在工件表面涂敷一层反差增强剂。

（2）磁化工件　进行磁粉检测需要将被检工件磁化鉴于实际缺陷可能有各种取向，因此在实际检测中，常需要采取不同的磁化方法，以使工件内部磁力线能与缺陷表面基本正交，获得尽可能强的缺陷露磁场。

（3）施加磁粉或磁悬液　施加磁粉的方法包括干法和湿法两种。用干燥磁粉（粒度范围以 10~60μm 为宜）进行磁粉检测的方法称为干法。干法采用特制的干磁粉按程序直接施加在磁化的工件上，工件的缺陷处即显示出磁痕。湿法是指磁粉（粒度范围以 1~10μm 为宜）悬浮在油、水或其他液体介质中使用的方法，它是在检测过程中，将磁悬液均匀分布在工件表面上，利用载液的流动和漏磁场对磁粉的吸引，显示出缺陷的形状和大小。湿法检测中，由于磁悬液的分散作用及悬浮性能，可采用的磁粉颗粒较小。因此，它具有较高的检测灵敏度。特别适用于检测表面微小缺陷，例如疲劳裂纹、磨削裂纹等。湿法经常与固定式设备配合使用，也与移动和便携式设备并用。用于湿法的磁悬液可以循环使用。

（4）观察检查　磁痕的观察和评定一般应在磁痕形成后立即进行。磁粉检测的结果，完全依赖检测人员目视观察和评定磁痕显示，所以目视检查时的照明极为重要，同时观察磁痕应选择 2~10 倍的放大镜。采用非荧光磁粉时，必须在能清楚识别磁痕的自然光或灯光下进行观察（被检表面的白光照度达到 1500Lx 以上），采用荧光磁粉时，必须使用黑光灯装置，在能清楚识别荧光磁痕的亮度下进行观察（黑光照度不低于 970Lx，白光照度不大于 10Lx）。

（5）退磁　观察结束后，需要退磁，将工件内的剩磁减少到不影响使用程度。退磁场强度必须大于磁化时的电流值或从试件的饱和磁场强度开始，使施加的磁化方法交替变换，并逐步减少到零。

（6）后处理　使用水悬液检验的工件，为防止工件生锈应使用脱水防锈油处理；如果使用过封堵，应除去；如果涂覆了反差增强剂，应清洗掉；不合格的工件应隔离。

（7）记录与标记　由于磁粉检测所使用的方法、设备和材料不同，会使检测结果不同。验收级别不同，会影响验收/拒收的结论。全部检验结果均需记录，记录应能追踪到被检验的具体工件和批次。因而检测记录至少应包括以下内容：工件名称、编号、材料和热处理状态；磁化设备（型号、名称）；磁化方法（如：通电法、线圈法、触头法、磁轭法、中心导体法和旋转磁场法等）；检验方法（连续法、剩磁法、湿法和干法）；磁粉名称、规格（黑磁粉、红磁粉和荧光磁粉）；试片名称、型号（如 A 型；C 型、D 型等）；验收标准；检测结果（缺陷名称、尺寸和结论、验收/拒收数量）；检测日期；工件和缺陷示意图（工件草图、缺陷磁痕的位置、大小和方向）。

2. 影响磁粉探伤灵敏度的主要因素

磁粉探伤灵敏度是指有效地检出工件表面或近表面规定大小缺陷的能力。认真分析影响磁粉探伤灵敏度的主要因素，对于防止缺陷漏检或误判及提高探伤灵敏度具有重要的意义。

影响磁粉探伤灵敏度的主要因素如下：

（1）工件状况的影响　由于被检测的工件在检测之前，其表面可能会产生氧化、腐蚀等化学反应，从而降低了表面的光滑度以及平整度，同时，工件表面上残留的油污、损伤或者表面不平整等多种情况都会影响检测灵敏度。工件的表面不平整，在进行磁粉检测时，会使磁极与工件的接触面积减小，穿过的磁力线的数量同时也会降低，影响了磁场的分布，大大降低了磁场的强度。同时，油污会阻断磁路，工件上的油污太多，会阻碍磁粉的聚集，磁场对磁粉的吸附能力也大大减弱，工件表面上的损伤会误导成磁痕，增加了对磁痕线路的识别难度。

（2）缺陷状况的影响　通常表面开口缺陷和近表面缺陷容易检测，距离表面越远，则越难检测。

（3）磁粉与磁悬液性能的影响；

（4）磁化电流和磁化方法的影响；

（5）工艺操作的影响。

3. 磁粉检测适用范围

磁粉探伤适用于检测铁磁性材料表面和近表面尺寸很小、间隙极窄（如可检测出长 0.1mm、宽为微米级的裂纹）、目视难以看出的不连续性缺陷。磁粉检测可对原材料、半成品、成品工件和在役的零部件检测探伤，还可对板材、型材、管材、棒材、焊接件、铸钢件及锻钢件进行检测。马氏体不锈钢和沉淀硬化不锈钢具有磁性，可进行磁粉检测。磁粉检测可用于探测裂纹、夹杂、发纹、白点、折叠、冷隔和疏松等缺陷。

磁粉检测不能检测奥氏体不锈钢材料和用奥氏体不锈钢焊条焊接的焊缝，也不能检测铜、铝、镁、钛等非磁性材料。对于表面浅的划伤、埋藏较深的孔洞和与工件表面夹角小于 20°的分层和折叠难以发现。

4. 磁粉检测的特点和局限性

磁粉检测的优点有：

（1）工艺简单，检测速度快，成本低；

（2）检测灵敏度高，可检测出宽度仅为 0.1μm 的表面裂纹；

（3）检测结果直观，可显示缺陷形状、位置和尺寸；

（4）应用范围广，几乎不受被检工件大小及几何形状的限制。

磁粉检测的局限性有：

（1）只能检测表面及近表面缺陷；

（2）只适用于铁磁性材料；

（3）易产生不相关显示；

（4）通电法可能灼伤工件表面。

6.5　渗透检测

渗透探伤是基于毛细管作用而检查表面缺陷的无损探伤方法。探伤时先将具有良好渗透能力的、由一定燃料配制而成的渗透剂喷涂在试件表面上，待其渗入缺陷内部后，再清除附在探伤表面上的多余渗透剂，并施加显像剂，使吸出缺陷内的渗透剂在试件表面上形成缺陷的扩大图像，可将微细的表面图像显示出。

渗透检测是一种检测材料（或零件）表面或近表面开口缺陷的无损检测技术。它几乎不受被检部件的形状、大小、组织结构、化学成分和缺陷方位的限制，可广泛适用于锻件、铸件、焊接件等各种加工工艺的质量检验，以及金属、陶瓷、玻璃、塑料、粉末冶金等各种材料制造的零件的质量检测。渗透检测受被检物体表面粗糙度的影响较大，不适用于多孔材料及其制品的检测。

6.5.1 渗透检测的基础知识

渗透检测是以毛细作用原理为基础，用于检测非多孔固体材料表面开口缺陷的无损检测方法。通常首先将溶有荧光染料或着色染料的渗透液施于工件表面，进行渗透，然后用去除济清除表面多余的渗透液，然后干燥后用显像剂显像，然后用黑光灯(荧光检测)或白光(着色检测)对缺陷进行观察，缺陷处将呈现黄绿色或红色显示。

1. 渗透检测剂的种类和特点

1）渗透检测剂的种类

（1）按渗透液分：荧光渗透液、着色渗透液；

荧光渗透探伤方法是使用含有荧光物质的渗透剂，经清洗后保留在缺陷中的渗透液被显像剂吸附出来。着色探伤方法使用的渗透液主要是颜色深的着色物质，通常由红色染料及溶解着色剂的溶剂所组成。

（2）按多余渗透液去除方法分：水洗型、后乳化型、溶剂去除型；

水洗型渗透检测法是广泛应用的一种渗透检测法，也包括水洗型着色渗透法及水洗型荧光渗透法两种。后乳化型渗透检测法也是广泛使用的渗透检测方法之一，这种方法除了多一道乳化工序外，其余与水洗型渗透检测程序完全相同，也包括后乳化型着色渗透法及后乳化型荧光渗透法两种。自乳化型有灵敏度不足的缺点，后乳化型的操作又复杂一些，溶剂去除型可避上述短处。溶剂去除渗透检测法用的比较广泛。

（3）按显像剂分：湿式显像法、干式显像法、快干式显像法。

2）渗透检测法的特点

（1）水洗型荧光法

成本较低，检查速度快，适用于表面粗糙的零部件，但灵敏度较低，宽而浅的缺陷易漏检。

（2）后乳化荧光法

对细小缺陷检出灵敏度高，能检出宽而浅的缺陷，重复性好，但成本高，清洗困难，对表面要求高。

（3）溶剂去除型着色法

适用于金属材料制成的压力容器及其零部件，适合工件表面开口性缺陷的表面检测。灵敏度高，在无电源、水源的现场也能工作，不需要设备，适用于大型工件的局部检测。

2. 渗透法工艺要点

（1）预处理　预处理极为重要，要去除工件表面油脂、涂层、铁锈和水等。局部检测时，清理范围应从检测部位向外扩展25mm。

（2）渗透　温度应在100～500℃范围内，渗透时间一般不小于10min。施加方法包括喷涂、刷涂、浇涂、浸涂。

（3）清洗　沿一个方向清洗，不能往复擦拭，防止过清洗和清洗不足。

（4）干燥　一般可用热风进行干燥或进行自然干燥，干燥时间通常为5～10min。

（5）显像　均匀喷涂显像剂，显像时间不少于7min。

（6）观察　显像剂施加后7～60min进行，受检件白光照度≥1000Lx。便携式设备检测因现场条件受限，可适当降低，但不得低于500Lx。

（7）试块的应用　铝合金试块（A 型）：JB/T 4730—2005 将 A、B 区域分成独立两块，用于非标温度下对渗透检测方法做出鉴定，正常情况下可检验渗透检测剂能否满足要求，以及对两种渗透检测剂性能进行比较。

镀铬试块（B 型）：JB/T 4730—2005 规定了 3 个裂纹区域。主要用于检验渗透检测剂系统灵敏度及操作工艺正确性，划分灵敏度等级。

（8）记录和评定：

① 长度小于 0.5mm 显示不计；

② 缺陷的显示记录可采用照相、录像等方式记录，同时用草图标示；

③ 圆形缺陷显示和线性缺陷显示；

④ 评级：Ⅰ、Ⅱ、Ⅲ、Ⅳ。

（9）后处理：清洗残余的渗透检测剂，防止腐蚀工件。

3. 显像方法

不管是水洗型渗透检测法、还是后乳化型渗透检测法或溶剂去除型渗透检测法，根据渗透液都可分为荧光法和着色法两种显象方法，每一种根据显像剂又可分为多种，如图 6-26 所示。

荧光法：干式显像、速干式显像、湿式显像、自显像

着色法：干式显像、湿式显像

图 6-26　显像方法分类

（1）干式显像。在清洗并干燥后的工件表面上施加干粉显像剂，该方法灵敏度低，一般只用于荧光探伤。

（2）速干式显像。在干燥的工件表面施加易挥发的显像液，使用前应充分摇晃。

（3）湿式显像。在清洗后的工件表面施加水基显像液。

（4）自显像。不用显像剂，停留 10~120min，等待缺陷中的渗透液 重新蔓延到工件表面后再进行检查。一般用于荧光探伤。

对于着色法一般不用干式和自显像，是因为这两种显像方式均不能形成白色背景，对比度低，故灵敏度也低。

4. 渗透探伤方法的选择

利用渗透探伤法探测缺陷，需要首先认真分析缺陷的类型，然后根据缺陷的不同特征选择不同的渗透探伤方法，如表 6-8 所示。

表 6-8　渗透探伤方法的选择

缺陷类型	探伤方法
细小缺陷、宽而浅的缺陷、表面光洁的零件	后乳化型荧光法
疲劳裂纹、磨削裂纹、微小裂纹	后乳化型荧光法或溶剂去除荧光法
小零件的批量生产	水洗型荧光法或水洗型着色法
大零件的局部检测	溶剂去除型着色法
粗糙表面零件	水洗型荧光法或水洗型着色法
检验场所无电源暗室	着色法

6.5.2 渗透检测的设备及器材

渗透检测涉及到的设备及器材比较多，在使用过程确保熟悉各种设备及器材的功能和使用方法。

1. 渗透检测试剂

渗透检测试剂主要有渗透液、显像剂和去除剂三大类组成。渗透液分为荧光渗透液、着色渗透液，显像剂的作用是将缺陷内的渗透液吸附出来，形成清晰的缺陷图像，显示缺陷。去除剂(清洗液)是用来去除被检工件表面多余渗透液组成的溶剂。

2. 试块

也称灵敏度试块，是带有人工缺陷或自然缺陷的试件，用于衡量渗透检测灵敏度的器材。常用到的试块主要有铝合金淬火裂纹试块、不锈钢镀铬裂纹试块、黄铜镀铬裂纹试块以及其他灵敏度试块。

1）铝合金淬火裂纹试块(A 型)

铝合金淬火裂纹试块的示意图如图 6-27 所示。试样两面均开有槽。

(1) 制作　80mm×50mm×10mm 的毛坯-磨光-加热-保温-水冷-开槽。

(2) 优缺点　其优点是制作简单；缺点是缺陷天然，不可控制，重现性较差。

(3) 清洗　丙酮—沸水 0.5h—干燥 15min—浸泡。

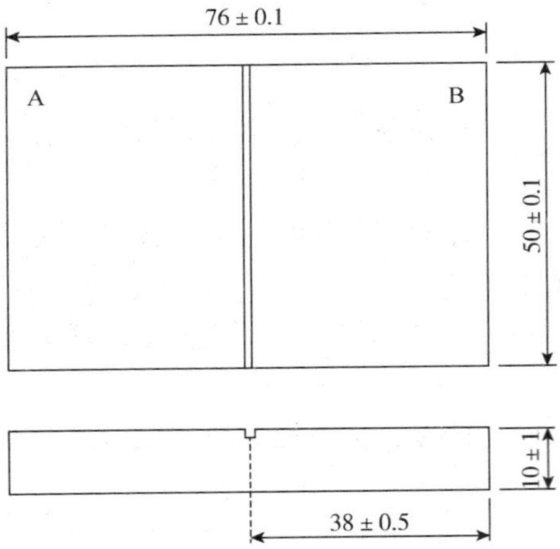

(a)

(b)

图 6-27　铝合金淬火裂纹试块示意图及实物图

2）不锈钢镀铬裂纹试块(B 型)

不锈钢镀铬裂纹试块(B 型)如图 6-28 所示，

(1) 制作　100×25×4 单面镀铬不锈钢-退火-打三点布氏硬度。

(2) 用途　主要用于校验操作方法与工艺系统的灵敏度，只能与标准工艺的照片或塑件复制品对照使用。

(3) 优缺点　优点是制作简单，重复性好；缺点是不便于比较。

3）黄铜板镀镍铬层裂纹试块(C 型)

(1) 制作　100mm×70mm×4mm 毛坯-磨光-镀镍-镀铬-反复弯曲-平行分布的疲劳裂纹-开槽。

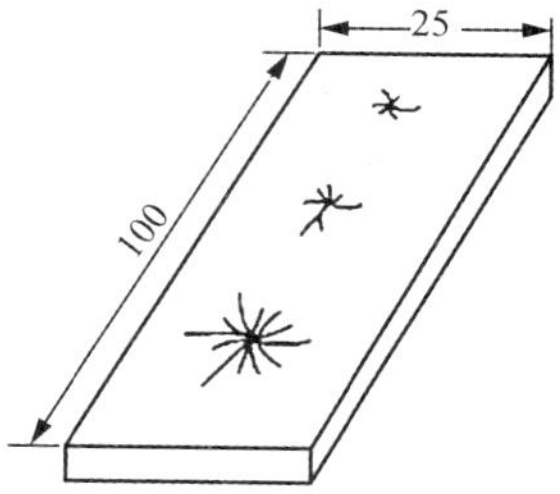

图 6-28　不锈钢镀铬裂纹试块示意图

（2）裂纹等级　0.5~2μm 宽、2~50μm 深的不同的裂纹。

（3）作用　系统性能检测和确定灵敏度的有效工具。

3. 渗透探伤装置

渗透探伤装置分为携带式和固定式两大类。

1）携带式探伤装置

组成：渗透液喷灌、清洗剂喷灌、显像剂喷灌、灯、毛刷、金属刷等。

使用要求：必须远离火源、热源、不能暴晒；喷嘴应与工件表面保持一定距离；遗弃空罐时必须破坏其密封性。

2）固定式渗透检测装置

组成：预清洗装置、渗透装置、乳化装置、显像装置、干燥装置和后处理装置等。

使用要求：

① 预清洗装置所使用的液体对人体有害，禁止烟火；

② 采用荧光法检测时，必须有暗室，备有便携式黑光灯。

4. 渗透探伤材料

（1）渗透液　由染料、溶剂、乳化剂及多种改善渗透液性能的附加成份组成如下：染料（红色染料）：苏丹红、128 号烛红、223 号烛红、荧光桃红、刚果红、丙基红等；荧光染料：YJP-15、YJP-1、YJN-68、YJN-43；溶剂：煤油、苯、二甲苯等；乳化剂（表面活性剂）：OP-10、TX-10、乳百灵、MOA 等；附加成份：邻苯二甲酸二丁酯、乙二醇单丁醚、二乙二酸丁醚等。

（2）清洗剂（溶剂去除剂）　即去除溶剂的试剂，常用的有丙酮、乙醇、汽油、三氯乙烯等。

（3）显像剂　分为干式显像剂和湿式显像剂两种。干式显像剂有氧化镁、氧化锌、氧化钛、碳酸钠等粉末。湿式显像剂有水悬浮湿式显像剂、润湿剂等。可在具有高挥发性的有机溶剂苯、二甲苯、酒精等中加入起吸附作用的白色粉末配制而成。

5. 其他要求

暗室应有足够的空间并清洁，黑光灯波长幅照度≥ 1000μW/cm^2。用黑光幅照计测量黑光幅照度，峰值波长为 365nm，用荧光亮度计测量荧光亮度，峰值为 500~520nm。

6.5.3　渗透检测工作原理

1. 渗透检测的原理

渗透检测的基本原理如图 6-29 所示，是一种以毛细作用原理为基础的检测技术，主要用于检测非疏孔性的金属或非金属零部件的表面开口缺陷。将溶有荧光染料或着色染料的渗透液施加到被检对象的表面，由于毛细作用，渗透液渗入到细小的表面开口缺陷中，清除附着在工件表面的多余渗透液，经干燥后再施加显像剂，缺陷中的渗透液在毛细现象的作用下被重新吸附到零件表面上，就形成放大了的缺陷显示，即可检查出缺陷的形貌和分布状态。

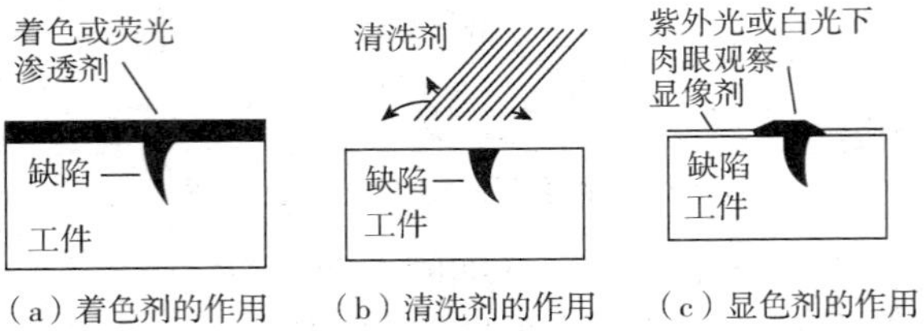

图 6-29　渗透检测的基本原理图

2. 渗透检测的物理基础

1）表面张力

由于表层分子受到内部分子的吸引，都趋向于挤入液体内部，以使液体表面层尽量缩小，结果在表面的切线方向上便有一种缩小表面积的力，称为表面张力。表面张力的产生归因于液体表面分子受内部液体分子的吸引力大于气体对其的吸引力，此合力即表面张力，方向指向液体内部，张力使液体表面积收缩到尽可能达到的最小程度。

2）接触角和润湿方程

（1）接触角 θ　从固液气三相的交点向液体表面做切线，与固液界面之间的夹角即为接触角，如图 6-30（a）所示。

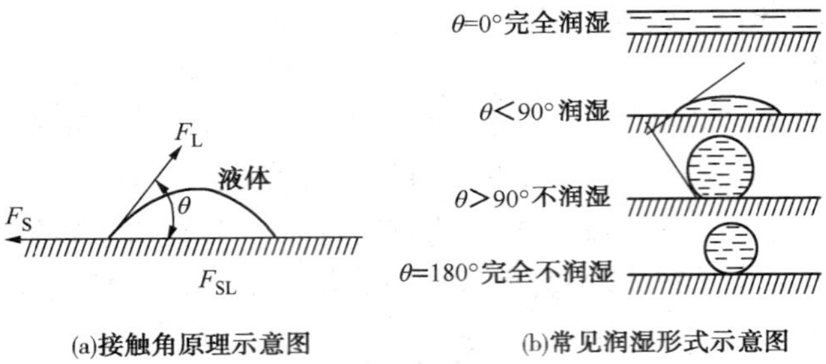

图 6-30　接触角原理及常见润湿形式

（2）润湿方程如下：

$$\cos\theta = (F_S - F_{SL})/F_L \tag{6-13}$$

式中　θ——接触角；

F_L——液体表面张力；

F_S——固体表面张力；

F_{SL}——固液界面张力。

润湿方程式（6-13）各参量物理含义如图 6-30（a）所示。

（3）润湿的分类　根据接触角的大小，如图 6-30（b）所示，润湿分为以下几类：

$\theta<90°$，称为润湿，θ 越小润湿性越好；

$\theta>90°$，称为不润湿；

$\theta=0°$和$\theta=180°$，则分别称为完全润湿和完全不润湿。

在渗透检测中，渗透液对工件表面的良好润湿是进行渗透检测的先决条件。只有当渗透液能充分润湿工件表面时，渗透液才能向狭窄的缝隙内渗透。此外，渗透液还必须能润湿显像剂。

3）毛细现象

润湿的液体在毛细管中呈凹面并且上升如图 6-31(a)所示，不润湿的液体在毛细管中呈凸面并且下降的现象如图6-31(b)所示，称为毛细现象。

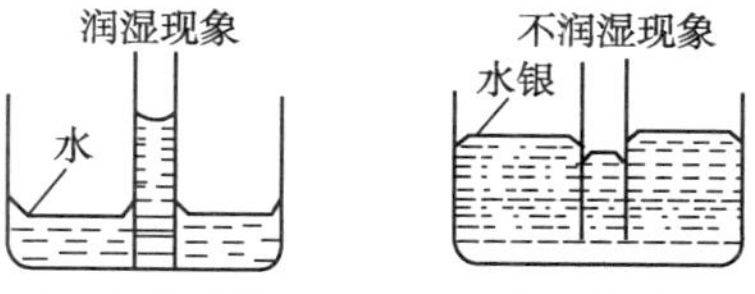

（a）润湿现象　（b）不润湿现象

图 6-31　毛细现象

4）亲水物质和疏水物质

能被水润湿的物质叫亲水物质，如玻璃、石英、方解石、长石等；不能被水润湿的物质叫做疏水物质，如石蜡、石墨、硅黄等。

5）表面活性和表面活性剂

能使溶剂表面张力降低的性质称为表面活性。具有表面活性的物质称为表面活性物质。当在溶剂中加入少量的表面活性物质时，能明显的降低溶剂的表面张力，改变溶剂的表面状态，产生润湿、乳化、起泡及增溶等一系列作用，这种表面活性物质称为表面活性剂。

6.5.4　渗透检测的应用

1. 渗透探伤的一般工艺过程

1）预清理

工件表面的油污、铁锈、氧化皮、油漆、飞溅物、腐蚀物等等会妨碍渗透液进入缺陷，必须进行预清理。通常采用的方法包括以下四类：机械清理(打磨、吹砂)；化学清理(酸洗、碱洗)；溶剂清洗(三氯乙烯蒸汽除油)；其他清除方法(如去漆剂，超声波方法)等。

2）渗透

渗透的作用是使得渗透液通过毛细管等作用进入到缺陷内部，是渗透检测最重要的步骤之一。通常采用的渗透方法包括喷涂法、刷涂法、浸涂法、浇涂法等。渗透温度一般控制在15~40℃。渗透时间是指渗透液充分渗入缺陷所需的时间，包括施加渗透液的时间和滴落时间，它与渗透液的种类、缺陷性质、渗透液温度有关，一般为 5~20min。

3）乳化

对于后乳化型渗透液，乳化处理的作用是使多余的油性渗透液表面张力降低，遇水形成水包油型乳化液便于被水清洗，而使缺陷处的渗透液由于凝胶作用而保留完好。方法多采用喷涂法和浸涂法，乳化时间与乳化液性能、渗透液多少、表面光洁度等因素有关，一般为 5min。

4）清洗

在达到规定的渗透时间以后用水或有机溶剂将工件表面多余的渗透液去除干净。

5）干燥

干式显像、速干式显像时，工件在清洗后要进行干燥，然后再施加显像剂；湿式显像时，工件清洗后直接施加显像液，然后再进行干燥。干燥温度与工件材料和所用的渗透液有关，应通过试验确定，金属不超过 80℃，塑料在 40℃以下。干燥时间原则上越短越好，不宜超过 10min。

6）显像

显像是指在工件表面施加特定显像液，利用毛细管作用将缺陷内残留的渗透液吸附出来，形成清晰的缺陷图像。渗透检测中，常用的显像方式有干式显像、速干式显像、湿式显像和自显像等几种。

（1）显像时间　是指利用显像剂将缺陷内残留的渗透液吸附出来显示缺陷所需要的时间，一般为 7~30min。显像时间的长短取决于显像剂和渗透液的种类。

（2）显像剂覆盖层的控制　显像剂应在被检工件表面上形成均匀、光滑的薄层，并应覆盖掉工件底色，薄厚应当适中。

（3）显像剂的选择　荧光渗透探伤优先选用溶剂悬浮显像剂，然后是干式显像剂，最后是水悬浮显像剂。着色渗透探伤，对于任何表面状态，都优先选用溶剂悬浮显像剂，然后是水悬浮显像剂。

7）观察

观察应在施加显像剂之后 10~30min 内进行。对于着色探伤，应在白光下进行，显示为红色图像。对于荧光检测，应在暗室内进行，缺陷为明亮的黄绿色图像。然后对伪缺陷进行判别。

8）后处理

需要处理干净工件上因探测而产生的残留物质，对于不达标的的工件要及时归类存放。

9）记录与报告

记录方法主要包括草图法、黏贴-复制技术、拍照。记录内容通常包括被检工件情况、检验方法与条件、探伤结果、探伤人员及日期等。

2. 渗透检测的适用范围

适用于检测各种非多孔性材料和工件的表面开口缺陷，常用于各种非铁磁性材料工件成品的表面缺陷检测。

3. 渗透检测特点和局限性

1）特点

（1）不受材料组织结构和化学成分的限制，可以检测有色金属、黑色金属、塑料、陶瓷及玻璃等材料。

（2）灵敏度高，可清晰地显示宽 0.5μm、深 10μm、长 1mm 的裂纹。

（3）设备简单、携带方便、检测费用低、适于野外工作。

（4）工作原理简单且显示直观，对操作者的技术要求不高。

（5）应用面广，可用于多种材料的表面检测，而且基本上不受工件形状和尺寸的限制。

（6）显示不受缺陷方向的限制，一次检测可同时探测不同方向的表面缺陷，且渗透检测对各种材料的开口式缺陷（如裂纹、气孔、分层、夹杂物、折叠、熔合不良、泄漏等）都能进行检查。

2）局限性

尽管渗透检测具有众多优点，但其原理方法本身决定该方法具有一定的局限性，主要是只能检测开口的表面缺陷，工序比较多，探伤灵敏度受人为因素的影响比较多；对表面状态和预清洗要求较高，有毒，有污染；对污染物堵塞和机械处理（喷丸、抛光和研磨）堵塞敏感；不能检测多孔材料和太粗糙的表面；不能确定缺陷的深度；不适于检查多孔性或疏松材料制成的工件或表面粗糙的工件；只能检出表面缺陷分布，不能定量分析。

6.6　涡流检测

涡流检测是以电磁感应原理为基础的一种无损检测方法。当金属等试件通过或接近交变磁场时，便在试件中感生出涡流状电流称为涡流。涡流大小和分布不仅与原激励场和涡流自身建立的磁场有关，而且与试件的电导率、磁导率等电磁特性以及试件有无缺陷等因素有关。涡流检测分为探伤和测量两大类。涡流探伤是发现并评价试件有无不连续性，如裂纹、夹杂、气孔、凹坑等缺陷的方法。涡流测量则是检测并显示与试件的电磁率有关的参数的方法，如电导率、磁导率及测厚等。

6.6.1　涡流检测的基础知识

1. 涡流检测

涡流检测是利用电磁感应原理，通过测定被检工件内感生涡流的变化来无损地评定导电材料及其工件的某些性能，或发现缺陷的无损检测方法，称为涡流检测。涡流检测只能用于导电材料的检测。对管、棒和线材等型材有很高的检测效率。

2. 电磁感应

电磁感应现象，如图 6-32(a)所示，是指当穿过闭合导电回路所包围面积的磁通量发生变化时，回路中就会产生感应电流，这种现象叫做电磁感应现象。回路中产生的感应电动势 E_i 等于所包围面积中磁通量 Φ 随时间变化的负值。

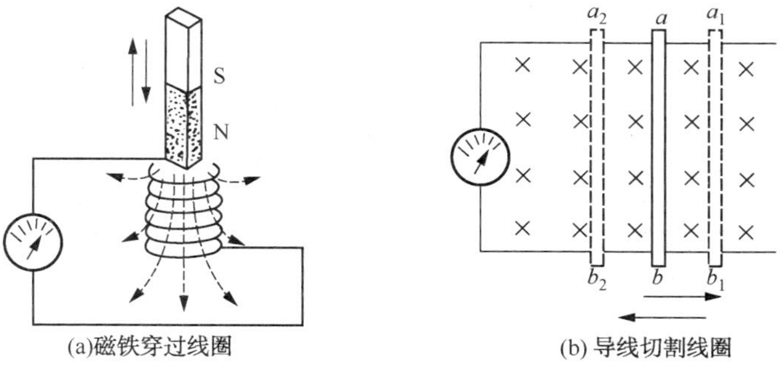

图 6-32　电磁感应现象示意图

法拉第电磁应定律：

$$E_i = -N\frac{d\phi}{dt} \tag{6-14}$$

式中　E_i——感应电动势；

N——匝数；

ϕ——磁通量；

t—— 时间。

图 6-32(b) 中的电磁感应电动势：

$$E_i = Blv\sin\alpha \quad (6-15)$$

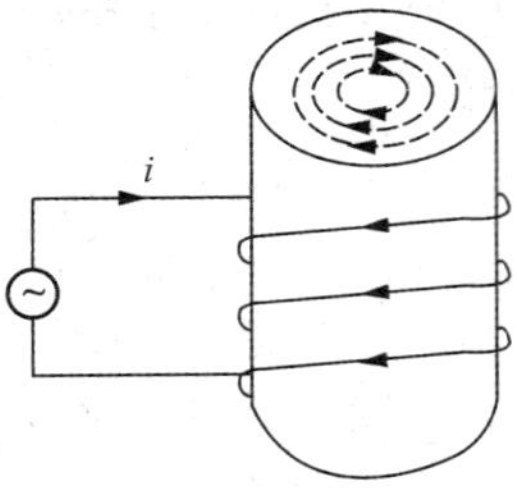

图 6-33　涡流产生原理示意图

式中　E_i——感应电动势；

B——磁感应强度；

l——轨道间导线长度；

v——导线移动速度；

α——导体运动方向与磁场方向之间的夹角。

涡流则是指导体处在变化的磁场或相对于磁场运动时，其内部会感应出自成闭合回路的电流。如图 6-33 所示。

6.6.2　涡流检测的设备及器材

1. 涡流检测装置

涡流检测装置包括检测线圈、检测仪器和辅助装置，另外还配有标准试样和对比试样。

检测仪器是涡流检测的核心部分。其作用为产生交变电流供给检测线圈，对检测到的电压信号进行放大，抑制或消除干扰信号，提取有用信号，最终显示检测结果。根据检测对象和目的，涡流检测仪器分涡流探伤、涡流电导仪和涡流测厚仪三种。随着电子技术的发展，还出现了智能型涡流检测仪器。

涡流检测线圈又称涡流探头。有多种分类方法。

1）按感应方式分类

按感应方式分为自感式线圈和互感式线圈，如图 6-34 所示。自感式线圈使用一个绕组如图 6-34(a)所示，既起激励作用又起检测作用，常用作绝对式线圈进行涡流检测。互感式线圈则使用两个绕组，激励绕组与检测绕组分别绕制如图 6-34(b)所示。

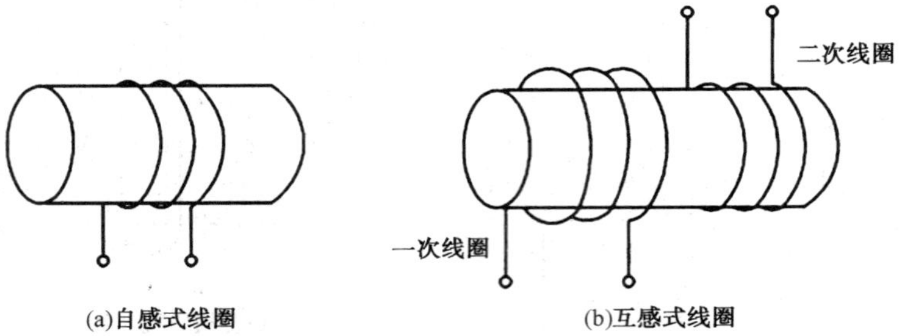

图 6-34　不同感应方式的检测线圈示意图

2)按线圈的放置方式分类

涡流检测按线圈的放置方式可分为三种类型，如图 6-35 所示。

（1）探头式线圈法　也称为放置式线圈法如图 6-35(a)所示，因为线圈是放置在试样表面上进行检测的线圈，它不仅适用于形状简单的板材、板坯、方坯、圆坯、棒材及大直径管材的表面扫描探伤，也适用于形状较复杂的机械零件的检查。与穿过式线圈相比，由于探头式线圈的体积小、场作用范围小，所以适于检出尺寸较小的表面缺陷。平面检测线圈直接置于试件平表面上进行局部检测扫查，为了提高检测的灵敏度，通常在线圈中加有磁芯以提高线圈的品质因数。

（2）穿过式线圈法　是将被检测试样放在线圈内进行检测的线圈，如图 6-35(b)所示，适用于管、棒、线材的探伤。由于线圈产生的磁场首先作用在试样外壁，因此检出外壁缺陷的效果较好，内壁缺陷的检测是利用磁的渗透来进行的。一般来说，内壁缺陷检测灵敏度比外壁低。厚壁管材的缺陷是不能使用外穿式线圈来检测来的。

（3）内穿过式线圈法　也称内探头式线圈法，即将螺管式线圈插入管材或试件的孔内作内壁检测，线圈中也多装有磁芯以提高检测灵敏度，如图 6-35(c)所示。

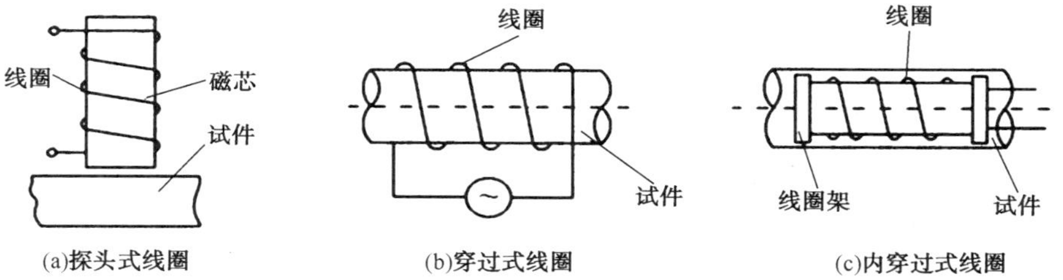

图 6-35　不同应用方式的检测线圈示意图

3）线圈电联接方式分类

涡流检测按电联接方式不同，分为三种类型，如图 6-36 所示。绝对式线圈是指只用一个检测线圈进行涡流检测的方式，如图 6-36(a)所示，用这种方式进行检测时，要先将标注试样放入线圈，并调节仪器使线圈上的信号为零，然后再将被检工件或材料放入线圈。此时，若有信号输出，再依据检测目的的不同判断线圈阻抗变化的原因。以这种方式工作的线圈可用于材质分选和涂层测厚，也可用于涂层探伤。但更多的情况是由 2 只反相连接的线圈组成用于检测，即差动检测。有时为了达到某种检测目的，检测线圈还可以由多只线圈并联排列组成。这些线圈有时绕在一个骨架上，即所谓自比较方式如图 6-36(b)所示，有时则绕在 2 个骨架上，其中一个线圈中放入样品，另一个用来进行实际检测如图 6-36(c)所示，即所谓他比较方式(或标准比较方式)。标准比较式两个线圈参数完全相同，反向连接的线圈分别放置在标准试样和被检工件或材料上。根据两个检测线圈的输出信号有无差异来判断被检工件或材料的性能。

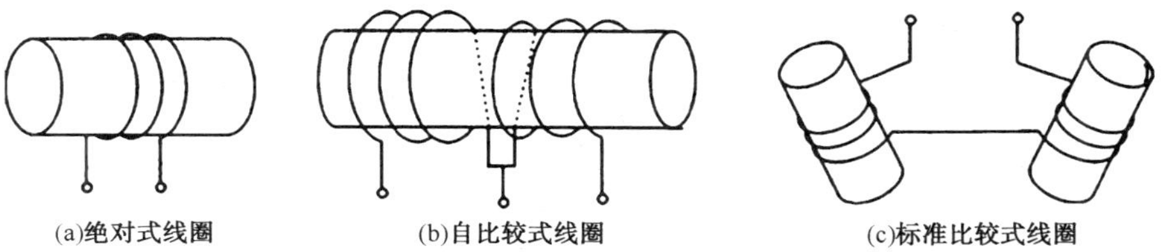

图 6-36　不同比较方式的检测线圈

6.6.3　涡流检测的工作原理

1. 涡流检测原理

当一个线圈通交变电时，该线圈将产生一个垂直于电流方向(即平行于线圈轴线方向)的交变磁场，把这个线圈靠近导电体时，线圈产生的交变磁场会在导电体中感应出涡电流(简称涡流)，其方向垂直于磁场并与线圈电流方向相反如图 6-37 所示。导电体中的涡流本身也要产生交变磁场，该磁场与线圈的磁场发生作用，使通过线圈的磁通发生变化，这将使

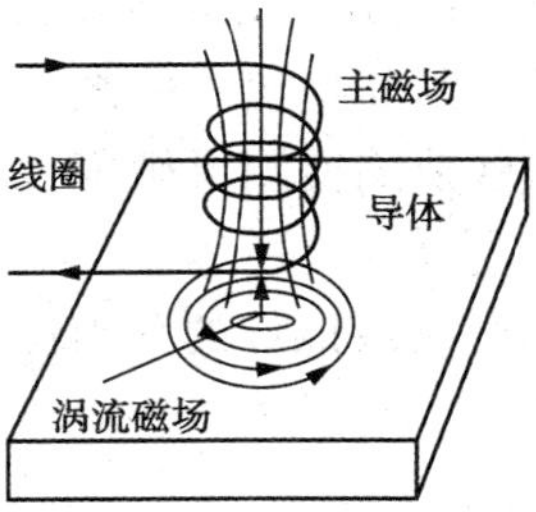

图 6-37 磁场线圈与涡流磁场

线圈的阻抗发生变化，从而使线圈中的电流发生变化。通过监测线圈中电流的变化(激励电流为恒定值)，即可探知涡流的变化，从而获得有关试件材质、缺陷、几何尺寸、形状等变化的信息。

2. 涡流的趋肤效应和渗透深度

1）趋肤效应

趋肤效应是指感应出的涡流集中在靠近激励线圈的材料表面附近的现象。涡流密度随着距离表面的距离增加而减小。

2）渗透深度

由于趋肤效应的存在，使得交变电流激励磁场的强度及感生涡流的密度，从被检材料的表面到其内部按指数分布规律递减。将涡流密度衰减为其表面密度的1/e(36.8%)时对应的深度定义为：

$$h = \frac{503}{\sqrt{f\mu_r\gamma}} \tag{6-16}$$

式中 h——渗透深度，m；

f——交流电的频率，Hz；

μ_r——材料的相对磁导率；

γ——电导率，S/m。

实际应用中，将 2.6h 的透入深度定义为涡流的有效透入深度(占 90%的涡流总量)，对涡流检测线圈产生有效影响。如果缺陷在有效透入深度之外，则会导致检测困难。

3. 线圈阻抗分析

理想线圈只有感抗，而实际线圈都有内阻。

(1) 单个线圈的等效电路 如图 6-38 所示，其阻抗可表示为：

$$Z_1 = R_1 + jX_1 = R_1 + jwL_1 \tag{6 - 17}$$

式中 R_1——一次电阻；

X_1——一次感抗；

w——角频率；

L_1——一次电感。

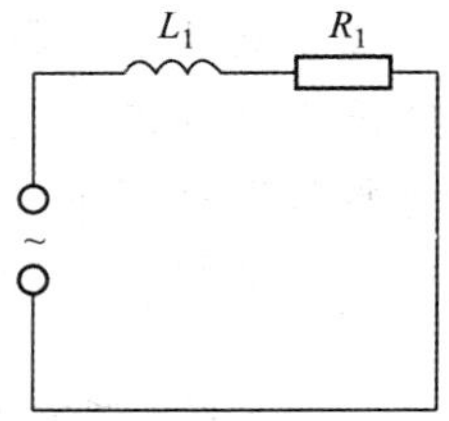

图 6-38 单个线圈的等效电路示意图

(2) 线圈耦合等效电路 两个相互耦合的线圈如图 6-39 所示。将二次线圈电路阻抗通过互感转换为一次线圈电路的折合阻抗，如图 6-39 所示。

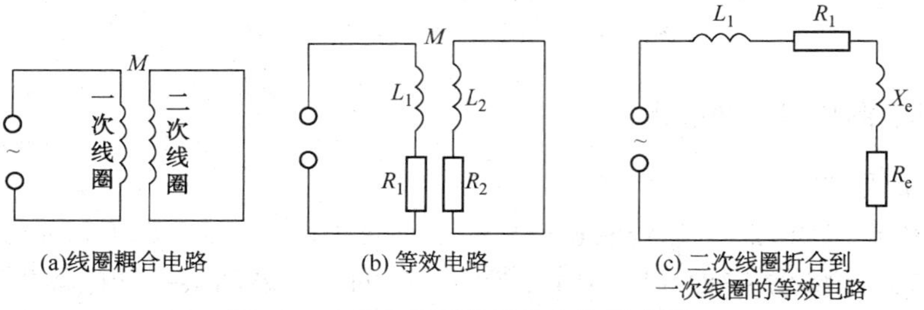

图 6-39 单个线圈的等效电路示意图

折合阻抗的计算：

$$Z_e = R_e + jX_e \tag{6-18a}$$

$$R_e = \frac{X_M^2}{R_2^2 + X_2^2} R_2 \tag{6-18b}$$

$$X_e = -\frac{X_M^2}{R_2^2 + X_2^2} X_2 \tag{6-18c}$$

式中　Z_e——折合阻抗；

R_e——折合电阻；

X_e——折合电抗；

R_2——副边线圈的电阻；

X_2——副边线圈的电抗，$X_2 = \omega L_2$；

X_M——互感抗，$X_2 = \omega M$。

则初级线圈的视在阻抗为 Z：

$$Z = Z_1 + Z_e = R_1 + jX_1 + R_e + jX_e \tag{6-19}$$

式中　Z——视在阻抗；

R_1——一次电阻；

X_1——一次感抗；

L_1——一次电感。

Z_e——折合阻抗；

R_e——折合电阻；

X_e——折合电抗。

6.6.4　涡流检测的应用

1. 涡流检测的适用范围

涡流检测适用于钢铁、有色金属、石墨等各种导电材料的制品，如管材、丝材、棒材、轴承、锻件等，它能用于检测这些材料的表面和近表面的缺陷，根据电导率与合金成分及合金的显微组织相关的特点对金属材料进行分选，对热处理质量进行监控(例如时效质量、硬度、过热或过烧等)，涡流检测还可用于工件壁厚或涂镀层厚度的测量，以及用于一些其他无损检测方法难以进行的特殊场合下的检测，例如深内孔表面与近表面缺陷的检测。

2. 检测频率的选择

涡流探伤的频率一般为几十至10MHz。工作频率取决于检测对象厚度、透入深度、灵敏度或分辨率等。对非铁磁性材料选用几千及几十万赫兹。频率低，透入深度大，但检测灵敏度降低。在满足检测深度要求的前提下，可选择较高的检测频率，以提高灵敏度。对于同样的检测深度要求，铁磁材料需要的检测频率要低。

3. 涡流检测的特点

1）涡流检测的优点

涡流检测使用比较广泛，具有以下优点：

（1）检测速度高，检测成本低，操作简便。

（2）探头与被检工件可以不接触，不需要耦合介质；检测过程不影响被检材料的性能；检测速度快。对于线材，一分钟可检测几百米。

（3）检测时可以同时得到电信号直接输出指示的结果，也可以实现屏幕显示。

（4）能实现高速自动化检测，并可实现永久性记录。

（5）对于表面和近表面缺陷具有很高的灵敏度。

（6）可工作于高温状态和一些特殊环境。

（7）除了金属材料，还可以检测导电的非金属材料。

（8）应用范围广，对影响感生涡流特性的各种物理和工艺因素均能实施监测。

（9）在一定条件下，能反映有关裂纹深度的信息。

（10）可在高温、薄壁管、细线、零件内孔表面等其他检测方法不适应的场合实施监测。

2）涡流检测的局限性

尽管涡流检测具有诸多优点，但其本身的检测原理决定涡流检测在测试过程中存在以下问题：

（1）只适用于导电材料，难以用于形状复杂的试件。

（2）只能检测材料或工件的表面、近表面缺陷。

（3）检测结果不直观，难以判别缺陷的种类、性质以及形状、尺寸等。

（4）检测时受干扰影响的因素较多，易产生伪显示。

（5）只能检测导电材料，且不能检测深入内部缺陷。

（6）涡流频率增加，表面检测灵敏度增加，但渗透深度减小。

（7）检测形状复杂零件，效率低；难于区分缺陷的种类和大小。

参 考 文 献

[1] 吴雪梅，诸葛兰剑，吴兆丰，等．材料物理性能与检测．北京：科学出版社，2012.1.

[2] 屠海令，干勇．金属材料理化测试全书[M]．北京：化学工业出版社，2007.1.

[3] 周文生．磁性测量原理[M]．北京：电子工业出版社，1988.5.

[4] R.C. 奥汉德利．现代磁性材料原理和应用[M]．周永恰译．北京：化学工业出版社，2002.11.

[5] A. D. 萨凯．金属磨损原理[M]．邵荷生译．北京：煤炭工业出版社，1980.10.

[6] 李建明．磨损金属学[M]．北京：冶金工业出版社，1990.11.

[7] 姜晓霞，李诗卓，李曙．金属的腐蚀磨损[M]．北京：化学工业出版社，2003.5.

[8] 林福严，曲敬信，陈华辉．磨损理论与抗磨技术[M]．北京：科学出版社，1993.6.

[9] 平修二，郭廷玮，李安定，等．金属材料的高温强度理论设计[M]．北京：科学出版社，1983.7.

[10] 刘羽辉．金属材料物理性能检验标准工作手册[M]．北京：技术标准出版社，1982.8.

[11] 束德林．工程材料力学性能[M]．第二版．北京：机械工业出版社，2009.6.

[12] 杨明波．金属材料实验基础[M]．北京：化学工业出版社，2008.2.

[13] 吴晶，纪嘉明，丁红燕．金属材料实验指导[M]．镇江：江苏大学出版社，2009.4.

[14] 孙茂才．金属力学性能[M]．哈尔滨：哈尔滨工业大学出版社，2005.5.

[15] 程育仁，缪龙秀，侯炳麟．疲劳强度[M]．北京：中国铁道出版社，1990.11.

[16] 殷之平．结构疲劳、断裂与损伤[M]．西安：西北工业大学出版社，2012.6.

[17] 张安哥，朱九成，陈梦成．疲劳、断裂与损伤[M]．成都：西南交通大学出版社，2005.10.

[18] 伍颖．断裂与疲劳[M]．武汉：中国地质大学出版社，2008.10.

[19] 克劳特克洛默．超声检测技术[M]．李靖．广州：广东科技出版社，1984.6.

[20] 李喜孟．无损检测[M]．北京：机械工业出版社，2009.6.

[21] 孙家枢．金属的磨损[M]．北京：冶金工业出版社，1992.10.

[22] 王军艺，肖新星，李健．测定珠光体片层间距的原子力显微镜技术[J]．宝钢技术，2006，(6)：36-38.

[23] 宋学孟．金属物理性能分析[M]．北京：机械工业出版社，1990.

[24] 陈长乐．固体物理学[M]．西安：西北工业大学出版社，2013.

[25] 田莳．材料物理性能[M]．北京：北京航空航天大学出版社，2001.

[26] 方容川．固体光谱学[M]．合肥：中国科学技术大学出版社，2003.

[27] 陈騑騢．材料物理性能[M]．北京：机械工业出版社，2011.

[28] 常铁军，祁欣．材料近代分析测试方法[M]．哈尔滨：哈尔滨工业大学出版社，1999.

[29] 杨爱民，姚婷珍，许天旱．金属材料类专业实践教学指导[M]．北京：中国石化出版社，2011.8.

[30] Tianhan Xu, Yaorong Feng, Shengyin Song, et al. Fatigue crack propagation behaviour of steels with different microstructures[J]. Materials Science and Engineering A. 2012, 551：110-115.

[31] Tianhan Xu, Zhihao Jin, Yaorong Feng, et al. Study on the static and dynamic fracture mechanism of different casing-drilling steel grades[J]. Materials Characterization. 2012, 67：1-9.

[32] 王基铭，袁晴棠．石油化工技术进展[M]．北京：中国石化出版社，2002.4.

[33] 陈俊武，曹汉昌．石油加工中的组成变化与过程平衡[J]．炼油设计，1990，20(6)：1-10.

[34] 柯伟．中国工业与自然环境腐蚀调查[J]．全面腐蚀控制，2003，17(1)：1-10.

[35] 王光雍，王海红，李兴濂．自然环境的腐蚀与防护[M]．北京：化学工业出版社，1997.

[36] 裴和中，雍歧龙，金蕾．金属材料大气腐蚀与环境因素的灰色关联分析[J]，钢铁研究学报，1999，11(4)：53-56.

[37] 宋诗哲．腐蚀电化学研究方法[M]．北京：化学工业出版社，1988.12.

[38] 张远声，龚敏．用动电位法测量极化电阻时电位扫描速度的影响[J]．四川轻化工学院学报，1995，8(4)：59-65.
[39] 曹葛军，闫化云，李新超．应用线性极化电阻法现场筛选缓蚀剂[J]．全面腐蚀控制，2011，25(5)：17-20.
[40] 曹楚南．线性极化电阻的理论误差及其纠正方法[J]．中国腐蚀与防护学报，1981，1(2)：1-13.
[41] 郑立群，杨永宽，吴勇华，等．一种交流阻抗和弱极化相结合的腐蚀速度测量方法[J]．腐蚀科学与防护技术，2006，18(6)：457-460.
[42] 火时中，翁端．金属材料的小孔腐蚀[J]．腐蚀科学与防护技术，1990，2(2)：1-7.
[43] 张九渊，洪明庚，卢建树，等．不锈钢小孔腐蚀统计规律的研究[J]．金属科学与工艺，1992，11(2)：8-16.
[44] 聂锊．用极值统计法计算最大孔蚀深度估计值的方法[J]．钢铁研究，1989，8：87-92.
[45] 曹楚南，石青荣，林海潮．孔蚀过程中电化学噪声特征研究[J]．中国腐蚀与防护学报，1990，10(1)：22-28.
[46] 林海潮，曹楚南．孔蚀过程中的电化学噪声研究[J]．中国腐蚀与防护学报，1986，6(2)：141-148.
[47] 石青荣，林海潮，曹楚南．孔蚀过程中电化学噪声的白噪声水平与截止频率的研究[J]．中国腐蚀与防护学报，1990，10(1)：29-34.
[48] 刘剑平，宋诗哲，唐子龙．吸附钝化体系的孔蚀和缓蚀作用的电化学研究新方法[J]．腐蚀科学与防护技术，2000，12(1)：48-51.
[49] 王佳，曹楚南，林海潮．孔蚀发展期的电极阻抗频谱特征[J]．中国腐蚀与防护学报，1989，9(4)：271-279.
[50] 魏宝明，郝凌，杨忠英．用研究均匀腐蚀的方法探讨不锈钢孔蚀的稳定发展[J]．中国腐蚀与防护学报，1988，8(2)：113-119.
[51] 杜则裕，陶勇寅，李云涛，等．国产 X70 管线钢的硫化氢应力腐蚀性能及其焊接性[J]．焊接学报，2004，25(5)：13-16.
[52] 郑义征，王俭秋，韩恩厚，等．X100 管线钢在恒载荷作用下的应力腐蚀开裂[J]．中国腐蚀与防护学报，2011，31(3)：184-189.
[53] 陈文汨，张利，金立业，等．低碳钢焊缝的应力腐蚀和酸腐蚀[J]．腐蚀与防护，2002，23(2)：65-68.
[54] 梁成浩．现代腐蚀科学与防护技术[M]．上海：华东理工大学出版社，2007.9.
[55] 钱建刚，李荻，郭宝兰，等．LC4 高强铝合金的腐蚀性能研究[J]．腐蚀与防护，2002，23(8)：340-343.
[56] 郭献忠，高克玮，乔利杰，等．不锈钢应力腐蚀敏感性和钝化膜引起的应力随电位变化的一致性[J]．金属学报，2002，38(2)：181-184.
[57] 董月香．几种应力腐蚀试验方法的比较[J]．大型铸锻件，2010，5：45-47.
[58] 刘继华．高强铝合金的应力腐蚀测试方法综述与评价[J]．材料工程，2007，10：76-80.
[59] 高红霞，王红卫，栗富国．渗铝 304 不锈钢不同实验方法的 SCC 敏感性评价[J]．中国腐蚀与防护学报，2004，24(5)：289-292.
[60] 胡津，任文超，姚忠凯，等．纯铝基复合材料的应力腐蚀与氢致开裂[J]．金属学报，2002，38(2)：174-176.
[61] 张涛，李著信，苏毅，等．高强度管道钢氢致开裂门槛应力测定[J]．油气储运，2002，21(8)：31-36.
[62] 芦笙，陈静，林萍华．Cu-A-l Be 形状记忆合金的应力腐蚀性能[J]．腐蚀科学与防护技术，2002，14(5)：267-270.
[63] 克劳特克洛默．超声检测技术[M]．李靖译．广州：广东科技出版社，1984.6.
[64] 李喜孟．无损检测[M]．北京：机械工业出版社，2009.6